三峡电站700MW水轮发电机组检修技术

主　编◎马振波　陈国庆

副主编◎王　宏　熊　浩　韩　波　肖　荣

中国水利水电出版社
www.waterpub.com.cn
·北京·

内 容 提 要

本书从机组结构特点、技术特性、检修工艺、缺陷分析与处理、部件技术改造、试验及评价等方面，对三峡电站700MW水轮发电机组检修技术进行全面总结。全书共分四篇。第一篇概述，第二篇机组主要技术特性，第三篇机组主要检修技术，第四篇机组试验及评价。

本书可为国内外水电站机组检修提供借鉴与参考，也可作为水轮发电机组设计、检修维护、安装施工、运行管理专业人员的参考书。

图书在版编目（CIP）数据

三峡电站700MW水轮发电机组检修技术 / 马振波，陈国庆主编. -- 北京 : 中国水利水电出版社，2020.5
ISBN 978-7-5170-8667-3

Ⅰ．①三… Ⅱ．①马… ②陈… Ⅲ．①三峡水利工程—水轮发电机—发电机组—检修 Ⅳ．①TM312.1

中国版本图书馆CIP数据核字(2020)第115371号

书 名	**三峡电站 700MW 水轮发电机组检修技术** SANXIA DIANZHAN 700MW SHUILUN FADIAN JIZU JIANXIU JISHU
作 者	主 编 马振波 陈国庆 副主编 王 宏 熊 浩 韩 波 肖 荣
出 版 发 行	中国水利水电出版社 （北京市海淀区玉渊潭南路1号D座 100038） 网址：www.waterpub.com.cn E-mail：sales@waterpub.com.cn 电话：（010）68367658（营销中心）
经 售	北京科水图书销售中心（零售） 电话：（010）88383994、63202643、68545874 全国各地新华书店和相关出版物销售网点
排 版	中国水利水电出版社微机排版中心
印 刷	北京印匠彩色印刷有限公司
规 格	170mm×230mm 16开本 23.25印张 455千字
版 次	2020年5月第1版 2020年5月第1次印刷
印 数	0001—1100册
定 价	**298.00元**

《三峡电站 700MW 水轮发电机组检修技术》

编 委 会

前 言
FOREWORD

　　三峡工程凝聚了中华民族几代人的百年梦想，它是世界上最大的综合性水利枢纽工程，是治理长江的关键骨干性工程，也是中华民族伟大复兴的标志性工程。三峡水利枢纽大坝坝址地处西陵峡中段，位于湖北省宜昌市三斗坪镇，距下游已建成的葛洲坝水利枢纽38km。三峡水利枢纽工程由三峡大坝、水电站厂房、双线五级连续梯级船闸、垂直升船机等组成。

　　三峡电站是世界上规模最大的水电站，机组尺寸和容量大，水头变幅宽，设计和制造难度均居世界之最。三峡电站共安装32台700MW和2台50MW的水轮发电机组，额定总装机容量22500MW，其中左岸电站、右岸电站、右岸地下电站各布置有14台、12台、6台700MW水轮发电机组。

　　2003年7月，三峡电站首台机组投产发电，为保障三峡电站机组安全可靠运行，中国长江电力股份有限公司一直积极探索设备的运行规律，对机组进行科学合理的检修维护。三峡电站700MW水轮发电机组检修在水电行业巨型机组中属于首例，为此制定了比国标、行标及企标更加严格的三峡标准，创造了机组检修质量的新高度，确保了三峡机组大负荷、长周期、不间断地安全稳定运行，牢牢守护好了大国重器。

　　中国长江电力股份有限公司（以下可简称"长江电力公司"）在三峡电站700MW水轮发电机组运行维护、设备诊断分析、缺陷处理、技术改造等方面都做了大量细致、全面的工作，在认真总结三峡电站机组检修技术的基础上，精心组织编写了本书。本书凝聚着长江电力公司广大检修人的智慧和心血，该书编写历时两年，书中详细介绍了三峡电站700MW水轮发电机组结构特点、技术特性、检修工艺、缺陷分析与处理、部件技术改造、试验及评价。为了帮助读者更好地理解书中内容，本书还辅以大量的图表和图片，力求内容丰富、直观易懂。

本书由中国长江电力股份有限公司副董事长马振波、总经理陈国庆确定写作框架并审核定稿，检修厂厂长熊浩、技术研究中心主任韩波、检修厂总工程师段开林拟定编写大纲，徐进、付海涛、耿在明负责统稿。本书是三峡电站检修技术及管理人员工作经验的积累与总结，既可为国内外水电站机组技术改造、机组检修提供借鉴与参考，也可作为水轮发电机组设计、检修维护、安装施工、运行管理专业人员的参考书。

由于水电站安装检修技术创新日新月异，加之编者水平有限，书中难免有不妥之处，恳请广大读者提出宝贵意见。

作　者

2019 年 10 月

目录
CONTENTS

第四篇　机组试验及评价

第一篇
概述

第一章
三峡电站简介

第一节 三 峡 工 程 概 况

三峡工程凝聚了中华民族几代人的百年梦想，它是世界上最大的综合性水利枢纽工程，是治理长江的关键骨干性工程，也是中华民族伟大复兴的标志性工程。三峡工程全称为长江三峡水利枢纽工程，坝址位于长江三峡西陵峡河段，位于湖北省宜昌市三斗坪。三峡工程建成后形成的水库，正常蓄水位高程175m，总库容393亿 m^3，设计预留的防洪库容为221.5亿 m^3；水库面积1084km^2，控制流域面积100万 km^2，年平均径流量4510亿 m^3。长江三峡水利枢纽工程最大泄洪能力为116110m^3/s，可削减的洪峰流量达27000～33000m^3/s，属世界水利工程之最。

三峡工程按计划分三个阶段进行施工。从1993年的准备工程算起，总工期17年。第一阶段（1993—1997年）为施工准备及一期工程，施工期5年，以大江截流为标志。第二阶段（1998—2003年）为二期工程，施工期6年，以实现水库蓄水135m、首批机组发电和双线五级船闸通航为标志。第三阶段（2004—2009年）为三期工程，施工期6年，以实现左右岸26台机组全部发电和枢纽工程主体工程完建为标志。长江三峡水利枢纽工程鸟瞰图如图1.1-1所示。

图1.1-1 长江三峡水利枢纽工程鸟瞰图

2006年5月20日，三峡大坝全线达到185m的设计高程，标志着三峡大坝建成；2010年10月26日，三峡工程首次成功蓄水175m；2015年9月26日，长江三峡水利枢纽工程顺利通过竣工验收；2017年3月7日，三峡船闸累计过闸货运量突破10亿t；2017年10月17日，三峡升船机通过工程档案专项验收。

一、三峡工程主要组成

三峡工程由挡水泄洪建筑物（三峡大坝）、发电建筑物（左岸电站、右岸电站、地下电站和电源电站）和通航建筑物（双线五级连续梯级船闸、垂直升船机）组成，共开挖土石方 1.2 亿 m^3，浇筑混凝土 2807 万 m^3，还安装了 34 台水轮发电机组以及 17.1 万 t 闸门、启闭机等金属结构。

从长江左岸至右岸三峡枢纽建筑物的布置是：三峡船闸，垂直升船机，左岸非溢流坝段和电源电站、左岸电站，泄洪坝段，右岸非溢流坝段和右岸电站，地下电站。

三峡大坝为混凝土重力坝，最大坝高 181m，坝顶高程 185m，坝轴线全长 2309.47m。大坝由非溢流坝段、厂房坝段和泄洪坝段组成，非溢流坝段用来挡水，厂房坝段用来发电，泄洪坝段用来泄洪。大坝布置有 23 个泄洪深孔、22 个表孔、3 个排漂孔、8 个排沙孔和 2 个冲沙孔。

发电建筑物包括左、右岸 2 个坝后式电站、1 个地下电站和 1 个电源电站。2 个坝后式电站分别位于左、右两侧厂房坝段紧靠大坝的下游，地下电站位于河道右岸的山体中，电源电站位于河道左岸的山体中。

通航建筑物包括船闸和升船机，位于左岸。船闸为双线五级连续梯级船闸，船闸上游和下游水位的最大落差达 113m，可通过万吨级船队。垂直升船机是船舶来往于大坝上下游的快速通道，为单线一级垂直升船机，最大提升高度 113m，设计通过能力为年单向 5000 万 t，垂直升船机每次可通过一艘 3000t 级船舶。

三峡工程主要特征参数见表 1.1－1。

表 1.1－1　　　　　　　　　三峡工程主要特征参数

序号	项　　目	参　　数
1	三峡大坝	
1.1	大坝类型	混凝土重力坝
1.2	坝长	2309.47m
1.3	坝顶高程	185m
1.4	总库容	393 亿 m^3
1.5	防洪库容	221.5 亿 m^3
1.6	正常蓄水位	175m
1.7	汛期防洪限制水位	145m
1.8	枯季消落最低水位	155m

序号	项 目		参 数
1.9	百年一遇洪水	最高库水位	166.9m
		最大下泄流量	56700m³/s
1.10	千年一遇洪水	最高库水位	175m
		最大下泄流量	69800m³/s
1.11	校核洪水（万年一遇加10%）	最高库水位	180.4m
		最大下泄流量	102500m³/s
2	三峡电站		
2.1	最大水头		113m
2.2	额定水头		左岸电站80.6m，右岸及地下电站85m
2.3	最小水头		71m
2.4	装机容量		2250万kW
2.5	机组台数		70万kW，32台；5万kW，2台
2.6	多年平均发电量		882亿kW·h
3	船闸		
3.1	类型		双线五级船闸
3.2	过闸船队吨位		万吨级船队
3.3	年单向通过能力		5000万t
4	垂直升船机		
4.1	类型		单线单级
4.2	最大过船吨位		3000t级客货轮
4.3	年单向通过能力		350万t

二、三峡工程综合效益

三峡工程是治理长江的关键性骨干工程，也是世界上承担综合功能任务最多的水利水电工程，通过科学调度，可以发挥巨大的防洪、发电、航运、水资源配置、节能减排与生态环保等综合效益。

（一）防洪

兴建三峡工程的首要目标是防洪。三峡工程是长江中下游防洪体系中的关键性骨干工程，其地理位置优越，可有效地控制长江上游洪水，显著增强长江中下游的防洪能力。经三峡水库调蓄，可使荆江河段防洪标准由三峡工程建成之前的约十年一遇提高到百年一遇。遇到千年一遇或类似于 1870 年的特大洪水，可配合荆江分洪等分蓄洪工程的运用，防止荆江河段两岸发生干堤溃决的毁灭性灾害，减轻中下游洪灾损失和对城市的洪水威胁，并为洞庭湖区的治理创造条件。

（二）发电

三峡电站是世界上最大的水电站，发电效益显著。三峡电站年平均发电量 882 亿 kW·h，截至 2017 年 3 月，三峡电站累计发电量突破 10000 亿 kW·h。三峡电站最大输电半径是 1000km，机组所发电能主要送往华中、华东、广东等地。三峡电站强大的电能，不仅可以缓解受电地区电力紧缺的形势，而且通过三峡电站可以把华中、华东、华南电网联成跨区的大电力系统，对取得地区之间的错峰效益、水电站群的补偿调节效益和水火电厂容量交换效益，保证电力的可靠性和稳定性发挥了积极的作用。

（三）航运

三峡水库形成后，对上可以渠化宜昌至重庆江段，改善航运里程 660km，对下可以增加葛洲坝工程以下长江中游航道枯水季节流量和航深，能够较为充分地改善重庆至汉口间通航条件，使万吨级船队由上海直达重庆的保证率大大提高。同时，也可大幅度降低运输成本，充分发挥水运优势。

（四）补水

长江天然来水具有明显季节性特征，时空分布不均，枯水期与丰水期十分明显。三峡工程的一项重要功能是调节长江水量季节分布，通过蓄丰补枯，优化和调整长江水资源的时空分布，保障长江中下游的生产和生活用水需求。

（五）生态环境

三峡工程也是一项重要的生态工程，研究表明，三峡工程对上游来水的控制，还可以减少汛期分流入洞庭湖的洪水和泥沙，有效减轻洪水对洞庭湖区的威胁，延缓洞庭湖泥沙淤积速度，延长洞庭湖的寿命。由于水库的调节作用，枯水期下泄流量增加，还有助于提高大坝下游河道污水稀释化，改善水质，减轻污染。

截至 2019 年 10 月 31 日，三峡工程已经连续 10 年实现 175m 试验性蓄水目标，其防洪、发电、航运、补水等巨大综合效益显著发挥，三峡工程形成的巨型水库还具有生态、养殖、旅游、灌溉及供水等突出功能。在长江经济带发展中的重要地位和作用日益凸显，对保障流域防洪安全、航运安全、供水安全、生态安全以及我国能源安全发挥着越来越重要的作用。

三峡工程是水电可持续发展的典范工程，并已成为长江流域重要的防洪工程、能源工程、交通工程、生态工程和富民工程，在长江经济带建设中发挥着越来越重要的作用。以三峡工程为代表的大型水电项目的建设，带动了水电行业技术的飞跃发展，并已成为推动世界水电发展的巨大力量。

第二节 三峡电站概况

三峡电站是世界上装机规模最大的水电站，机组尺寸和容量大，水头变幅宽，设计和制造难度均居世界之最。三峡电站安装有32台单机额定功率70万kW的水轮发电机组，其中左岸电站14台，右岸电站12台，地下电站6台；另外，电源电站（为三峡电站厂用及枢纽永久建筑物供电电源）装设2台5万kW的水轮发电机组。三峡电站额定总装机容量为2250万kW。三峡电站厂房如图1.1-2所示。

图1.1-2　三峡电站厂房

三峡电站是我国西电东送和南北互供的骨干电源点，为华中、华东和南方等地十省（直辖市）（包括湖北、湖南、河南、江西、上海、江苏、浙江、安徽、广东、重庆等）的经济发展提供优质的清洁能源，在电网稳定中发挥着重要作用。

2003年7月10日，三峡电站首台机组投产发电；2005年9月16日，三峡左岸电站14台机组比初步设计提前一年全部投产发电；2006年10月，三峡工程成功蓄水至156m，左岸电站首次实现980万kW满负荷稳定运行；2007年7月10日，我国首台国产70万kW水轮发电机组三峡右岸电站26号机组投产发电；2008年10月29日，右岸电站比初步设计提前一年全部投产发电；2011年5月24日，三峡地下电站首台机组投产发电；2012年7月4日，随着三峡地下电站 27 号机组的交接投运，标志着三峡电站 34 台机组全部投产发电；2012 年 7月 12 日，三峡电站首次实现 2250 万 kW 设计额定出力运行；截至 2017 年 3 月 1日 12 时 28 分，三峡电站累计发电突破 10000 亿 kW·h；2018 年三峡电站实现年发电量 1016.15 亿 kW·h，创全球单座电站发电量最高的世界纪录。

一、三峡电站主要组成

三峡电站分为左岸、右岸，由左岸电站、电源电站、右岸电站、地下电站四部分组成。左、右岸电站为坝后式，其主要建筑物包括坝式进水口、引水压力钢管、厂坝平台、厂房、尾水渠及厂前区。其中，厂房是电站的核心建筑物，包括主厂房和上、下游副厂房，主厂房内安装有水轮发电机组及其辅助设备、大小桥式起重机等；上游副厂房主要布置中央控制室、主变压器和 GIS及配电盘（柜）室；下游副厂房主要布置水处理设备及通风、消防设备；机组油气系统主要布置在主厂房的安装场下部；尾水平台布置门式启闭机。地下电站为引水式，其主要建筑物由引水渠及进水塔、引水隧洞、排沙洞、主厂房、母线洞、尾水洞及阻尼井、尾水平台及尾水渠、进厂交通洞、通风及管道洞、管线及交通廊道等组成。

三峡电站主要特征参数见表 1.1－2。

表 1.1－2　　　　　　　　　三峡电站主要特征参数

序号	项　　目		参　　数
1	左、右岸电站		
1.1	厂房型式		坝后式
1.2	进水口	型式	坝式单进口、小喇叭口
		进口尺寸	工作门处，宽×高，9.2m×13.24m
		进口底高程	108.0m
1.3	压力管道	型式	钢衬钢筋混凝土管
		条数	26 条
		内径	12.4m
		最大流速	8.45m/s
1.4	排沙孔	型式	有压长管
		孔数	7 孔
		内径	5.0m
		进口底高程	75.0m（中间 5 孔） 90.0m（两侧各 1 孔）
		最大流速	18.0m/s

序号	项　目		参　数
1.5	排漂孔	型式	无压孔
		孔数	3 孔
		孔口尺寸	有压段出口，宽×高 10.0m×12.0m（1号、2号） 7.0m×12.0m（3号）
		进口底高程	133.0m
1.6	主厂房尺寸	长度	包括安装场 643.7m（左岸厂房） 574.8m（右岸厂房）
		宽度	水下 68.0m
		高度	尾水管底板至屋面 87.5m
		机组中心距	38.3m
		水轮机安装高程	57.0m
2	地下电站		
2.1	厂房型式		全地下式
2.2	进水口	型式	岸塔式
		进口尺寸	工作门处，宽×高，9.6m×15.86m
		进口底高程	113.0m
		工作闸门及启闭机型式	平面闸门、液压启闭机
2.3	压力管道	型式	地下埋管
		条数	6 条
		内径	钢衬内径 13.5m
		最大流速	6.75m/s
2.4	主厂房尺寸	长度	包括安装场 311.3m
		宽度	吊车梁以上 32.6m
		高度	尾水管底板至拱顶 83.48m
		机组中心距	38.3m
		水轮机安装高程	57.0m

二、三峡电站主要机电设备

三峡电站 32 台 70 万 kW 水轮发电机组中，左岸电站 14 台机组的设计制造以国外企业为主，国内企业参与联合设计、合作制造，国产化率达 50%；右岸电站 12 台机组以国内企业为主设计制造，有 8 台是拥有自主知识产权的国产化机组；地下电站 6 台机组全部由国内企业设计制造，有 4 台是拥有自主知识产权的国产化机组。国产三峡机组设计制造水平达到了国际同等水平，并在巨型水轮发电机组水力设计、电磁设计、冷却方式等关键技术方面有所突破。

三峡电站共装有额定容量为 840MVA 的主变压器 32 台，其中左岸电站14 台，右岸电站 12 台，地下电站 6 台。

三峡电站 550kV 配电系统分为左岸、右岸及地电三个系统，采用 SF_6 气体绝缘金属封闭开关设备（简称 GIS），是发电机组的电能输送枢纽，均采用3/2 接线。左岸电站分为左一、左二部分，分别为四回进线三回出线、三回进线三回出线；右岸电站分为右一、右二部分，分别为三回进线四回出线、三回进线三回出线；地下电站为三回进线三回出线。

三峡电站左、右岸厂房内各安装 2 台 1200t/125t 双小车桥式起重机，桥机跨度 33.6m，2 台 125t/125t 双小车桥式起重机，跨度 34m；地下电站厂房内安装 2 台 1200t/125t 双小车桥式起重机，桥机跨度 29.5m。

三峡电站横剖面示意图如图 1.1-3 所示。

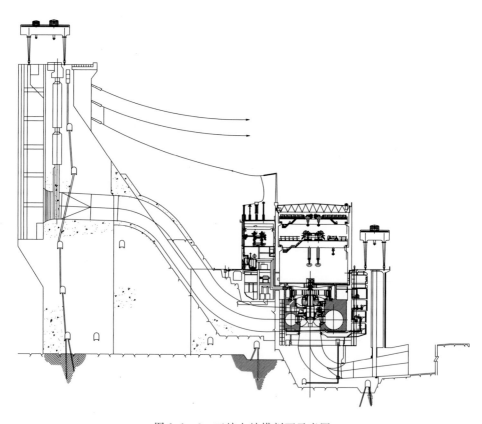

图 1.1-3 三峡电站横剖面示意图

第二章
三峡机组简介

第一节 三峡电站机组分布

三峡电站在国内首次采用700MW混流式水轮发电机组，机组性能和质量的好坏直接影响到三峡电站能否长期安全运行、三峡工程发电效益的发挥。

左岸电站安装的14台700MW机组由国际供货商供货，其中ALSTOM公司供货制造8台、VGS联营体（由德国VOITH公司、美国GE公司、德国SIMENS公司组成）供货制造6台。这些厂商在三峡电站水轮机和发电机的设计中，总结了在设计和制造伊泰普电站、大古力电站等巨型水轮发电机组时的经验，同时针对三峡电站的特点在结构和材料上进行了优化。可以说三峡左岸机组代表了当时世界先进水平，反映了水轮发电机组发展的趋势。

右岸电站安装的12台700MW机组，分别由东方电机厂（以下简称"东电"）、哈尔滨电机厂（以下简称"哈电"）、ALSTOM公司各供货制造4台；地下电站安装6台700MW机组，分别由哈电、ALSTOM公司、东电各供货制造2台。我国充分发挥了三峡工程对水电制造业的带动作用，通过左岸电站水力发电机组的关键技术引进、消化吸收和再创新，实现了我国水电设备制造的大跨越。哈电设计制造的右岸全空冷机组为当时世界上单机容量最大的全空冷发电机组，东电设计制造的地下电站27F（27号水轮发电机组，下同）、28F为世界首次采用700MW蒸发冷却技术水轮发电机组。三峡国产机组的重大技术突破是我国大型电力装备自主研发水平的重大进步，标志着我国发电设备的技术和容量等级达到世界领先水平。

电源电站安装2台单机容量为50MW机组X1F、X2F，由哈电供货制造。

具体机组对应设备制造厂家详见表1.2-1。

表1.2-1　　　　　　　　　机组设备制造厂家对应表

设备制造厂	VGS联营体	ALSTOM公司	东　　电	哈　　电
左岸电站	1F～3F、7F～9F	4F～6F、10F～14F		
右岸电站		23F～26F	15F～18F	19F～22F
地下电站		29F、30F	27F、28F	31F、32F
电源电站				X1F、X2F

第二节 三峡电站机组的结构形式

三峡电站机组为立轴混流式机组，机械设备主要由将水能转化成机械能的水轮机、将机械能转化成电能的发电机组成。水轮机为混流式结构，发电机为立轴半伞式结构，水轮机通过水轮机轴、发电机轴与发电机连接。机组采用水导轴承、下导轴承、上导轴承进行径向支撑，轴向支撑由推力轴承通过下机架传导至混凝土基础上。三峡电站水轮发电机组整体结构布置如图 1.2－1 所示。

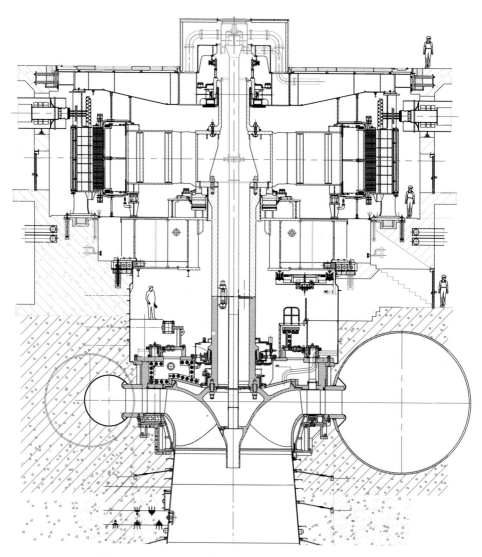

图 1.2－1　三峡电站水轮发电机组整体结构布置示意图

一、水轮机机构简述

水轮机是水电站的动力设备，是将水能转变成电能的原动机，水轮机主体设备主要由基础及埋件部分、导水机构、转轮、主轴、主轴密封、水导轴承、中心补气系统等组成。

（一）基础及埋件部分

基础及埋件部分主要由尾水管、座环、蜗壳等组成。

水轮机尾水管的作用是防止或减轻尾水涡带冲击肘管底部时水流对转轮的反作用力及回能，为弯肘形。整个尾水管出口扩散段的布置相对于机组中心线不对称。鉴于国内外水头变幅大的机组都出现过尾水锥管里衬被撕裂的严重问题，如巴基斯坦的塔贝拉电站和国内的潘家口电站等，所以三峡机组从转轮出口开始直至水流速度不大于 6m/s 的尾水管内壁，以及支墩鼻端都安装了厚钢板里衬，厚度与伊太普电站的相同，达 25mm。从转轮出口开始的一段高度为 1.5m 的里衬（包括基础环的一部分）为不锈钢，以抵抗空蚀和防止撕裂，其余部位为 Q235A 和 Q235B。另外，在里衬外围除间隔一定高度布置有加强环筋外，还安装有每平方米 6～8 根 V 形拉锚。所有这些措施，都是为了加强尾水管里衬的强度和里衬与周边混凝土结合度，以抵抗机组在恶劣工况下运行时尾水管内空化和压力波动对里衬的破坏。

座环承受机组及机组段混凝土重量和水推力，为平行环板式并带有圆弧导流环的组焊结构，即由上、下环板与 24 个固定导叶组成。上、下环板采用优质的抗撕裂环形钢板焊接制成。受现场安装起吊设备容量限制，座环分为 6 瓣。在现场机坑内用预应力螺栓把合后组焊成整体。

蜗壳的作用是将进水口的水流均匀、轴对称地分配至导水机构，并形成一定的环量。蜗壳为钢板焊接结构，蜗壳瓦片由工厂进行卷制和加工焊缝的坡口，并将瓦片焊接成管节交货。蜗壳进口直径 12.4m，包角 345°。蜗壳材料为 60kgf/cm² （1kgf/cm²＝98066.5Pa）级高强钢板，这对减小钢板厚度从而减少现场焊接工作量有利。单台蜗壳重约 700t，其埋设方式为：左岸采用充压浇混凝土，充压的内水压力为 70mH₂O （1mH₂O＝9806.65Pa）；右岸 15F 机蜗壳直埋，17F～18F、25F～26F 机蜗壳外敷垫层埋设，其余为充压浇混凝土；地下电站蜗壳全部采用外敷垫层埋设。

（二）导水机构

导水机构的作用是将进入转轮的水流进行调节或截断，并形成或改变进入转轮的水流环量。导水机构主要由底环、活动导叶、导叶传动机构（拐臂、连杆、控制环等）、顶盖等组成。

底环用于固定活动导叶，是水轮机过流部件。活动导叶用于调节通过机组过流系统的水流量，从而达到控制机组转速的目的。顶盖用于连接导叶传动机构、水导轴承座支撑，是机组的重要结构部件。顶盖和底环均为钢板焊接结构，分成四瓣运输到工地，用螺栓把合，总重约 380t。为减小转轮与顶盖间空腔的水压力以及对转轮的向下水推力,在顶盖上装设有4根或8根大口径的泄压管,并延伸到尾水管扩散段。顶盖和底环上的固定止漏环,在工厂内用径向的螺钉固定到分瓣的顶盖和底环上,工地拼装后要对止漏环的分缝进行封焊。顶盖和底环分别用螺栓把合到座环的上、下环法兰面上,工地安装时用放置在座环上、下法兰面上的单个的小垫片调整顶盖的高程。座环上的密封表面要求在工地进行切割和打磨。

（三）转轮

转轮是实现水能转换的主要部件,它将水能转换成机组的旋转机械能,通过水轮机主轴传递至发电机轴及转子。转轮为不锈钢铸焊结构,包括上冠、叶片、下环、泄水锥,上冠和下环使若干叶片形成整体。在上冠和下环的外缘上有止漏环,它与相对应的设在顶盖与底环上的固定止漏环组成止漏装置。上冠采用铸焊结构,转动止漏环加工完成后直接热套在上冠上面,并按照安装尺寸进行机加工,后期与转轮上冠焊接在一起。下环采用钢板卷焊或铸造。叶片采用铸造方式,从转轮进口看像X形,与常规叶片相比,X形叶片能较好地适应变幅大的水头和负荷,水流在叶道内的速度和压力分布更均匀,对效率、空化和运行的稳定性都有利。

（四）主轴

主轴的作用是将水轮机的机械能传递至发电机。主轴由水轮机轴与发电机轴组成,水轮机轴、发电机轴均采用中空结构,用锻制或钢板卷焊而成,采用法兰连接。

（五）主轴密封

主轴密封是防止转轮室内浑水通过转动间隙进入顶盖的部件,由工作密封和检修密封组成。工作密封为端部自补偿型密封,主要由抗磨环、转环、浮动环、导向环及调整装置、供水装置等组成,采用清洁水进行润滑和冷却。该结构简单,密封块磨损可自动补偿,运行寿命长。检修密封为空气围带式密封,以便在机组停机不排水的情况下进行主轴密封检修。

（六）水导轴承

水导轴承是限制机组摆度、保证机组安全稳定运行的部件,主要由主轴摩擦面、轴承座、轴瓦、轴瓦间隙调整装置、轴承循环油系统、循环油冷却系统等装置组成。轴瓦采用油浸分块式乌金瓦,轴瓦间隙调整装置为斜楔式,具有结构简单、精度高、易调整等优点。水导轴承润滑油均采用体外油泵加压循环,在体外设置水冷却器冷却。ALSTOM公司、哈电机组水导轴承无轴领,顶盖上设置集油槽,在机组停机后水导油槽里无润滑油（油全部返回到了集油槽）。VGS联营体、东电机组及电源电站机组设置轴领及下油槽,停机后轴承体内存润滑油,外挡油圈和顶盖合为一体。

（七）中心补气系统

中心补气系统的作用是机组在某些负荷运行或紧急停机时，转轮下腔会产生负压，在尾水压力与大气压力之间产生一定的压力差，当压力能够克服补气阀弹力时，补气阀盘会自动打开，这时空气将通过主轴中心补气管向转轮下腔补气，以达到破坏负压、降低机组振动的目的，从而保证机组的安全运行。中心补气系统由补气阀、中心补气管及其支架、外部进气排水等辅助管路系统三大部分组成。

二、发电机机构简述

发电机是将机组动能转换成电能的设备，发电机主体设备主要由上机架及上导轴承、定子、转子、推导组合轴承及下机架等组成。

（一）上机架及上导轴承

上机架采用径向斜支撑结构，承受径向力和支撑其上部固定部件重量，由中心体和若干斜支臂组成。中心体与支臂在施工现场焊接成整体。上机架中心体内装有上导轴承，上导轴承主要承受机组因机械不平衡和磁拉力不平衡产生的径向偏心力。上导瓦支撑方式有支柱螺栓式和垫块式两种形式。

（二）定子

定子是发电机产生电磁感应，进行机械能与电能转换的主要部件，主要由定子机座、定子铁芯、定子绕组及相应的附属设备等部件组成。

定子机座的主要作用是承受定子自重；承受上机架以及安装在上机架其他部件的重量；构成冷却气体通道；承受电磁扭矩和不平衡拉力；承受绕组短路时的切向剪力。定子基座主要由环板、若干立筋、机座外壳以及连接环等焊接而成。VGS联营体和东电采用浮动式结构，通过径向键实现机座在径向作必要的移动，同时又限制机座作切向移动。ALSTOM公司和哈电定子机座采用斜筋板支撑式结构，斜筋板下部与基础刚性连接，上部与上机架支臂刚性连接。该结构形式的斜元件能吸收一定的热膨胀量，缓解铁芯膨胀对机组的压力。

定子铁芯用于定子绕组的安装与相应部件的固定，是定子的主要磁路。在发电机运行中，铁芯要受到机械力、热应力及电磁力的综合作用。定子铁芯主要由不同规格的定子铁芯冲片、补偿片、通风槽片等部件组成，由定位筋、齿压板、拉紧螺杆等部件固定。三峡机组定子铁芯槽数有 510 槽、540 槽、630 槽、840 槽共计 4 种形式。

定子绕组是发电机的导电元件，采用三相双层条式波形绕组。三峡机组定子绕组支路数分为 5 支路、6 支路、8 支路共计 3 种形式，定子线棒绝缘全部采用 F 级绝缘系统。

（三）转子

转子是水轮发电机机组的核心部件，其作用是建立旋转磁场，传递扭矩，由中心体、支臂、磁轭、磁极等组成。

转子磁轭与中心体由斜支臂相连接，设计成辐射式可通风的圆形回转体。转子磁轭通过磁轭主键、副键连接，磁轭径向力与切向力通过磁轭主副键、垫片及键槽板传递到转子支架上，磁轭下部装设制动闸板。机组在运行过程中，巨大的离心力会使磁轭发生显著的径向变形，从而使磁轭与支臂发生径向分离间隙，转速越高，分离间隙越大。这不仅会使机组产生过大的摆度与振动，甚至会使支臂挂钩受到冲击而断裂，造成严重的事故。为使静止时的转子支架应力不至于过高，运行时转子支架与磁轭又不至于分离，在招标文件中规定按1.4倍额定转速设计径切向复合键连接。VGS联营体和东电采用径切向键分开的弹性键连接结构，ALSTOM公司和哈电采用了径切向复合键结构。但为减少现场安装工作和焊接变形，右岸电站ALSTOM公司机组转子磁轭键改为键槽板和磁轭键设计成整体径向键的结构。

转子磁极是构成励磁绕组的基本元件，当直流励磁电流通入磁极线圈后就产生发电机的磁场，因此转子磁极是发电机建立旋转磁场的磁感应部件。磁极主要由磁极铁芯、压紧螺杆、阻尼绕组、励磁线圈等组成。磁极有鸽尾、T尾或双T尾结构，通过磁极键固定在转子磁轭上。三峡机组转子磁极对数为40、42共计两种形式。

（四）推导组合轴承及下机架

推导组合轴承由推力轴承及下导轴承组成。

推力轴承是发电机重要部件之一，它承受着整个发电机组转动部分的重量及水轮机的轴向推力，其工作好坏直接影响到机组能否长期安全运行。

推力轴承主要由推力瓦、推力瓦支撑、推力头镜板、高压减载装置等组成。推力瓦支撑结构有刚性支柱螺栓式和小弹簧式两种结构。推力轴承瓦温均不超过80℃。推力轴承和下导轴承共用一个油槽，布置在下机架的中心体内。

下导轴承承担了由于磁场不规则性和残留的机械不平衡产生的径向力，并通过下机架径向基础板传至风闸混凝土基础支墩，由推力头柱面、轴瓦及轴瓦间隙调整装置等组成。轴瓦采用油浸分块式合金瓦，轴瓦间隙调整装置有垫块式和支柱螺栓式两种结构。

下机架是水轮发电机的重要组成部件之一，承受整个水轮发电机组转动部分的重量以及水轮机的轴向水推力，由中心体、支臂、合缝板等部件组成，为承重式机架。下机架必须具有足够的刚度，设计要求下机架在最严重工况下，其垂直挠度不超过3.5mm。下机架中心体根据轴承布置方式不同，有不同的结构和形式：左岸ALSTOM公司发电机下机架由1个中心体和16个斜支臂焊接而成，VGS 联营体发电机下机架由 1 个中心体和 6 个径向支臂焊接而成，右岸 ALSTOM 公司下机架结构改为由 1 个中心体和 16 个径向支臂焊接而成，哈电下机架由 1 个中心体和 12 个径向支臂焊接而成，东电下机架由 1 个中心体和 6 个径向支臂焊接而成。

（五）水轮发电机冷却方式

三峡水轮发电机冷却方式主要分为空冷和内冷两大类，其中内冷又分为水内冷和蒸发冷却两种方式。

针对转子及定子铁芯，主要采用空冷方式。风洞内发电机自转带动气隙内空气流动，之后空气冷却器将吸收了发电机损耗所产生热量的热风进行冷却，被冷却的空气再回流到转子和定子铁芯表面，从而达到转子和定子铁芯的冷却目的。

定子绕组采用空冷、水内冷、蒸发冷却三种冷却方式。空冷优点是电气参数较好，额定点效率高，过载能力强，适应电站频繁开停机的运行方式，运行成本及故障率低，且易于维护检修。水内冷的优点是降低了定子绕组温升，使定子线棒温度较低，温度分布较均匀，有利于改善热应力和延长线棒绝缘寿命。为消除线棒端部接头的相互影响，采用水、电接头分开的方式，定子绕组设计中右岸及地下电站共计 10 台机组电气相间存在水路连通。蒸发冷却具有与水内冷技术相当的冷却效果，其采用绝缘性能好、沸点合适的液体替代水作为冷却介质，通过冷却介质两相（液相和气相）流压差自循环蒸发换热，消除了水内冷压力大、易泄漏的可能性。即使发生冷却介质少量的泄漏，由于介质的绝缘性能好，也不会影响机组安全运行。

第二篇
机组主要技术特性

第一章
三峡机组主要技术参数

三峡电站 700MW 机组的运行水头为 71～113m，水轮机为混流式结构。根据电站运行水头，以及有利于机组枯水期稳定运行、提高效率和改善空蚀的要求，结合发电机电气参数选择，机组采用了 71.4r/min 和 75r/min 两个转速。三峡机组结合机组部件尺寸大小、重量、厂房的高度和经济性，选择半伞式结构。

　　三峡电站水轮发电机容量大、转速低、直径大，无论采用空冷方式，还是半水冷方式（定子水内冷，转子空冷），制造难度都是相当大的，最终根据机组生产厂家的技术传统优势决定。三峡电站 700MW 机组有 24 台采用了半水冷方式，有 6 台采用了风冷方式，有 2 台采用了蒸发冷却方式。各型机组都已连续多年安全可靠运行。

第一节 水轮机主要技术参数

三峡电站700MW机组水轮机主要技术参数见表2.1-1、表2.1-2。

表 2.1-1 左岸电站水轮机主要技术参数

参　　数	VGS联营体机组	ALSTOM公司机组
水轮机形式	竖轴，单转轮混流式	竖轴，单转轮混流式
转轮名义直径（出口直径）/mm	9528.9	9800
最大水头/m	113	113
额定水头/m	80.6	80.6
最小水头/m	71	71
额定出力/MW	710	710
额定流量/($m^3 \cdot s^{-1}$)	995.6	991.8
最大连续运行出力/MW	767	767
相应发电机$\cos\varphi=1$时的水轮机最大出力/MW	852	852
额定转速/($r \cdot min^{-1}$)	75	75
比转速/($m \cdot kW$)	261.7	261.7
吸出高度/m	-5	-5
装机高程/m	57	57
旋转方向	俯视，顺时针	俯视，顺时针
蜗壳型式	金属蜗壳	金属蜗壳
尾水管型式	弯肘型	弯肘型

表 2.1-2 右岸及地下电站水轮机主要技术参数

参　　数	东电机组	ALSTOM公司机组	哈电机组
水轮机形式	立轴，单转轮混流式	立轴，单转轮混流式	立轴，单转轮混流式
转轮名义直径（出口直径）/mm	右岸 9880 地电 9456	9600	10441.2
最大水头/m	113	113	113
额定水头/m	85	85	85
最小水头/m	71	71	71
额定出力/MW	710	710	710

参　　数	东电机组	ALSTOM 公司机组	哈电机组
额定流量/(m³·s⁻¹)	941.27	991.8	960
最大连续运行出力/MW	767	767	767
相应发电机 cosϕ＝1 时的水轮机最大出力/MW	852	852	852
额定转速/(r·min⁻¹)	75	71.4	75
飞逸转速/(r·min⁻¹)	150	143	150
比转速/(m·kW)	244.86	261.7	244.9
吸出高度/m	−5	−5	−5
装机高程/m	57	57	57
旋转方向	俯视，顺时针	俯视，顺时针	俯视，顺时针
蜗壳型式	金属蜗壳	金属蜗壳	金属蜗壳
尾水管型式	弯肘型	弯肘型	弯肘型

第二节　发电机主要技术参数

三峡电站 700MW 机组发电机主要技术参数见表 2.1－3、表 2.1－4。

表 2.1－3　　　　　　左岸电站发电机主要技术参数

参　　数	左岸 VGS 联营体机组	左岸 ALSTOM 公司机组
额定水头/m	80.6	80.6
额定转速/(r·min⁻¹)	75	75
结构形式	立轴半伞式	立轴半伞式
定子冷却方式	定子绕组水冷	定子绕组水冷
转子直径/mm	18433	18737
定子直径/mm	21420	20900
额定容量/MVA	777.8	777.8
额定电压/kV	20	20
额定电流/A	22453.8	22453.8
额定频率/Hz	50	50
功率因数	0.9	0.9
临界转速/(r·min⁻¹)	205	187.5
磁极对数	40	40
定子槽数	510	540

参　数	左岸 VGS 联营体机组	左岸 ALSTOM 公司机组
并联支路数	5	5
接线方式	波绕	波绕
交轴超瞬变电抗与直轴超瞬变电抗之比（X_q''/X_d''）	1.3	1.14
直轴同步饱和电抗（X_{d*}）	≤88%	≤83.3%
直轴同步不饱和电抗（X_d）	≤97%	≤93.9%
直轴饱和瞬变电抗（X_{d*}'）	≤30%	≤29.5%
直轴不饱和瞬变电抗（X_d'）	≤32%	≤31.5%
直轴饱和超瞬变电抗（X_{d*}''）	≥20%	≥20%
直轴不饱和瞬变电抗（X_d''）	≥22%	≥24%
交轴同步电抗（X_q）	≤74%	≤69%
负序电抗（X_2）	≤30%	≤25.8%
零序电抗（X_0）	≤14%	≤20%
短路比	≥1.2	≥1.2
直轴瞬变开路时间常数（T_{do}'）/s	11.1	10.1
直轴瞬变短路时间常数（T_{ds}'）/s	4	3.2
定子绕组短路时间常数（T_a'）/s	0.32	0.28
额定励磁电压/V	364	447
最大励磁电压/V	380	473
空载励磁电流/A	2190	2233
额定励磁电流/A	3779	3917

表 2.1－4　　　　　右岸及地下电站发电机主要技术参数

参　数	右岸及地电东电机组	右岸及地电 ALSTOM 公司机组	右岸及地电哈电机组
额定水头/m	85	85	85
额定转速/(r·min⁻¹)	75	71.43	75
结构形式	立轴半伞式混流	立轴半伞式混流	立轴半伞式混流
定子冷却方式	定子绕组水冷（右岸电站）定子绕组蒸发冷却（地下电站）	定子绕组水冷	空气冷却
转子直径/mm	18436	18744	18704
定子直径/mm	21420	21000	20900

第一章　三峡机组主要技术参数

参　数	右岸及地电东电机组	右岸及地电 ALSTOM 公司机组	右岸及地电哈电机组
额定容量/MVA	777.8	777.8	777.8
额定电压/kV	20	20	20
额定电流/A	22453.8	22453.8	22453.8
额定频率/Hz	50	50	50
功率因数	0.9	0.9	0.9
临界转速/(r·min^{-1})	190 右岸电站 195 地下电站	179	313
磁极对数	40	42	40
定子槽数	510 右岸机组 540 地电机组	630	840
并联支路数	5	6	8
接线方式	波绕	波绕	波绕
交轴超瞬变电抗与直轴超瞬变电抗之比（X_q''/X_d''）	1.3	1.11	1.05
直轴同步饱和电抗（X_{d*}）	≤91%	≤82.2%	≤82.8%
直轴同步不饱和电抗（X_d）	≤97%	≤95.2%	≤94.5%
直轴饱和瞬变电抗（X_{d*}'）	≤30%	≤30%	≤28.9% 右岸机组 ≤28.1% 地电机组
直轴不饱和瞬变电抗（X_d'）	≤32%	≤32%	≤31% 右岸机组 ≤30.1% 地电机组
直轴饱和超瞬变电抗（X_{d*}''）	≥20%	≥20.4%	≥20.5%
直轴不饱和瞬变电抗（X_d''）	≥22%	≥25.5%	≥24.5%
交轴同步电抗（X_q）	≤74%	≤69.4%	≤69% 右岸机组 ≤69.1% 地电机组
负序电抗（X_2）	≤30%	≤26.7%	≤25.2% 右岸机组 ≤25.3% 地电机组
零序电抗（X_0）	≤14%	≤16.1%	≤12.3% 右岸机组 ≤12.4% 地电机组
短路比	≥1.2	≥1.2	≥1.2 右岸机组 ≥1.218 地电机组
直轴瞬变开路时间常数（T_{do}'）/s	12.4	10.8	9.32 右岸机组 9.298 地电机组
直轴瞬变短路时间常数（T_{ds}'）/s	4.4	3.63	2.91 右岸机组 2.903 地电机组
定子绕组短路时间常数（T_a'）/s	0.35	0.362	0.4 右岸机组 0.402 地电机组

参　数	右岸东电机组	右岸及地电 ALSTOM 公司机组	右岸哈电机组
额定励磁电压/V	394	481	465 右岸机组 477 地电机组
最大励磁电压/V	405	509	484 右岸机组 483 地电机组
空载励磁电流/A	2173	2154	2393 右岸机组 2416.4 地电机组
额定励磁电流/A	3821	3781	4110 右岸机组 4171.5 地电机组

第三节　调速系统主要技术参数

三峡左岸、右岸及地下电站共安装额定容量 700MW 的水轮发电机组 32 台，其中左岸电站 14 台机组调速器由长江三峡能事达电气股份有限公司设计制造；右岸电站 12 台机组调速器由中国哈尔滨电机有限责任公司设计制造，其主配压阀为卧式，由 GE 公司设计制造；地下电站 6 台机组调速器由长江三峡能事达电气股份有限公司设计制造。

三峡左岸、右岸及地下电站水轮发电机组调速器技术参数见表 2.1 - 5、表 2.1 - 6。

表 2.1 - 5　　　　左岸电站机组调速系统相关参数

参数项目	ALSTOM 公司机组	VGS 联营体机组
一、调速器		
开机时间/s	20	10
快速关闭时间/s	7	10
慢关闭时间/s	24	15.38
二、主配压阀		
主配活塞直径/mm	250	250
遮程/mm	0.5	0.5
开侧最大行程/mm	20	20
关侧最大行程/mm	30	30
三、分段关闭阀		
控制腔活塞直径/mm	200	150
活塞直径/mm	150	150
活塞最大行程/mm	40	32

参数项目	ALSTOM 公司机组	VGS 联营体机组
四、事故配压阀		
型式	插装阀	插装阀
阀芯直径 D/mm	190	190
最大开度/mm	30	30
五、接力器		
接力器活塞直径/mm	1050	960
接力器最大行程/mm	1160	981
最小正常工作油压/MPa	6.1	6.1
紧急停机动作油压/MPa	4.7	5.2
接力器数量/个	2	2
接力器总工作容积（2个）/L	1786	1240
六、压力油罐		
压油罐总体积/m³	32	32
压油罐操作容积/m³	9.87	7.66
6.3MPa 时空气体积/m³	22.1	24.3
七、集油槽		
集油槽体积/m³	22.3	16.7
八、压力油泵		
油泵数量/台	3+1 备用	2+1 备用
油泵最小输油量/(L·s⁻¹)	14.88	15.5
额定输油量/(L·s⁻¹)	15.5	15.5
电动机功率/kW	160	160
九、主供油管道		
主油管直径/mm	$\phi200\times12.7$ 不锈钢管	$\phi200\times12.7$ 不锈钢管
十、透平油		
型号	46 号汽轮机油	46 号汽轮机油

表 2.1－6　右岸电站和地下电站机组调速器相关参数

参数项目	右岸电站	地下电站
一、调速器		
型号	DIGIPID1500	WBLDT－250/63
频率给定范围/Hz	45～55	45～55
功率给定值调整范围	0～120%的机组额定出力	0～120%的机组额定出力

参数项目	右岸电站	地下电站
导叶开度给定范围	−1％～120％	−1％～120％
永态转差系数 b_p	0～10％可调（转速控制模式）	0～10％可调（转速控制模式）

二、电液比例伺服阀

通径/mm	6	10
额定流量/(L·min⁻¹)	40	100

（注：额定流量单位应为 $(L \cdot min^{-1})$）

三、主配压阀

活塞直径/mm	250	250
开侧最大行程/mm	20	20
关侧最大行程/mm	30	25
定中活塞/mm	100	无
控制活塞/mm	90	130
操作压力/MPa	6.3	6.3

四、分段关闭阀

活塞直径/mm	280	200
活塞最大行程/mm	60	40
操作压力/MPa	6.3	6.3

五、事故配压阀

型式	插装阀	插装阀
阀芯直径 D/mm	200	200
最大开度/mm	68	50
工作压力/MPa	6.3	6.3

六、右岸电站接力器

型号	哈电机组	ALSTOM 公司机组	东电机组
接力器活塞直径/mm	1050	760	960
接力器最大行程/mm	1160	1400	960
最大正常工作油压/MPa	6.3	6.3	6.3
最小正常工作油压/MPa	6.1	6.1	6.1
紧急停机动作油压/MPa	5.04	5.04	5.1
接力器数量/个	2	2	2
接力器总工作容积（2个）/L	1730	1400	1230

参数项目	右岸电站		地下电站
七、地下电站接力器			
型号	哈电机组	ALSTOM 公司机组	东电机组
接力器活塞直径/mm	1050	820	960
接力器最大行程/mm	1160	1400	960
最大正常工作油压/MPa	6.3	6.3	6.3
最小正常工作油压/MPa	6.1	6.1	6.1
紧急停机动作油压/MPa	5.04	5.04	5.1
接力器数量/个	2	2	2
接力器总工作容积（2个）/L	1730	1415	1230
八、压力油罐			
压油罐总体积/m³	32（16×2）		40（20×2）
压油罐尺寸/mm	ϕ2100（内径）×5580		ϕ2400（内径）×5580
九、集油槽			
集油槽体积/m³	22.7		22.3
十、压力油泵			
型号	YS－32/2－6.3		YS－32/2－6.3
工作压力/MPa	6.3		6.3
制造厂	哈尔滨电机厂		能事达
十一、主供油管			
主油管直径/mm	ϕ200×12.7 不锈钢管		ϕ200×12.7 不锈钢管
十二、透平油			
型号	46 号汽轮机油		46 号汽轮机油

第二章
三峡机组结构

第一节 水轮机结构

水轮机是水轮发电机组中将水能转变成电能的原动机,三峡电站水轮机均为立轴混流式,结构紧凑,运行可靠,效率高,能适应很宽的水头范围。

三峡电站水轮机主要部件由转轮、主轴、中心补气系统、主轴密封、水导轴承、导水机构、过流部件等组成。

一、转轮

转轮全部采用抗空蚀、抗磨损并具有良好焊接性能的不锈钢材料制造。上冠采用铸焊结构,下环采用钢板卷焊或铸造,转动止漏环采用热套方式安装在上冠和下环上面。叶片采用铸造方式加工,从进水边看呈 X 形,这种叶片能适应变幅较大的水头和负荷。为改善水轮机的稳定性,VGS 联营体和东电机组转轮设计了比较长的上冠,而 ALSTOM 公司和哈电机组转轮则采用半锥形长泄水锥。三峡电站 VGS 联营体和东电机组转轮结构如图 2.2-1 所示,AL-STOM 公司和哈电机组转轮结构如图 2.2-2 所示。

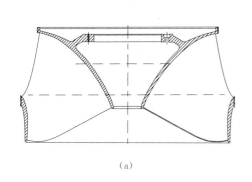

（a） （b）

图 2.2-1 三峡电站 VGS 联营体和东电机组转轮结构
（a）转轮剖视图；（b）转轮实物图

（一）转轮叶片

三峡电站转轮均为 X 形叶片,叶片进水边采用负倾角,叶片出水边为扭曲形状,故从转轮进口看,叶片呈 X 形,如图 2.2-3 所示。叶片型面由 9 个雕塑曲面组成,包括正面、背面、出水边、上冠两个焊接坡口面、上冠钝边面、下环两个焊接坡口面和下环钝边面,具有型面曲率变化大、尺寸大、重量大、厚度比大等特点。

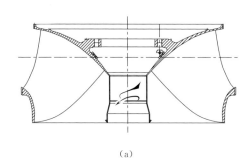

(a)   (b)

图 2.2-2　三峡电站 ALSTOM 公司和哈电机组转轮结构

（a）转轮剖视图；（b）转轮实物图

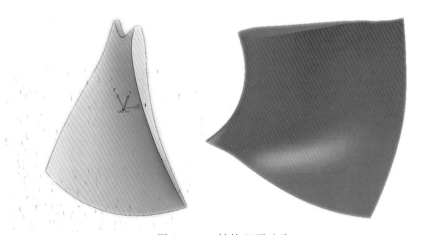

图 2.2-3　转轮 X 形叶片

　　叶片型线、材质和制造质量是影响转轮空蚀的关键因素。叶片毛坯为整体铸造，然后采用五轴数控机床加工、铲磨，并进行超声波无损探伤检验。

　　（二）转轮止漏环

　　转轮止漏环分为转动止漏环和固定止漏环，转动止漏环分上止漏环和下止漏环，最初采用热套工艺分别将其安装在转轮上冠及下环的外圈，然后再按照设计尺寸对止漏环外圆进行机加工，与转动止漏环对应位置的顶盖和底环上设有固定止漏环。三峡电站转轮止漏环结构如图 2.2-4 所示。

　　止漏环的主要作用是间隙式密封，在转动止漏环与固定止漏环之间形成均匀的间隙配合。上止漏环用来防止水流从转轮上冠与顶盖之间大量上翻，减小

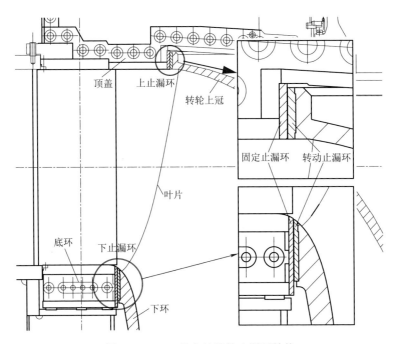

图 2.2 - 4　三峡电站转轮止漏环结构

顶盖的水推力;下止漏环用以防止水流从转轮下环与底环之间直接进入尾水,减少容积损失。

（三）转轮主要尺寸参数

三峡电站转轮主要尺寸及重量见表2.2-1。

表 2.2 - 1　　　　　　　三峡电站转轮主要尺寸及重量

电站名称	公司	标称直径/mm	叶片数/个	总重量/t
左岸	ALSTOM 公司	9800	15	445
	VGS 联营体	9525	13	434
右岸及地电	东电	9880	13	473.12
	ALSTOM 公司	10736	15	463
	哈电	10444	15	445.835（右岸） 448.958（地电）

二、主轴

主轴是水轮发电机组转动部分的主要设备,其主要作用是将水轮机转轮的机械能传递给发电机。三峡电站机组主轴由水轮机主轴和发电机下端轴两部分组成,均为中空结构,内部设有中心补气管。水轮机主轴上法兰与发电机下轴端法兰采用螺栓连接，主轴结构如图 2.2-5 所示。主轴采用适于热处理的碳钢或合金钢材料，用锻制或钢板卷焊制成，纵向焊缝交错不超过 2 条，法兰采用锻造方式制成。

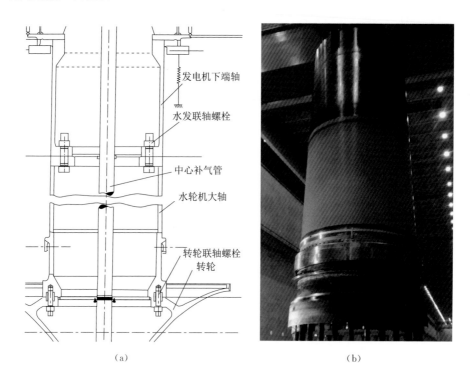

发电机下端轴

水发联轴螺栓

中心补气管

水轮机大轴

转轮联轴螺栓
转轮

（a） （b）

图 2.2-5 三峡电站 VGS 联营体和东电机组主轴结构

（a）主轴剖视图；（b）主轴实物图

VGS 联营体和东电机组水轮机主轴采用轴领结构，利用轴领来承受并传递机组运行时产生的径向力，ALSTOM 公司和哈电机组水轮机主轴则采用无轴领结构。为了提高水导轴承处工作面的强度，在主轴的内部还设有加强环，以此来承受水导轴承对主轴的径向力。三峡电站主轴主要技术参数见表 2.2-2。

表 2.2-2 三峡电站主轴主要技术参数

技 术 参 数	VGS 联营体	ALSTOM 公司
额定转速/(r·min⁻¹)	75	71.43
飞逸转速/(r·min⁻¹)	150	143
临界转速/(r·min⁻¹)	230	230

三、中心补气系统

机组在某些负荷下运行或紧急停机时，尾水管会产生一定的负压，引起机组异常振动，为了满足水轮机在部分负荷工况下稳定运行的要求，三峡电站机组主轴及转轮中心设有补气系统，向转轮下方通入空气，降低尾水管内的负压。

中心补气系统分为补气阀、中心补气管及其支架、外部进气排水等辅助管路系统三大部分，补气系统结构如图 2.2-6 所示。主轴及转轮内部的为中心补气管，中心补气管上端设置补气阀，中心补气管与补气阀均为转动部分，补气阀通过补气室与外部的气管及水管连接，中心补气管下端连接处设有密封，防止转轮室的水注入主轴内部。补气室安装在机组的最上端，为机头罩的一部分，属于机组的固定部分，补气室的侧面布置有进气管和排水管，分别与布置于上机架内的进气管和排水管相连，用于机组补气和排出机组返水。

补气阀的工作过程分为补气过程和排水过程。

（1）补气过程。空气通过外部气管进入补气室，当尾水管形成一定的负压时，在压差的作用下，补气阀阀盘自动打开，空气通过主轴中心补气管道进入尾水管，完成补气过程。

（2）排水过程。如果补气阀阀盘关闭速度太慢或者打开后出现发卡等现象，当机组甩负荷或者紧急停机时，在水锤的作用下，尾水会通过中心补气管直接进入补气室，然后通过与补气室相连的排水管排至下游排水总管。

（一）补气阀

补气阀为主轴中心补气系统的关键设备，补气阀的灵活程度直接关系到补气系统的补气效果。补气阀阀盘处于常闭状态，当尾水管内负压达到设计值时，阀盘会自动打开，外部空气通过中心补气管进入尾水管，降低尾水管负压。为了防止阀盘动作开合过快而造成补气阀阀盘变形或者阀轴断裂，在补气阀的内部设置有缓冲装置。

VGS 联营体和东电机组补气阀结构如图 2.2-7 所示，采用全封闭式缓冲器，补气阀顶部设置导向轴套，阀盘在重力作用下保持关闭状态，工作时在负压作用下克服重力向上开启。

ALSTOM 公司和哈电机组采用带空气缓冲装置的补气阀，其结构如图 2.2-8 所示，利用空气作为缓冲介质，补气阀动作灵活，补气顺畅。采用万向连接器，解决了阀轴容易发卡的问题，阀轴采用单轴套自润滑轴封，密封效果好且使用寿命长。阀盘上设置导向杆防止发生圆周运动，阀盘下端设计有浮球，增加了阀盘封水的可靠性，阀盘在弹簧作用下保持关闭状态，工作时在负压作用下克服弹簧阻力向下开启。

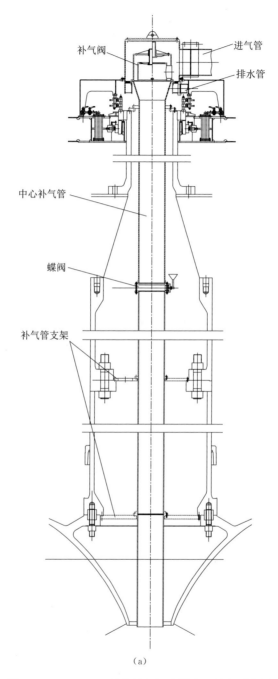

补气阀

进气管

排水管

中心补气管

蝶阀

补气管支架

（a）

图 2.2-6（一） 三峡电站机组主轴中心补气系统图
（a）VGS 联营体机组补气系统

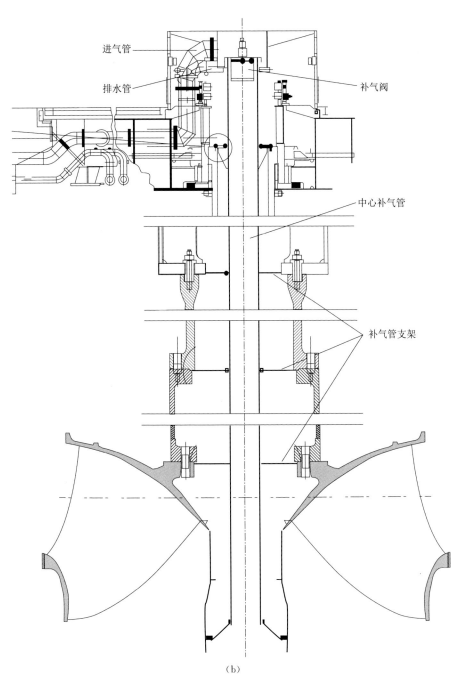

进气管

排水管

补气阀

中心补气管

补气管支架

(b)

图 2.2-6（二） 三峡电站机组主轴中心补气系统图

（b）ALSTOM 公司机组补气系统

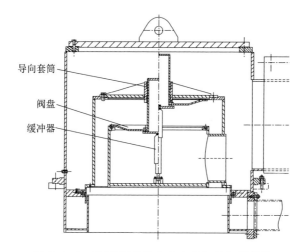

导向套筒

阀盘

缓冲器

图 2.2 - 7　VGS 联营体和东电机组补气阀结构

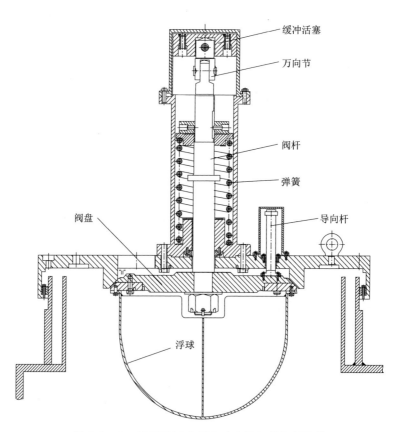

缓冲活塞

万向节

阀杆

弹簧

阀盘

导向杆

浮球

图 2.2 - 8　ALSTOM 公司和哈电机组补气阀结构

由于补气阀安装在机组转动部分与固定部分之间，为了防止尾水管返水通过转动部分，渗漏至集电环损坏电气部件，在补气阀上设计有止水结构，如图2.2-9所示。ALSTOM公司和哈电机组还设计有渗漏排水槽，少量的渗漏水通过转动部分与固定部分的间隙后进入水槽，通过水槽底部的渗漏排水管进入排水总管。

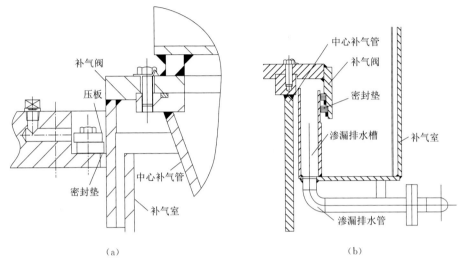

图 2.2-9　三峡电站机组补气阀止水结构
（a）VGS联营体机组补气阀；（b）ALSTOM公司机组补气阀

（二）补气管

补气管由两部分组成：一部分为外部供气管；另一部分为主轴中心补气管。与补气室连接的外部进气管通过机组上机架后，与基础进气管相连，外部进气管的进气口布置于主厂房尾水平台，为降低噪声，在进气口设置有消音器。转子中心体、上端轴及机头罩内的补气管道外表面设有保温层，防止产生冷凝水。

VGS联营体和东电机组补气室外壁设计了一根进气管和一根排水管，中心补气管共分为三段，上段补气管通过法兰固定在发电机上端轴上，中段补气管和下段补气管分别通过法兰固定水轮机轴上法兰和下法兰处的支撑盖板上。上段补气管和中段补气管之间设置有手动隔离蝶阀，三段补气管之间均通过插入式密封连接，如图2.2-10所示，补气管安装完成后需对整根补气管进行密封打压试验。

ALSTOM公司和哈电机组补气室外壁上设置有两根补气管和一根排水管，补气阀渗漏排水槽内还设计有一根渗漏排水管。中心补气管可以分为两个部分，第一段补气管安装在第二段补气管上法兰面上，第二段以下的补气管连接为整体，通过第二段补气管法兰直接悬挂安装在发电机上端轴法兰面上，每段补气管连接法兰处，均设置有补气管支撑法兰，防止补气管在主轴内振动摆

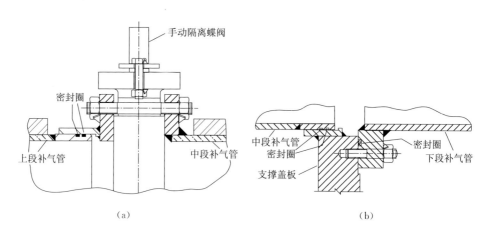

图 2.2 - 10　VGS 联营体和东电机组中心补气管密封结构

（a）上段补气管密封；（b）中段补气管密封

度过大。补气管末端设置密封端盖，补气管插入端盖中，其间设置两道密封圈，密封端盖上设计有专用的打压试验孔，如图 2.2 - 11 所示，补气管安装完成后需要对该处的两道密封进行打压试验。

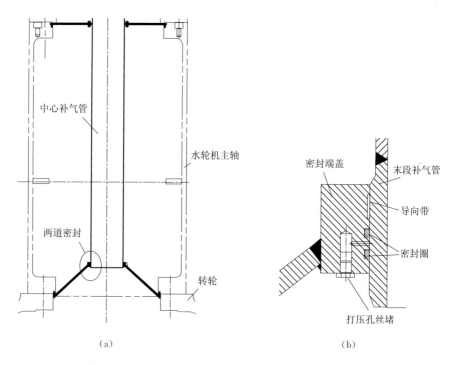

图 2.2 - 11　ALSTOM 公司和哈电机组中心补气管密封结构

（a）补气管末端密封；（b）打压试验孔

四、主轴密封

水轮机主轴密封装设在水导轴承与转轮之间，是减少主轴与固定部件之间漏水的装置。所有机型的主轴密封结构及工作原理相似，都由工作密封和检修密封两部分组成，如图 2.2－12 所示。工作密封为自补偿型密封，主要由抗磨环、转环、浮动环、导向环及调整装置、供水装置组成，作用是在机组运行时，防止水流通过主轴和顶盖之间的间隙大量上翻。检修密封为空气围带式密封，主要由空气围带、围带底座、围带盖及供气、排气装置组成，在机组停机、准备对工作密封进行检修时投入使用，是一种静止膨胀式密封，机组转动前必须撤出检修密封。

工作密封靠密封环和转环形成密封面，转环也称抗磨环，采用不锈钢板加工，分成 8 瓣，VGS 联营体和东电机组的转环固定在水轮机主轴上，ALSTOM 公司和哈电机组的转环则固定在转轮上法兰面上。密封环采用酚醛层压布板加工，具有较好的韧性和自润滑性能，密封环分成 8 瓣，接头处采用嵌入式连接，组成一个圆环后用螺栓固定在浮动环底部，如图 2.2－13 所示。浮动环和密封环内钻有通孔，将清洁水引入密封环底部的环形凹槽内，建立稳定的压力，在密封环和转环之间形成一层均匀的水膜。

浮动环与支撑环之间装有调节弹簧，用压紧螺母压紧，通过改变弹簧预紧量可以调整浮动环的上浮量。浮动环与导向环之间设置有限位块，防止浮动环在圆周方向运动造成密封装置损坏，但浮动环在轴向方向可以自由浮动。浮动环和支撑环之间有一道动密封，与密封环和转环共同将密封水箱隔断，分成浑水腔（从转轮室来的水汇集于此）和清水腔。

浮动环上装有磨损监测装置，用以监测抗磨环磨损情况。浮动环上均布有 8 个磨损限位器，在密封环磨损量超标时限制浮动环向下过度移动，防止浮动环和转环损坏，如图 2.2－14 所示。

五、水导轴承

水导轴承主要由轴承支架、水导瓦、轴瓦间隙调整装置、油封装置以及外循环冷却系统等组成，如图 2.2－15 所示。水导轴承的作用是承受水轮机主轴的径向载荷，控制主轴的摆度，维持机组轴线及旋转中心。

水导轴承为稀油润滑油浸式分块瓦形式，瓦面材料均为巴式合金（Babbitt metal，90%Sn）。水导瓦通过背后的铬钢垫和楔子板将径向力传递到轴承支架上，并通过楔子板调整水导瓦与主轴的间隙。

水导轴承润滑油循环系统主要包括油泵、过滤器、油冷却系统、循环管路及自动化元件。单台油泵运行即可保证轴承供油量，机组运行时，1 台油泵运行，1 台油泵备用；过滤器 1 台运行，1 台备用，堵塞时有压力开关发出信号，

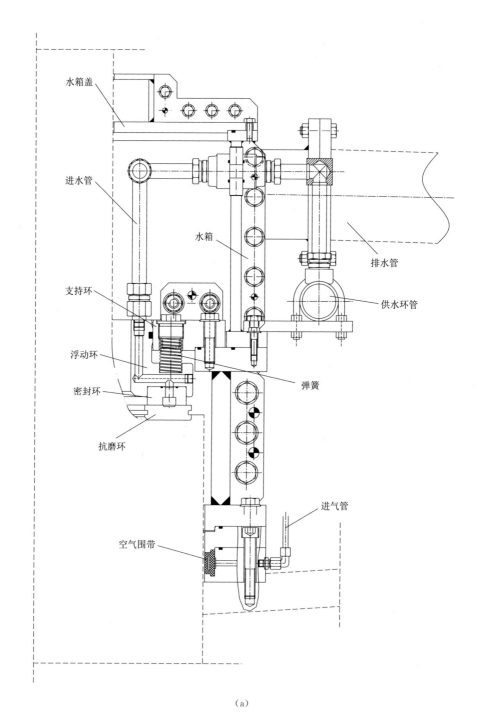

水箱盖

进水管

水箱

排水管

支持环

供水环管

浮动环

弹簧

密封环

抗磨环

进气管

空气围带

（a）

图 2.2 - 12 （一） 三峡电站机组主轴密封结构

（a） VGS 联营体机组主轴密封

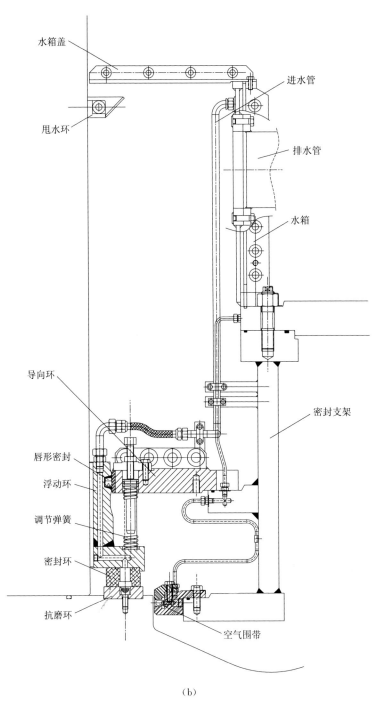

水箱盖

甩水环

进水管

排水管

水箱

导向环

密封支架

唇形密封

浮动环

调节弹簧

密封环

抗磨环

空气围带

(b)

图 2.2-12（二） 三峡电站机组主轴密封结构

（b）ALSTOM 公司机组主轴密封

图 2.2-13　工作密封密封环

图 2.2-14　浮动环磨损限位装置

通过手动切换投入备用过滤器。油冷却系统采用外循环水冷却的形式，冷却系统由 3 台油冷器（ALSTOM 公司和哈电机组 4 台油冷器）、水管路及其自动化元件组成，1 台油冷器备用，其余运行。

机组运行时，低温的透平油通过供油管进入水导油槽将水导瓦浸没，对水导瓦进行润滑和冷却，一部分油经过下迷宫环（或油封环）渗透到下油箱，通过下油箱回油管进入外循环系统；另一部分油翻过溢流板，经过轴承支架的回油管进入外循环系统。外循环管路中的透平油经过油泵加压后，流经油冷却系统，将热量传递给冷却水，自身温度降低，冷却后的油经过滤器过滤后通过供油环管上的供油支管再次注入水导油槽，如此反复循环。

水导轴承每块瓦的间隙都可以独立调整，根据轴系振摆情况，在设计间隙范围内适当调整每块瓦的间隙，可以在一定程度上补偿因轴系不好带来的振动、摆度过大等影响，增强轴承的承载能力。同时，每块瓦都可绕支点产生一定的偏转，因此对运行中振动较大的轴系有一定的自适应能力，可提高轴承的运行可靠性。

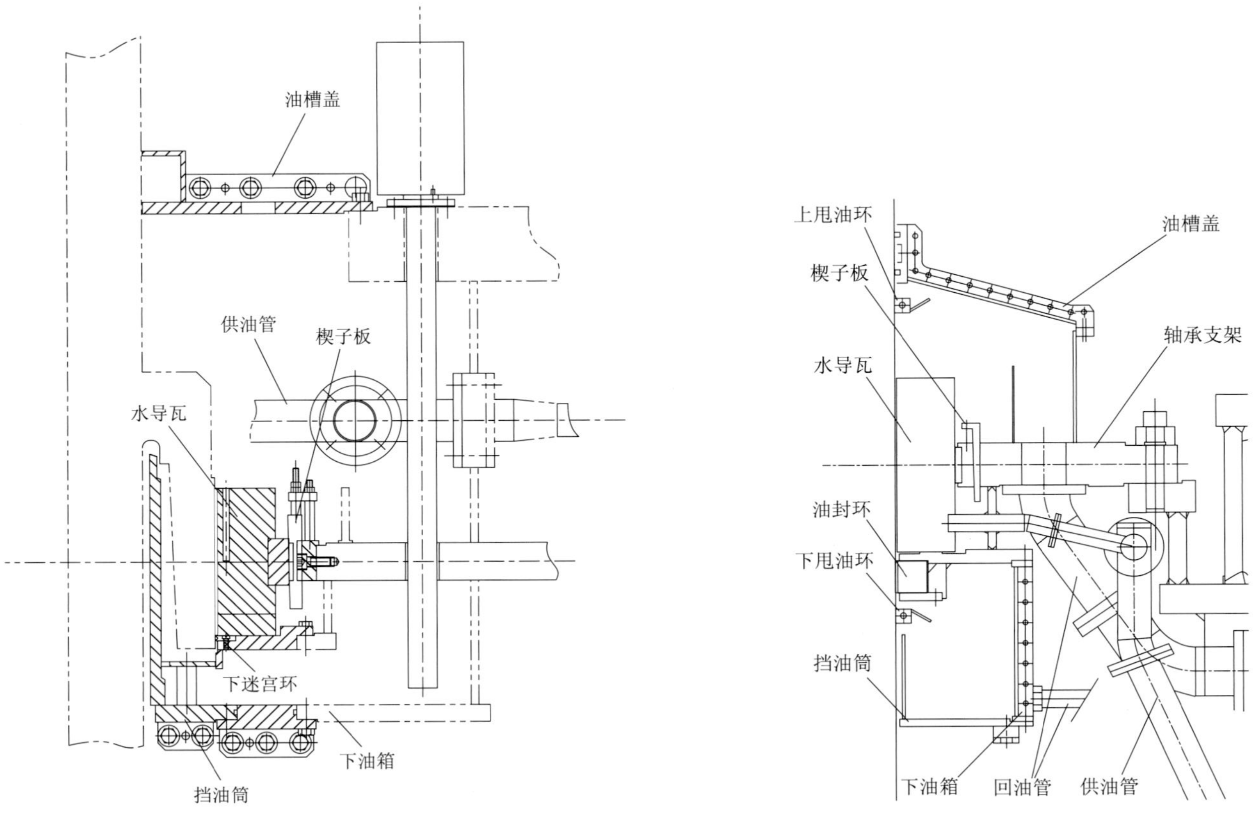

（a）　　　　（b）

图 2.2-15　三峡电站机组水导轴承结构图

（a）VGS联营体机组水导轴承；（b）ALSTOM公司机组水导轴承

采用外循环水冷却形式，有较好的冷却效果，对于水导轴承检修维护工作相对便利，轴承拆卸时油泵、冷却器、过滤器等均不需拆卸，每个冷却器可以单独拆卸检修，不影响其他冷却器的使用。但比内循环形式设备投资大，管路部件多，管理维护不便，同时结构复杂，缺陷产生的概率也相应增加。

六、导水机构

导水机构主要包括顶盖、底环、活动导叶、固定导叶、导叶轴承及密封、导叶传动机构等，如图 2.2 - 16 所示，活动导叶均布在座环与转轮之间的环形空间内，支撑在顶盖和底环上，并能绕自身的轴线旋转。导水机构的作用是当负荷变化时，调节水轮机的流量，以使水轮机保持固定不变的转速。通过导叶传动机构同时转动所有导叶，当导叶围绕自身的轴线旋转一个角度，即改变了导叶的开度，改变水流过流面积，使得水轮机的流量发生相应的变化。当机组需要停机时，关闭导叶，全部活动导叶首尾相接，关闭了水流进入转轮的通道，从而达到停机的目的。

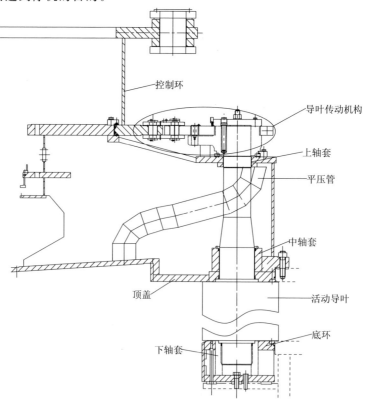

图 2.2 - 16　导水机构装配

（一）顶盖和底环

顶盖和底环属于水轮机导水机构中重要的组成部分，作为水轮机的固定部分，水轮机中许多重要、精密的部件都要与之紧密连接，并以顶盖作为刚性支撑。顶盖的主要功能包括支撑活动导叶及导叶操作机构，安装固定止漏环，支撑水导轴承和主轴密封，安装水导轴承的冷却系统和主轴密封的管道系统。

顶盖与座环间的密封设置于顶盖侧，底环与座环间的密封设置于底环侧，密封装置均由密封压板、O形密封条（换型后为 Y 形及哑铃形复合密封）、密封槽里衬垫板构成，如图 2.2－17 所示。其中密封槽里衬垫板为密封提供一个平整的挤压平面，压板和压板螺栓为密封提供挤压力。

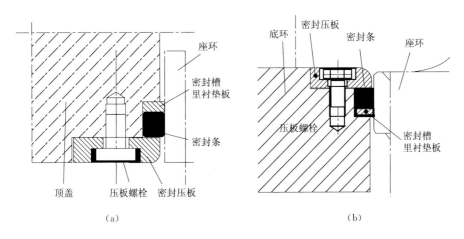

图 2.2－17　顶盖、底环与座环密封
（a）顶盖与座环密封；（b）底环与座环密封

导叶全关后，为了减小导叶漏水量，在顶盖、底环相应部位设置了导叶端面密封，由铜密封条和其背部的成型橡胶条组成，依靠成型橡胶条的弹性和渗入橡胶条空间的水压达到密封的目的，如图 2.2－18 所示。青铜密封条和成型橡胶条靠不锈钢密封压板将其固定在顶盖、底环上，在底环过流面上导叶运动范围内设置有不锈钢抗磨板。

为了减小转轮与顶盖间空腔的水压力和对转轮的轴向水推力，在顶盖上装设有平压管，用于将转轮与顶盖间空腔的水引出并排至尾水管。

（二）活动导叶

三峡电站机组均有 24 个活动导叶，导叶通过螺栓、端盖板悬挂在导叶主拐臂上。导叶为整铸不锈钢结构，铸钢材料为 06Cr13Ni5Mo，采用电渣熔铸或 VOD 炉外精炼铸造。

导叶为三支点负曲率导叶，与导叶三支点相对的上、中、下轴承，采用

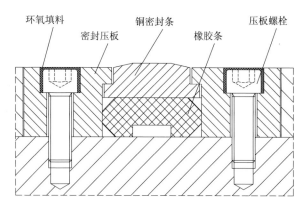

图 2.2-18　导叶端面密封

DEVA 自润滑滑动轴承，VGS 联营体和东电机组导叶轴承直接安装在顶盖和底环上，ALSTOM 公司和哈电机组导叶轴承则分别安装在上轴套、顶盖中轴套、底环下轴套内，导叶轴承结构如图 2.2-19 所示。

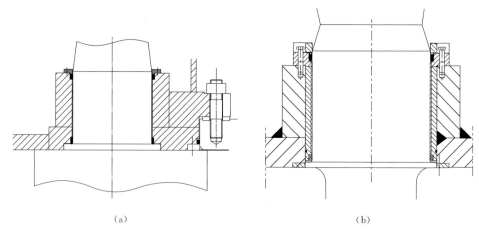

（a）　　　　　　　　　　　　　　　　　　　（b）

图 2.2-19　VGS 联营体和 ALSTOM 公司机组导叶轴承
（a）VGS 联营体机组导叶轴承；（b）ALSTOM 公司机组导叶轴承

通过改变导叶轴上端面与端盖之间垫片的厚度（ALSTOM 公司和哈电机组为可撕垫片），可以调整活动导叶上下端面的间隙，防止导叶与顶盖、底环发生刮擦，保证导叶动作灵活。

活动导叶立面采用金属硬密封，未设置密封条，避免了机组在高水头运行下因为水流的冲击而出现密封失效现象。

（三）固定导叶

固定导叶是机组座环的一部分，连通座环两端的环形结构，起到支撑机组转动部分和发电机重量的作用，并将载荷转递到基础上，不能改变蜗壳所形成的水流环量。固定导叶为整铸不锈钢结构。

（四）导叶传动机构

导叶传动机构由控制环、连板、偏心销、剪断销（ALSTOM 公司和哈电机组为拉断销）、拐臂、膨胀销等零部件组成，传动机构装配图如图 2.2－20 所示。控制环嵌套在顶盖的导向环上，通过双连板和接力器推拉杆连接，通过连杆和导叶拐臂连接，导叶拐臂与导叶之间通过 2 个锥销和膨胀销套传递操作力矩。调速系统动作时，接力器带动控制环作圆周运动，控制环带动每个导叶转动，通过控制环将接力器的控制力均匀分配给每一个导叶，保证所有导叶的准确位置和同步性。

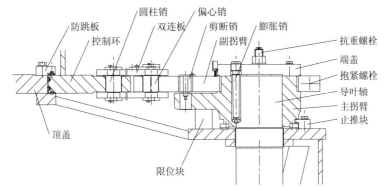

图 2.2－20　活动导叶传动机构装配图

控制环与顶盖的接触摩擦面采用抗磨结构，导向部分由 DEVA 自润滑抗磨板和对应的不锈钢导轨组成，抗磨板安装在控制环上，不锈钢导轨焊在顶盖上，均匀分布于控制环和顶盖嵌套面上，顶盖上安装有止推压板，防止控制环跳动和倾斜，控制环与顶盖装配如图 2.2－21 所示。

在导叶臂与顶盖之间设置有 DEVA 自润滑材料制成的推力环（ALSTOM 公司和哈电机组设置在上轴套顶部）和反向止推块，以承受导叶的重量和水流作用在导叶上的向上或向下的水推力，导叶拐臂止推块结构如图 2.2－22 所示。

连杆为双夹板带偏心销结构，用偏心销的偏心量来弥补因加工造成的各连接件间的形位误差，检修时也可以通过偏心销微调导叶立面间隙，在连杆与连接板的连接处设有自润滑轴承。在导叶主拐臂与副拐臂之间设置有剪断销，以保证在某个导叶被异物卡住后，其他导叶能够正常动作。

在导叶主拐臂上设置有摩擦环，副拐臂依靠摩擦螺栓箍在主拐臂的摩擦环上，通过摩擦力传递转矩，还可以防止导叶在剪断销断开后反复急速摆动，撞击导叶限位块。在顶盖上设有双向导叶限位块，防止导叶在剪断销断开后出现

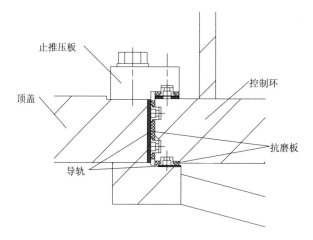

图 2.2-21　控制环与顶盖装配图

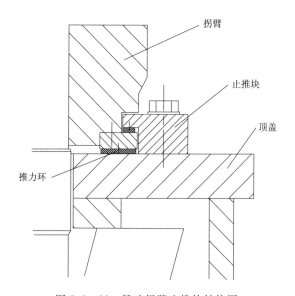

图 2.2-22　导叶拐臂止推块结构图

旋转，撞击相邻导叶和相邻导叶传动部件。

七、过流部件

水轮机固定过流部件主要有压力钢管、蜗壳、座环、底环、基础环、尾水管及其他附件。

（一）压力钢管与伸缩节

三峡电站厂房为坝后式厂房，引水钢管采用单机单管坝前进水的引水方式。

机组引水压力钢管内径为 12.4m，最大设计工作水头 175m，设计特征值 $HD=$ 2170m²，是世界上已建成的水电站同类机组中最大的。压力钢管设计采用钢衬钢筋混凝土联合受力结构，压力钢管自上而下分为坝内上弯段、斜直段、下弯段及下平段。其中上弯段、坝坡斜直段及下弯段均属坝后背管钢衬钢筋混凝土结构。

为了适应和解决工程蓄水之后和运行时带来的水头压力变化和四季水流温差产生的引水压力钢管轴向变位循环位移补偿问题，以及坝体在分缝处的地质变位不均匀沉降引起的径向变位，在左岸电站河床段 7～14 号压力管道与右岸电站 15～23 号压力管道布置了伸缩节室，设置伸缩节。伸缩节由上下游内套管、外套管、可拆分式导流筒、波纹管水封装置、水封填料限位装置以及压圈等组成，伸缩节的水封系统中波纹管和橡胶密封圈同时起密封作用。伸缩节的设计要满足在各种水头压力的工况下的伸缩、转运和错位的变位要求，同时保证封水性能。

对于三峡电站的巨型管道，伸缩节的制造、安装以及运行期间的止水等技术问题都较突出，为克服伸缩节以上缺点、节省工程投资，经过研究与实验，三峡电站左岸 1～6 号与右岸 24～26 号压力钢管取消了伸缩节。用 10m 长的垫层管来适应厂坝间的相对位移，钢管按弹性垫层设计。为了使钢管下弯段与下平段间受力明确，在弹性垫层的上游端设置了三道止推环，经 10m 弹性垫管及 1.22m 延伸的钢管与蜗壳进口端连接。

（二）蜗壳

三峡电站采用金属蜗壳形式的引水室，具有规模巨大、运行水头变幅大的特点。蜗壳的作用是将管道中的水流尽量均匀地分配到转轮前导叶的四周，使水流对称地流入导水机构，然后再流入转轮，保证运行平稳。减少水流在从一个方向流动改变为均匀的向心流动的过程中的水力损失，从而提高水轮机的效率，如果没有引水室，水流仅依靠导叶来改变流动方向，则水流可能以很大的冲角流向导叶造成撞击损失。引水室还能在导叶前形成一定的水流环量，使水流呈涡旋线形状、均匀向心地流向导叶。蜗壳运行静水头参数见表 2.2-3。

蜗壳与座环采用无蝶形边结构连接，在座环上下环板外侧与蜗壳之间设计有导流板，蜗壳安装焊接完成后，安装导流板，导流板安装后再对焊缝部位防腐涂漆。

表 2.2-3　　　　　　　蜗壳运行静水头参数表

运行工况	运 行 初 期			运 行 后 期		
	水位/m	静水头/m	PD/(10kg/m)	水位/m	静水头/m	PD/(10kg/m)
正常高水位	156	99	1228	175	118	1463
防洪限制高水位	135	78	967	145	88	1091
枯季消落水位	140	83	1029	155	98	1215

（三）尾水管

尾水管的作用是将转轮出口水流引向下游、利用转轮高出下游水面的那一段位能和回收部分转轮出口水流动能。三峡电站水轮机采用弯肘形尾水管，由进口锥管段、肘管段及出口扩散段组成，尾水管结构如图 2.2-23 所示。进口锥管段是一竖直的圆锥形扩散管道，肘管段是一个 90°的弯管，它的进口断面为圆形，出口断面为矩形，出口扩散段是一个水平的断面为矩形的扩散管道。

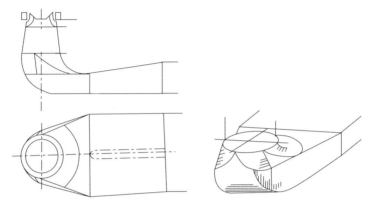

图 2.2-23　弯肘形尾水管

（四）盘形阀

蜗壳盘形阀位于蜗壳内最低点，机组停机检修时，通过盘形阀将蜗壳内积水直接排至尾水管。尾水管内有两个盘形阀，位于尾水管弯肘段与尾水扩散断的过渡部分的底部，机组停机检修时，放下尾水闸门后，通过盘形阀将尾水中的水排至集水井，再通过集水井中的排水泵排至下游。

盘形阀结构如图 2.2-24 所示，接力器腔 1、接力器腔 2 分别通过油管 1、油管 2 与油泵相连接，通过油泵控制活塞的上下移动，活塞带动与之相连的连杆运动，进而控制阀盘的开合，起到开启与关闭尾水管与排水廊道通道的作用。

（五）进人门

蜗壳进人门主要用于蜗壳与导叶部分检修进人用，其形状均为圆形，各厂家设计的蜗壳门开门方式不一样，左岸 ALSTOM 公司和 VGS 联营体机组、右岸哈电和东电机组采用外开式蜗壳门，右岸 ALSTOM 公司机组和地电所有机组采用内开式蜗壳门。外开式蜗壳门主要便于安装与检修，内开式蜗壳门主要基于对安全的考虑，可以防止蜗壳内水流振动对封门螺栓的破坏。

尾水锥管段进人门主要用于搭建转轮检修平台，形状均为方形，均采用外开式。

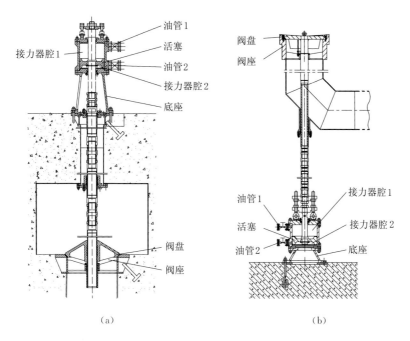

图 2.2-24 盘形阀结构图

（a）尾水盘形阀；（b）蜗壳盘形阀

尾水扩散段进人门主要用于转轮检修平台的搭建与盘形阀的检修，形状均为圆形，均采用外开式。

第二节 发电机结构

水轮发电机的结构形式根据主轴布置的方式不同分为立式与卧式两种，主轴与水平面垂直布置称为立式，主轴与水平面平行布置称为卧式。一般小容量的水轮发电机设计为卧式结构，这种结构节约空间，电站建造成本低；大容量的机组通常设计为立式结构，因容量大对应的机组各个部件大，空间尺寸要求也大，为便于在有限的厂房内布置足够的机组数量，经济综合效益更合理。立式水轮发电机组也按照轴承布置的位置不同又分为悬式和伞式，其中伞式又可以分为全伞和半伞。

三峡电站 700MW 机组均为立轴半伞式结构，其结构特点是，推力轴承布置在转子下方的下机架上，发电机布置有两部导轴承（上导轴承和下导轴承）。在全伞式结构的基础上增加了一部导轴承，三峡 700MW 机组在转子上方的上机架上增加一部上导轴承。

三峡电站水轮发电机转子为无轴结构，主轴设计为分段组合，最大优点在于可以解决由于机组大引起的大型铸造和机加工难度大问题，可以提升大部件的机加工精度，降低机组安装和检修组装轴线调整难度。同时也可以减轻转子起吊重量和降低起升高度，众所周知，水电站厂房高度是按照最长部件来确定的，一般情况下，主轴是整个机组中长度最长的部件，主轴长度缩短从而降低厂房高度。同理，转子重量是机组中最重的部件，电站厂房桥机的负载是按照机组最重的部件来设定的，转子整体重量减轻给电站在桥机方面的投资也相应减少，并带来一定的经济性。三峡电站 VGS 联营体发电机结构如图 2.2 - 25 所示。

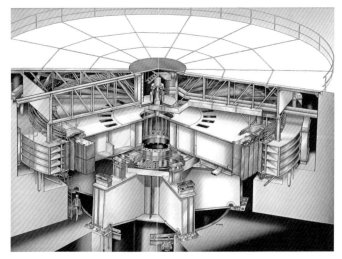

图 2.2 - 25　三峡电站 VGS 联营体发电机结构示意图

发电机是水轮发电机组中将水轮机转换的机械能转换为电能的主要设备，发电机主要组成部件包括上导轴承、上机架、主轴、转子、定子、推力轴承、下导轴承、下机架、高压油减载装置（推力轴承瓦为塑料瓦结构的无此装置）、转子制动系统、发电机通风冷却系统等。

三峡电站水轮发电机主要部件由上导轴承及其冷却系统、上机架、上端轴、转子、下端轴、定子及发电机冷却系统、推导轴承及其冷却系统、下机架、高压油减载装置、转子制动系统及粉尘收集系统、油雾吸收装置等组成。

一、上机架

上机架是水轮发电机布置上导轴承或推力轴承的主要支撑部件。上机架从受力情况一般可分为两种：一种是承重型机架，在悬式机组中应用比较多，这种结构的推力轴承布置在上机架中心体内，同时将上导轴承与推力轴承组合布置，机架要求的刚度、强度高，除承受整个转动部分重量和水轮机轴向水推力外，同时还要承受因转动部分重量和磁拉力不均衡造成的径向力；另一种是非承重型机架，一般只将上导轴承布置在其中心体内，轴流转桨类机组，也将受油器部分布置在上机架上方。上机架从结构形式可分为辐射型、斜支臂型、井字形、多边形和桥形等。

三峡电站 700MW 水轮发电机上机架都属非承重型机架，只有上导轴承布置在上机架上，有多边形和斜支臂上机架两种结构，由中心体、支臂、盖板、千斤顶等组成。上机架在轴向方向与定子机座上方支柱或连接环连接，支臂外围径向方向通过千斤顶与基坑混凝土支撑连接。

VGS 联营体及东电发电机上机架为非承重型机架，属于多边形机架结构，如图 2.2-26 所示。主要用于承受因转动部分重量和磁拉力不均衡而引起的径向力以及机架和机头罩等固定部件的重量，这种多边形结构的机架最大的特点在于，将上导轴承受到的径向力，经连接中心体的支臂传递到三角支撑梁，三角支撑梁将单纯的径向力而分解一部分为切向力，可减少径向力对基础壁的直接作用。VGS 联营体上机架由 1 个中心体、16 个支臂、8 个三角支撑梁、8 个方形径向键及盖板等组成。上机架最外端直径 22870mm，高度 782.5mm，上机架总重 121.482t。上机架上平面装有盖板，其中内圈、中圈、外圈各盖板 16 块，下部装有定子上挡风板固定架。

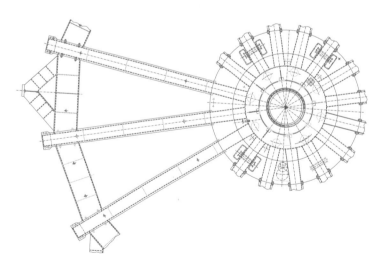

图 2.2-26　三峡电站 VGS 联营体机组上机架结构示意图

哈电和 ALSTOM 公司发电机上机架也为非承重型机架，属于斜支臂机架结构，如图 2.2-27 所示。主要用于承受因转动部分重量和磁拉力不均衡引起的径向力以及机架和机头罩等固定部件的重量。这种斜支臂结构的机架最大的特点在于，不管是受力还是受热造成支臂的变形，斜支臂的变形量最终造成的是让中心体自旋转一定角度，机架中心体不受定子和机架的受力和热膨胀变形影响，确保了上机架与定子的相对中心不变。

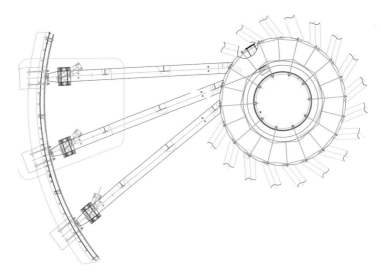

图 2.2-27　三峡电站 ALSTOM 公司机组上机架结构示意图

上机架由 1 个中心体、20 个斜支臂、20 块大盖板和 20 个顶丝（千斤顶作用）组成。上机架的外径 23200mm，高度 1855mm，重量约 89t。中心体与 20 个支臂在施工现场焊接成整体。上机架安装在定子机座连接环上，其径向基础环与基础锚筋焊接后二次混凝土浇筑，上机架和基础之间采用 M48mm × 200mm 的六角螺栓顶丝承受上机架的径向力。上机架上平面装有盖板，下部装有定子上挡风板。

二、上导轴承

水轮发电机组中应用到的轴承，与其他机械的轴承应用原理基本一致，分为滚动轴承（含滚珠和滚柱轴承）和滑动轴承，滚动轴承用作导轴承时，因其承载力小，使用寿命短等缺点，一般只应用在小型机组或电动机上。而大型机组多采用滑动轴承，因滑动轴承的特点在于承载力大，可以制造各种大小尺寸，且运行寿命长，抗冲击和低噪声能力好，水轮发电机组应用的轴承一般都选用滑动轴承。

上导轴承主要作用是承受机组转动部分的径向机械不平衡力和发电机电磁不平衡力，保证机组轴线的摆度在规定的范围内，防止机组径向振动过大。上导轴承一般布置在上机架中心体内，在整个水轮发电机部件的最上端。根据冷却介质的不同，导轴承可分为水润滑橡胶式、稀油润滑筒式、稀油润滑分块瓦式。按照支撑结构的不同，导轴承可分为支柱螺栓式和楔子板（或垫块）支撑式，三峡电站机组这两种结构的都有应用。

（1）VGS联营体和东电机组上导轴承形式。属分块瓦式稀油润滑滑动轴承，由导轴瓦、轴领（滑转子）、抗重螺栓、油槽、冷却器以及油雾吸收装置组成。上导瓦共8块，设计单边间隙0.25mm±0.02mm，8个平行管束结构的油冷器。上导轴承安装在上机架中心体油槽内，外部连有进排油管、进排水管、油雾吸收管，上导瓦采用传统抗重螺栓支撑结构。

（2）ALSTOM公司和哈电机组上导轴承结构形式。属分块瓦稀油润滑滑动轴承，由导轴瓦、轴领（滑转子）、垫块、油槽、冷却器以及油雾吸收装置组成。上导瓦共10块，油冷器为环行结构布置在油槽底部，上导轴承安装在上机架中心体油槽内，外部连有进、排油管，进、排水管，油雾吸收管和进气管，上导瓦采用垫块支撑结构。

三、滑环装置

三峡电站发电机滑环装置主要由集电环、刷架、电刷等部件组成。三峡电站700MW机组虽然生产厂家不同，但滑环装置结构大体相似。集电环固定在上端轴上，刷架固定在上机架上。区别在于：VGS联营体机组采用铜排与刷架连接，再由励磁电缆与铜排连接，如图2.2-28和图2.2-29所示；ALSTOM公司机组刷架与励磁电缆直接连接，如图2.2-30所示。

图2.2-28　三峡电站VGS联营体机组发电机集电环装置

图 2.2-29 VGS 联营体机组集电环侧励磁铜排结构

图 2.2-30 ALSTOM 公司机组集电环侧励磁电缆结构

四、发电机轴

水轮发电机轴是传递由水轮机转换的旋转机械能的关键部件,并且轴能承受发电机运行过程中各种工况下作用在轴上的切向力、径向力和轴向力等,在足够刚度和强度的情况下不产生残余变形,并留有一定的裕度。比如轴在横振荡和扭转振荡中的临界转速必须与发电机最大飞逸转速有足够的余度，一般立式水轮发电机取值不小于 12.5 倍。

水轮发电机的轴结构分为单根轴和分段轴，单根轴结构一般在悬式水轮发电机或中、小型机组上应用，通过一根轴将发电机转子和水轮机转轮连接；分段轴结构顾名思义，就是由多根轴组合而成，水轮发电机分段轴结构一般由上端轴（顶轴）、转子中心体、下端轴（发电机轴）组成，分段轴结构的中间段是转子中心体代替大轴的一部分。

单根轴结构的主要优点是结构简单、制造方便、同轴度易控制、便于安装和检修。

针对大型机组来说，分段轴结构的最大优点是解决了大型铸造件带来的质量问题，可减少转子整体重量和降低机组大件起吊高度。在伞式机组中还可以将推力头与大轴设计为一体结构，这样可以有效保证推力头和大轴之间的垂直度和同心度，还解决了推力头与大轴之间的配合间隙问题，同时免去了镜板与推力头配合面的研刮和加垫，从而给机组安装和检修带来便利。通过现代先进的机加工技术可以满足大轴加工的精度要求，分段连接后主轴的同心度和垂直度得以保障，解决了发电机大轴轴线调整的问题。

三峡电站 700MW 水轮发电机均采用分段轴结构。转子中心体上法兰与上端轴连接，下法兰与推力头和下端轴连接，下端轴再与水轮机轴连接。轴法兰结构分为内法兰和外法兰，这两种轴法兰结构在三峡都得到应用。上端轴与转子中心体连接是外法兰，下端轴与中心体连接采用内法兰结构等等，在这里不重复描述。

VGS 联营体和东电发电机轴类似，VGS 联营体机组上端轴直径 1400mm，高 1850mm，上端轴采用径向销钉定位，目前 1F、2F、7F 已经改造为轴向销钉定位，通过 20 个 M100mm×6mm 联轴螺栓与转子中心体进行连接。VGS 联营体下端轴高 4000mm。其与转子中心体采用径向销钉定位结构，通过 20 个 M170mm×6mm 联轴螺栓把合。

ALSTOM 公司和哈电发电机轴基本类似，哈电机组上端轴直径 2690mm，高 2410mm，上端轴采用径向销钉定位，通过 20 个 M110mm 的联轴螺栓与转子中心体进行连接。哈电水轮发电机转子与下端轴采用销套定位结构，通过联轴螺栓把合，数量 20 个，下端螺纹 M140mm×6mm，上端螺纹 M110mm×6mm。

五、定子

定子是发电机产生电磁感应，进行机械能与电能转换的主要部件。水轮发电机的定子主要由机座、铁芯、绕组、端箍、汇流环引线、基础板、基础螺杆及附属设备等部件组成。

随着水轮发电机的设计、制造、安装技术不断发展，定子制造和安装实施方式也不断改进，由原先在制造厂家将定子铁芯叠片完成后，再分瓣运输至安装现场进行组装，改进为定子机座分瓣现场拼焊为整体，现场定子叠片；由原固定定位筋结构，现改为浮动定位筋。这些制造安装技术的进步，避免了因分瓣组装的定子铁芯存在冷态振动、组合缝线棒松动等问题，提升了发电机整体质量。

（一）定子机座

定子机座是水轮发电机定子部分的主要结构部件，是用来固定定子铁芯和绕组的，也是水轮发电机的固定部件之一。定子机座的结构主要承受定子绕组短路时产生的切向力和半数磁极短路时产生的单边磁拉力，承受机组在各种工况下的热膨胀力，以及额定工况时产生的切向力和定子铁芯通过定位筋传递的100Hz的交变力。立式机座还应承受支撑上机架及其他构件的能力，承受焊接、安装、运输时引起的应力而产生的变形，大型机组的定子机座在结构设计中考虑适宜的机座变形量的需要。

三峡电站定子机座由分瓣式组合，现场采用钢板焊接成整圆结构，其整体性好，机座的刚度和强度得到保证。

（二）定子铁芯

定子铁芯是定子绕组固定的部件，也是电机磁路的主要组成部分，受到机械力、热应力和电磁力的综合作用。它是由扇形片、通风槽片、定位筋、上下齿压板、拉紧螺杆及托板等部件组成。定子铁芯是由低损耗磁通性能优的无取向硅钢片冲制成扇形片叠装在定位筋上，定位筋通过焊接在定子机座环板上的托板进行定位，铁芯通过拉紧螺杆压紧上下齿压板使铁芯形成整体。

（三）定子绕组

定子绕组是构成发电机的主要部件，属于发电机的导电元件，也是发电机产生电磁感应必不可少的零件。绕组的构成主要从设计制造和运行两个方面考虑，绕组的形式虽有不同，但构成原理基本相同。其一，合成电动势和合成磁动势的波形要求接近于正弦形，数量上力求获得较大的基波电动势和基波磁动势。其二，对三相绕组，要求各相的电动势和磁动势对称，绕组的电阻、电抗要求平衡。另外，对绕组要求结构简单省铜，铜耗要小，其次是绝缘可靠，机械强度、散热条件好，且制造简单方便，安装工艺操作性好，质量便于控制等。

水轮发电机的定子绕组有多匝圈式或条式叠绕组和单匝条式波绕组两种形式，大型水轮发电机的定子绕组大部分采用条式线圈（亦称线棒）双层波绕组。线棒由多股铜导线和主绝缘构成，线棒的股线较多，为补偿由于端部漏磁而在股线间产生的环流，国内外各制造厂都采用槽内股线换位措施，有不完全换位方式和360°完全换位方式。

（四）三峡电站700MW发电机定子

三峡电站700MW机组发电机定子，因机组部件尺寸大，定子无法做到分瓣运输。为保证定子整体安装质量，全部采用现场完成组装工作。大尺寸的定子机座，采用现场分瓣拼焊成整圆，定子铁芯定位筋为浮动式双鸽尾结构，定位筋现场挂装，铁芯现场整体叠片压紧，铁损试验通过后，定子绕组也是现场下线组装完成。ALSTOM公司发电机定子的基本结构如图2.2-31所示，VGS联营体发电机定子的基本结构如图2.2-32所示。

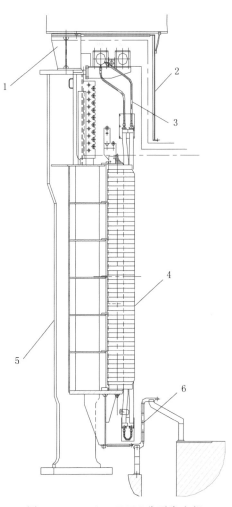

图 2.2-31　ALSTOM公司发电机
定子的基本结构图

1—上机架支撑柱；2—主引出线端子；3—纯水系统；
4—定子铁芯；5—定子机座；6—下挡风板

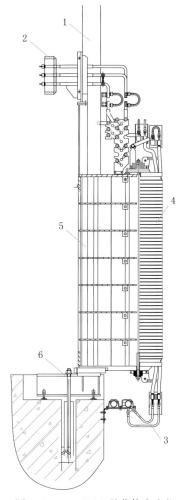

图 2.2-32　VGS联营体发电机
定子的基本结构图

1—上机架支撑柱；2—主引出线端子；3—纯水系统；
4—定子铁芯；5—定子机座；6—定子基础板

　　三峡电站 700MW 机组定子绕组接线方式为三相多支路星形连接，绕组形式为双层条形波绕组。空冷机组线棒内部有多根实心铜导线。水内冷机组线棒两端配备液电分离接头，线棒内部设有空心导线或空心不锈钢冷却水管。其中：一种是实心铜导线和空心铜导线的组合；另一种是实心铜导线和空心不锈钢冷却管的组合。蒸发冷却机组定子线棒两端配备液电分离接头，线棒内部设有空心铜导线，蒸发冷却介质沿空心铜导线流通。三峡三种带空心导水管的线棒截面如图 2.2-33 所示。

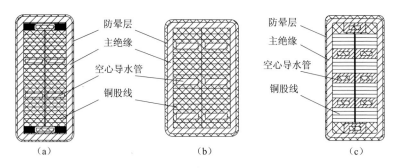

图 2.2-33　三峡三种带空心导水管的线棒截面图
(a) ALSTOM 机组某型线棒直线段截面图；(b) VGS 机组某型线棒直线段截面图；
(c) 东电蒸发冷却机组某型线棒直线段截面图

1. VGS 联营体与东电机组发电机定子

　　三峡电站 VGS 联营体发电机定子由定子机座、定子铁芯、定子绕组以及相应的附属设备等部件组成，定子最大外径 21420mm，最大高度 6897mm，定子铁芯高度 3130mm，定子铁芯内径 18500mm，定子总重 1009t。定子机座分 8 瓣在机坑内拼装，采用定子机座斜立筋支撑结构。铁芯由 200 根定位筋定位。铁芯由上下齿压板压住，靠 200 根带蝶形弹簧的穿芯螺杆压紧，整个铁芯为 56 段，每段用 6mm 通风槽片隔开。

　　三峡电站 VGS 联营体机组发电机定子绕组为三相五支路星形连接，绕组形式为双层条形波绕组，冷却方式为水冷。单台机定子铁芯槽共计 510 槽，安装有 1020 根线棒，单根线棒内部有 32 根实心铜导线和 8 根空心铜导线，线棒两端设有液电分离接头。绕组上下端部各布置一个环氧板拼装的支撑环。线棒上下层之间安装表面清洁光滑的层压板垫条或嵌有 RTD 元件的层压板垫条。绕组端部安装有斜边垫块。定子绕组的三相五支路电路引出采用 45mm/25mm（外径/内径）汇流铜环集中引至定子机座引线出口处，汇流环主体双排上下布置共 5 层，分布在定子机座上部整个圆周上。定子绕组电接头采用银铜焊料对接焊成一体，采用塑料螺栓或浸胶玻璃丝绳固定绝缘盒套工艺。定子绕组采用水内冷冷却方式，共有 171 个线棒水支路，其中 168 个水支路由 6 根线棒连接而成，3 个水支路由 4 根线棒连接成；有 4 个汇流铜环水支路；在定子机座下端布置两圈冷却用纯水环管，对外与纯水装置相连，对内与每个线棒（或铜环）水支路用聚四氟乙烯塑料管相连。

三峡地下电站东电机组发电机定子绕组为三相五支路星形连接，绕组形式为双层条形波绕组，单台机定子铁芯槽共计 540 槽，安装有 1080 根线棒，单根线棒内部有 32 根实心铜导线和 8 根空心铜导线，线棒两端设有液电分离接头。绕组上下端部各布置一个环氧板拼装的支撑环端箍。线棒上下层之间安装表面清洁光滑的层压板垫条或嵌有 RTD 元件的层压板垫条。绕组端部安装有斜边垫块。三相五支路引出采用汇流铜排集中引至定子机座引线出口处，汇流铜排布置在定子机座上端，采用环氧线夹固定，铜排自而上布置共 10 层，分布在定子机座上部整个圆周上。定子绕组电接头采用浸胶玻璃丝绳固定绝缘盒套装工艺。定子绕组采用蒸发冷却的内部冷却方式，每根线棒上下端都与冷却介质上下环管独立连接，通过线棒空心导线内的高绝缘性能、低沸点的冷却介质带走线棒热量，所有线棒的冷却介质通过上下环管联通。蒸发冷却系统结构如图 2.2-34 所示。

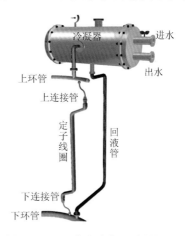

图 2.2-34 蒸发冷却系统结构图

2. ALSTOM 公司与哈电机组发电机定子

三峡电站 ALSTOM 公司和哈电发电机定子结构基本类似，是发电机重要组成部件之一，由定子机座，定子铁芯，定子绕组以及相应的附属设备等部件组成，定子最大外径 23100mm，最大高度 6380mm，定子铁芯高度 2950.4mm，定子铁芯内径 18800mm，定子总重 714t。定子机座分 5 瓣在机坑内拼装，采用定子机座斜立筋支撑结构。铁芯由 180 根定位筋定位。铁芯由上下齿压板压住，靠 270 根带蝶形弹簧的穿芯螺杆压紧，整个铁芯为 47 段，每段用 6mm 通风槽片隔开。

三峡左岸电站 ALSTOM 公司机组发电机定子绕组为三相五支路星形连接，绕组形式为双层条形波绕组，定子绕组冷却方式为水内冷。单台机定子铁芯槽共计 540 槽，安装有 1080 根线棒。线棒内部有 42 根实心铜导线和 8 根（或 6 根，与线棒型号有关）空心不锈钢冷却管，线棒两端设有液电分离接头。三峡右岸电站和地下电站 ALSTOM 公司机组发电机定子绕组为三相六支路星形连接，绕组形式为双层条形波绕组，单台机定子铁芯槽共计 630 槽，安装有 1260 根线棒。三峡 ALSTOM 公司机组定子绕组上下端部各布置一个支撑环，支撑环采用 φ50 玻璃丝绳注胶固化工艺。线棒上下层之间安装表面涂有半导体漆的层压板垫条或嵌有 RTD 元件的层压板垫条。绕组端部安装有斜边垫块及槽口垫块。定子绕组的三相五支路或三相六支路的引出都是采用 $\phi45/\phi15$（外径/内径）汇流铜环集中引至定子机座引线出口处，汇流铜环单排上下布置 9 层或 10 层，分布在定子机座上部整个圆周上。定子绕组电接头采用浸胶玻璃丝绳固定绝缘盒套装工艺。定子绕组采用水内冷冷却方式，每 6 根线棒连成一个水支路，定子绕组汇流铜环的冷却水支路是每相每电支路有 1 个独立水支路。在定子机座上端布置两圈冷却用纯水环管，对外与纯水装置相连，对内与每个水支路用聚四氟乙烯塑料管相连。

三峡右岸电站和地下电站哈电机组发电机定子绕组为三相八支路星形连接，绕组形式为双层条形波绕组，定子绕组冷却方式为风冷。单台机定子铁芯槽共计 840 槽，安装有 1680 根线棒，单根线棒内部有 80 根实心铜导线，线棒两端设有电接头。绕组上端部布置一个薄环氧片叠加组合成的支撑环，绕组下端部布置二个薄环氧片叠加组合成的支撑环，支撑环外表面通过玻璃丝带绕包。线棒上下层之间安装表面涂有半导体漆的层压板垫条或嵌有 RTD 元件的层压板垫条。绕组端部安装有斜边垫块及槽口垫块。绕组的三相八支路引出采用汇流铜排集中引至定子机座引出口处，汇流铜排单排布置上下共 14 层，分布在定子机座上部圆周上。定子绕组电接头采用灌注胶固定绝缘盒。

六、转子

转子是水轮发电机变换能量和传递扭矩的转动部件，组成发电机通风系统的主要结构要素，转子磁极要求具有良好的电磁性能和机械性能等。转子在设计时要充分考虑水电站调节保证计算及电网稳定性对发电机飞轮力矩 GD^2 的要求，应符合《水轮发电机基本技术条件》（GB/T 7894）的相关规定，在飞逸工况下运行 5min，不产生有害变形，还要有一定的安全裕度。对发热部件（如磁极铁芯和绕组）要求温度分布均匀；任何工况下，不能造成机械和热的不平衡而引起机组的振动等现象发生。转子关键结构部件除了满足刚度和强度要求外，在任何工况下不能失去稳定性。转子结构部件选材要求高，尺寸满足运输条件，加工精度好且有良好的工艺性。水轮发电机转子主要由转子中心体（转轴）、支臂、磁轭、磁极、制动环等部件组成。

三峡 700MW 机组转子都是采用无轴结构设计，转子采用中心体结构代替转轴，从结构设计上减轻了转子的整体重量以及机组大件的起吊高度。

三峡电站 VGS 联营体和东电发电机转子由一个中心体和 10 个扇形支臂组合后焊接而成整体，中心体上法兰与上端轴连接，下法兰面与推力头、发电机下端轴连接。扇形支臂外圆为磁轭和 80 个磁极，制动环布置在转子磁轭下方。发电机转子磁极外圆为 18433mm，转子磁轭高度约 3282mm，整体的转子重量为1710t。VGS联营体机组转子结构如图2.2-35所示。

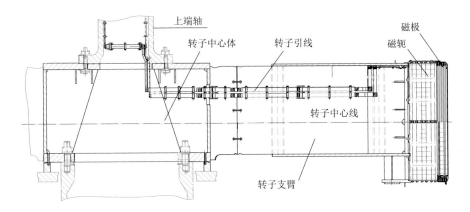

图2.2-35　VGS联营体机组转子结构图

　　三峡电站ALSTOM公司和哈电发电机转子，结构类似，由转子中心体、扇形支臂、键槽板、磁轭、磁极、上下压板、制动环等部件组成，中心体上法兰与上端轴连接，下法兰面与推力头、发电机下端轴连接。其中ALSTOM公司发电机转子外径为18738mm，转子磁轭高度约3190mm，组装好的转子整体重量为1779t。磁极采用的是鸽尾结构，三峡左岸电站ALSTOM公司机组各有80个磁极，右岸电站及地下电站ALSTOM公司机组和哈电机组各有84个磁极，磁极通过磁极键固定在转子磁轭上。结构上磁极主要由磁极铁芯、压紧螺杆、阻尼绕组、励磁线圈等组成。ALSTOM公司机组转子结构如图2.2-36所示。

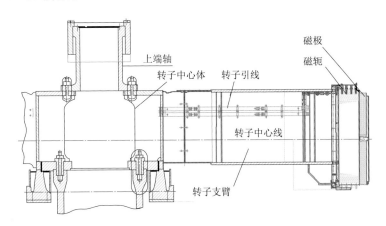

图2.2-36　ALSTOM公司机组转子结构图

发电机转子电气回路由滑环装置、转子引线和磁极组成。转子引线采用矩形硬铜排加工制成，分成多段，在铜排连接位置接触面上均采用镀银工艺，以增大接触面载流能力并减少接触面热损耗。

水轮发电机转子磁极是产生磁场的部件，主要由磁极铁芯、磁极线圈和极身绝缘组成。三峡机组转子磁极线圈采用无氧退火铜质材料，通过绕制连续挤压塑性加工而成的铜排，经银铜焊接而成。为增大散热面积，三峡机组转子磁极线圈采用多边形截面的裸铜排绕制，有的线匝设计为特殊外形，线圈外表面形成带散热筋的冷却面。磁极线圈匝间垫以 F 级绝缘材料，与铜排热压成整体结构；绕组匝间绝缘与相邻匝完全粘合且突出每匝线圈表面，首末匝与极身和托板间有防爬电的绝缘垫。为了更好地散热，磁极线圈采用异型铜排，使绕组外表面形成带散热翅的冷却面。

阻尼绕组由阻尼条、阻尼环和连接片组成。阻尼条多用软质紫铜棒制成，镶嵌在磁极铁芯的阻尼条孔内，两端伸出与阻尼环连接，阻尼环用扁紫铜带弯成扇形段，每个磁极一段，固定在磁极上下两端，通过连接片将扇形段连成阻尼环。阻尼环连接片将相邻磁极的扇形段连成阻尼环，上、下阻尼环又通过阻尼条连接形成鼠笼状的阻尼绕组。三峡机组磁极结构如图 2.2-37 和图 2.2-38 所示。

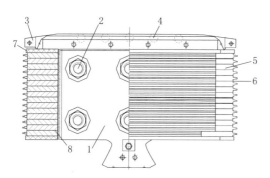

图 2.2-37　转子磁极结构俯视示意图
1—磁极铁芯；2—压紧螺杆；3—阻尼条；4—阻尼杆；
5—励磁线圈；6—匝间绝缘；7—磁极托板；8—机身绝缘

图 2.2-38　转子磁极模型示意图

七、推力轴承及下导轴承

推力轴承是水轮发电机组重要部件之一，其作用是承受整个水轮发电机组转动部分的重量以及水轮机的轴向水推力，并通过推力轴承的支撑结构，将这些力传递给水轮发电机的荷重机架，再通过载重机架传递到混凝土基础。其性能的好坏，将直接关系到机组的安全性和稳定性。

推力轴承按照不同的支撑结构分类，分为弹性支撑、刚性支撑、平衡块式支撑。其中弹性支撑可分为弹性垫支撑、弹性油箱支撑、弹性油箱托盘支撑、弹簧支撑、双支点弹簧轴支撑；刚性支撑可分为支柱螺栓单点刚性支撑、支柱螺栓加托盘刚性支撑。

三峡电站700MW水轮发电机推力轴承支撑结构有弹簧支撑和刚性支撑两种，并将推力轴承与下导轴承设计在一起，目的是为了缩短机组整体高度，推导轴承布置在下机架中心体内。

（一）三峡电站 VGS 联营体、东电机组推导轴承

三峡电站 VGS 联营体和东电机组的推导轴承结构类似，是典型的弹性支撑结构，如图 2.2-39 所示。该种结构的推力瓦下方布置一定数量的材质好、精度高、性能一致的小弹簧，小弹簧按照推力瓦受力大小来分布放置，由多点的弹簧支撑，瓦受力时不变形，且能自动调节平衡单块瓦每个部位的受力，自动倾斜并有利于油膜形成，确保运行安全。

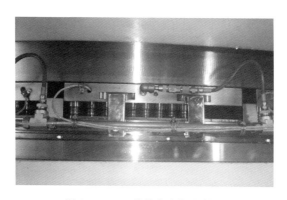

图 2.2-39　弹簧束式推力轴承

多点小弹簧支撑结构特点是简单紧凑，支撑高度较低，安装不用单块瓦受力调整。瓦受压后不会发生变形，瓦面的比压、油膜、温度分布均匀，始终处于最佳承载运行状态，运行稳定可靠，检修安装方便。对机组负载突变时的应变响应能力强，当机组负载突然变化时，通过水轮机的水流会使加在水轮机转轮上的水推力发生明显变化，进而导致机组转子和转轮倾斜甚至跳动。利用多点小弹簧支撑，每个弹簧加以一定的预紧力，就可使上述现象保持在安全限度以内。预紧力的另一作用是，有效防止立式机组轴承承载后，轴向高程急剧变化。这些加有预紧力的小弹簧簇承担着自动均衡单块瓦每个部位负载的能力。

VGS 联营体推导轴承由 28 块推力瓦和 42 块下导瓦组成，布置在下机架中心体。下导轴承与水导轴承支撑结构类似，不再描述。推导轴承冷却方式为外循环冷却，推导轴承外部共布置三组 6 个油冷却器，通过外设油泵形成油路循环。

推力头用径向销和轴向螺栓固定在转子支架上，推力头内侧相应带迷宫的隔板形成轴承的油挡板。推力头为推力轴承提供内部自泵的作用，通过推力环圆周边的孔，将部分透平油泵到下导轴承。镜板材料是锻钢，厚度 140mm，具有足够的刚度，如图 2.2-40 所示。

图 2.2-40　弹簧束式机组推力头镜板

油槽密封盖是推力轴承的重要组成部分，推导轴承密封盖包括接触式密封盖、推力油槽盖等部件。接触式密封盖共有 12 块组成，每块之间由螺栓连接把合，与下机架连接螺栓有绝缘套，如图 2.2-41 所示，油槽窗口盖板共有 3 块组成。

图 2.2-41　接触式密封盖

推力瓦下方弹簧束直接放置在基础环上，基础环放置在油槽底部支座上。这种支撑结构的推力轴承受力调整时，无法对单块瓦单独调节，受力调整时兼顾镜板水平的同时，对下机架每个支臂进行调整受力载荷。弹簧束支撑结构如图2.2－42所示，东电（VGS联营体）推导轴承装配图如图2.2－43所示。

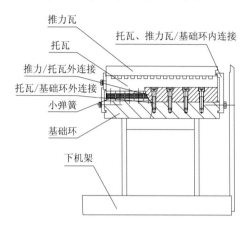

图 2.2－42　弹簧束支撑结构图

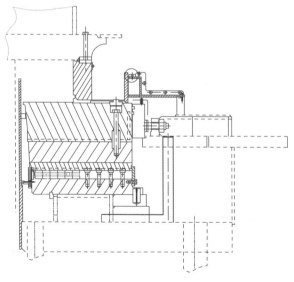

图 2.2－43　东电（VGS联营体）
推导轴承装配图

不同机型对应的弹簧束数量不同。左岸 VGS 联营体机组每块推力瓦下方布置有 94 个弹簧束支撑，如图 2.2－44 所示；东电机组每块推力瓦下方布置有 106 个弹簧束支撑，如图 2.2－45 所示。

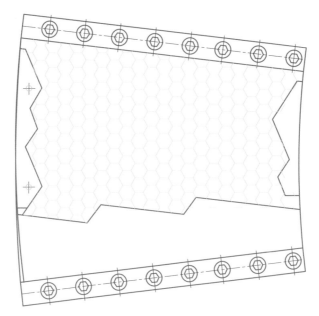

图 2.2-44 左岸 VGS 联营体机组推力瓦弹簧束布置图

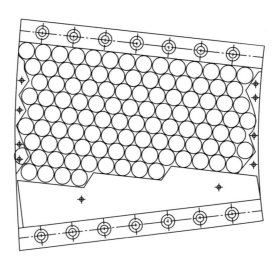

图 2.2-45 东电机组推力瓦弹簧束布置图

下导瓦共有 42 块，均匀地分布安装在油槽固定位置的导瓦架上，下导瓦与推力头之间间隙通过抗重螺栓调节。下导瓦瓦背偏左（从瓦背看）安装呈"凹"字形的抗重块，抗重块将下导瓦限定在球头抗重螺栓上，承受切向和径向力。下导瓦瓦面设计有两道减压槽，防止油膜压力过高沿推力头甩出瓦面，如图 2.2-46 所示。瓦与瓦之间分布有轴向及径向绝缘隔板，其作用是防止机组高速旋转时从瓦间甩出大量的润滑油。在瓦安装调整完成后还有一道阻油措施，在每块瓦的顶部分布有一个倒置 L 形与瓦同宽的挡油板，起到阻油和冷凝部分油雾的作用。

图 2.2-46　三峡电站弹簧束式机组下导瓦

（二）三峡电站 ALSTOM 公司、哈电机组推导轴承

三峡电站 ALSTOM 公司、哈电机组推导轴承除尺寸有差别外，结构基本类似，下导轴承与上导轴承的支撑结构类似，不再描述，推力轴承支撑结构为刚性支撑。推力轴承瓦由托架、薄瓦、托瓦和垂直弹性支柱销组成。设计为双层、偏心、刚性支柱式结构，如图 2.2-47 所示。由于推力瓦设计为双层瓦结构，薄瓦与托瓦之间由一定高度的垂直弹性支柱销连接，循环冷却油可顺利通过薄瓦与托瓦之间，对薄瓦与镜板摩擦副油膜运动产生的热损耗进行充分冷却，薄瓦受热变形小，运行时托瓦（厚瓦）温度与油槽油温持平，所以推力瓦整体受到热变形和机械变形就小。薄瓦与托瓦之间分布的圆柱销是通过推力瓦负荷试验和有限元计算确定的，单块瓦每个部位受力大小分布不同，在其对应的部位设计不同粗细和数量的圆柱销，受力大的地方，柱销的直径也大，受力小的地方，柱销的直径也小，即不同位置的每个支柱销的压缩变形大小一致，以适应瓦受力时的机械和热变形，使瓦面在运行过程中保持动态水平，同时也有利于油膜形成。这种推力轴承支撑结构方式的圆柱销将厚瓦与薄瓦分开，使厚瓦的温度远低于薄瓦的温度，几乎没有热变形，并在运行过程中能够维持最优的压力分布和形成最佳油膜。两块推力瓦之间有导油隔板，起引导油流、防止冷热油循环油路混乱的作用。尽管薄瓦有很大的温度梯度，但有较高刚度的厚瓦和圆柱销一起可使薄瓦保持良好的动态水平。

刚性支柱式支撑是一种较为普遍的推力支撑结构，推力瓦支撑装置由支撑盘、抗重螺栓（又称刚性支柱螺栓）、支承座等组成，如图 2.2-48 所示，推力轴承装配图如图 2.2-49 所示。其主要特点是推力瓦放在刚性支柱螺栓上，刚性支柱螺栓与支撑盘接触的端头为球面，使得推力瓦可以在一定范围内自由偏转，以满足产生自由润滑油膜的要求。支柱螺栓用 35 号优质碳素钢（30Cr 合金钢）制成，支柱螺栓的头部经过热处理，并具有一定的硬度。

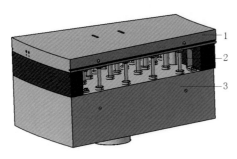

（a）　　　　　　　　　　　　　（b）

图 2.2-47　推力瓦结构

（a）结构示意图；（b）实物图

1—薄瓦；2—支柱销；3—厚瓦（托瓦）

支撑盘用螺栓固定在承重瓦上以增大其受力接触面，可以避免瓦的中部受力过大减小机械变形。支撑盘置于抗重螺栓上，抗重螺栓通过固定在下机架上的锥形支撑座支撑。这类支撑结构的推力瓦，可实现单块瓦受力调整，通过调整抗重螺栓的高低，达到推力瓦之间受力均匀的目的。

下导瓦设计成 16 块，均匀地分布安装在油槽固定位置的导瓦架上，通过螺栓和锁定架把合在下导瓦支撑上，瓦面支撑在推力头上，下导瓦支撑靠近出油边，使瓦面和轴颈面之间径向偏斜间隙，便于形成润滑油膜。这种下导瓦结构的特别之处在于在瓦面的进油侧有一个深度为 1mm 的油室，油室与推力头的滑动表面形成一个泵隙，在泵隙的末端有一个排油通道和

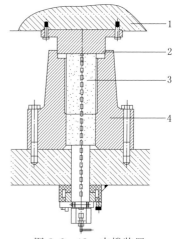

图 2.2-48　支撑装置

1—推力托瓦；2—支撑盘；
3—抗重螺栓；4—支撑座

排油口，下导瓦进油边到进油孔部分为泵，进油孔到出油边部分为导瓦的有效支持面，如图 2.2-50 所示。

推导轴承密封盖包括上密封盖、下导轴承盖、内轴承盖、分油板、下密封环等部件，油槽内部的两层中间盖板将油槽分为冷油腔（推力瓦高程以下）、热油腔（下导瓦附近）和膨胀腔（下导瓦以上）。上密封盖是一个两级密封式密封，如图 2.2-51 所示。内轴承盖又称浮动密封，位于下导瓦上部，它没有任何螺栓固定，完全箍在推力头周围，共有 8 块组成，如图 2.2-52 所示。分

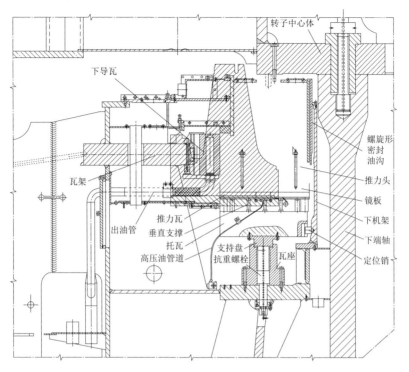

图 2.2-49 推力轴承装配图

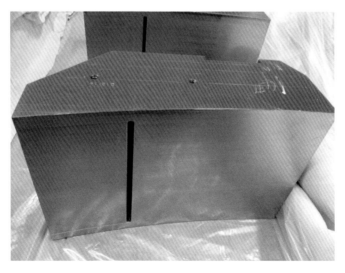

图 2.2-50 支柱螺栓式机组下导瓦

油板将推力油槽分隔成热油腔和冷油腔；下密封环位于下机架下部，由螺栓周向固定在下机架下部；推力油槽窗口盖板共 8 块组成。

图 2.2-51　上密封盖

图 2.2-52　内轴承盖

（三）不同轴承支撑方式的检修工艺

1. 弹簧束支撑方式的检修工艺

弹簧束支撑方式机组对比刚性支撑方式机组水平调整较为繁琐，机组的水平只能依靠调节下机架水平来调整，目前采取的措施为：根据机组盘车结果，确定机组动态水平值，计算每个下机架支臂调节量。通过一半风闸将机组转动部分顶起，将机组转动部分重量转移至一半风闸上。使用液压千斤顶将风闸未顶起部分下机架支臂顶起，按照计算的调整量，调整下机架基础楔键，如图2.2-53所示。通过风闸切换操作，调整其余下机架支臂。机组盘车测量机组动态水平，如不合格，再次进行调整。调整繁琐，工作量大。

2. 刚性支撑方式的检修工艺

（1）支柱螺栓密封的检修。支柱螺栓底部存在端面密封及轴封，支柱螺栓底部漏油主要原因是密封的压缩量不足，机组检修过程中需要对支柱螺栓端面密封及轴封进行更换。

（2）支柱螺栓及托盘的检修。托盘及支柱螺栓存在啃噬磨损现象，如图2.2-54所示。目前采取的措施是对托盘及抗重螺栓接触面进行打磨处理，磨损严重的对其进行更换。

图 2.2-53　下机架楔键

图 2.2-54　支柱螺栓啃噬磨损情况

（四）不同轴承支撑方式的对比

1. 弹簧束支撑结构推力轴承主要特点

弹簧束支撑结构具有体积小、储存能量大以及组合使用方便等优势，具有承载力相对较大、瓦温相对较低，运行稳定等优点，不仅适用于低速重载轴承，也适用于高速轴承，具有如下特点：

满足推力瓦在一定形变的条件下，可使油膜压力产生的机械变形与瓦温差引起的热变形相反（就是说上述变形量可以互相抵消），进而可以通过控制推力瓦最终变形来得到最佳瓦面形状，提高推力瓦润滑性能及承载能力。

推力支撑结构属浮动型结构，其合力作用点可随负荷、线速度的不同而不同，从而决定了它可适用的工况范围很广。

推力轴承的弹性元件除了承受推力瓦自身的推力负荷之外，还能均衡各块瓦之间的负荷，轴承运行时还具有吸收振动的作用，有利于推力轴承的安全稳定运行。此外，弹簧束支撑推力轴承具有结构紧凑、支撑元件本身尺寸小的特点，对降低发电机高程有明显的效果。

2. 刚性支柱式推力轴承主要特点

刚性支柱式推力瓦由托架、薄瓦（上面浇注一层锡基轴承合金）、厚托瓦和不同规格的垂直弹性支柱销组成。托瓦和薄瓦之间，根据有限元计算以及推力瓦负荷试验，设计成不同粗细和数量的圆柱销支撑，适应瓦的挠度变形，使得瓦面压力分布较佳，另外分层设计可以降低厚瓦的温度，改善薄瓦的散热条件，减小推力瓦的热变形。这种结构大大减轻了运行中推力瓦机械变形和热变形对楔形油膜形成的不利影响。

推力负荷通过推力瓦作用于支柱螺栓上（支柱螺栓采用偏心支撑，支撑点靠近出油边，便于形成楔形油膜），再通过推力瓦支撑座将推力负荷传递到下机架。推力瓦支柱螺栓内部装有负荷传感器和测杆，如图 2.2-55 所示。推力瓦上的不均匀载荷会造成各支柱螺栓间的压力差，从而使其支柱螺栓螺纹以上部分产生不同的压缩变形，带动测杆向下位移，在传感器上产生位移信号，通过电子位移表得出支柱螺栓不同的变形数值。根据变形数值使支柱螺栓向上或向下旋转，可以进行受力调整，这就是通常所说的应变仪调整受力法。

图 2.2-55　支柱螺栓测杆

由于轴承支撑方式不同，其经济成本、安装工艺、使用年限等方面都存在差异，见表 2.2-4。

表 2.2－4		不同轴承支撑方式对比			
支撑方式		经济成本	检修安装工艺		使用年限（根据支撑磨损程度）
			受力是否可调	水平难易程度	
刚性支撑	刚性支柱托盘式	中	可调	简单	中
弹性支撑	弹簧束式	低	可调	复杂	低

（五）不同轴承油路循环对比

在水轮发电机中，不管是推力轴承还是导轴承，在运行过程中都会产生能量损耗，造成润滑介质的温度不断提升。推力轴承和导轴承一般都设置有冷却系统，冷却系统将轴承损耗的热量通过冷却器对润滑介质进行充分冷却后，再将冷却后的介质通过设计好的循环路径返回到轴承瓦中，实现对轴承瓦冷却的目的。

轴承油冷却通过油水冷却器实现冷热交换，冷却器设置方式主要有内循环和外循环两种。内循环为油冷却器装设在油槽内部，系统管路部件少，布置集中，没有外部附加设备。但是需要占用轴承油槽空间，冷却油路循环相对复杂些，拆卸推力瓦需先拆卸冷却器，检修不便。外循环为油冷却器装设在油槽外，距离远，管路部件多，存在隐患点多，维护不便。其优点是冷却器不占用轴承油槽空间，拆卸推力瓦不需拆卸冷却器，油冷却器、推力轴承检修相对便利。单个冷却器可拆卸维修，不影响其他冷却器的使用。从经济角度分析，一般内循环比外循环的轴承造价更经济；从结构上分析，内循环比外循环的轴承需要空间更大，即外循环结构的轴承总体要比内循环的轴承结构紧凑。

三峡电站 700MW 机组推导轴承都采用了外循环结构，这种推导轴承在结构设计上更紧凑，轴承内部结构简单，有利于油路循环通畅，热油通过冷却器的热交换更充分。推导轴承冷却系统设置在下机架支臂之间。

三峡电站 VGS 联营体与东电机组的推导轴承大致结构类似，机组设置有 3 组，共计 6 个油水冷却器，油路循环路径东电在设计上有所优化，因 VGS 联营体的推导轴承油槽内的进出油口设置距离比较近，易造成部分冷热油短路，即经过冷却器冷却后的冷油一部分刚进入油槽，又被出油管带走，冷油无法充分的进入推力瓦和下导瓦，有一定的冷却损失。三峡左岸电站 VGS 联营体机组推导轴承油槽内油路循环如图 2.2－56 所示，三峡右岸电站东电机组推导轴承油槽内油路循环如图 2.2－57 所示。

三峡电站 ALSTOM 公司机组推导轴承共设置了 8 个冷却器，布置在下机架支臂之间。其油路是靠下导瓦自泵式强迫油循环，即机组转动时，将进入下导瓦与轴领之间的部分润滑油旋转带入冷却管路，经过油冷却器冷却后，再返回到推力轴承油槽。ALSTOM 公司机组推导轴承油路循环如图 2.2－58 所示。

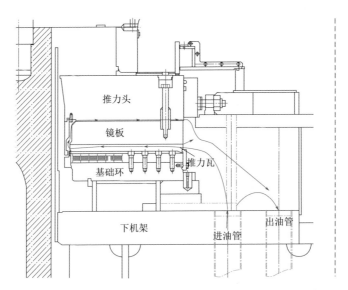

图 2.2-56　VGS联营体机组推导轴承油槽内油路循环示意图

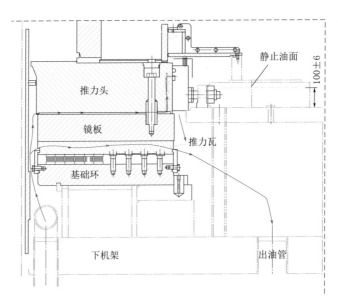

图 2.2-57　东电机组推导轴承油槽内油路循环示意图（单位：mm）

八、下机架

　　下机架一般是布置发电机推力轴承或下导轴承的主要部件，下机架从受力情况一般可分为两种：一种是承重型机架，这种结构的机架是推力轴承布置在下机架中心体内，考虑整个机组结构紧凑，将下导轴承与推力轴承组合布置，

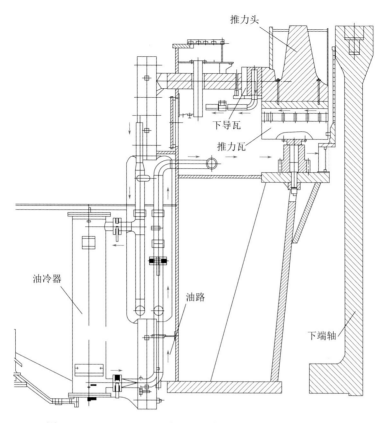

图 2.2-58 ALSTOM 公司机组推导轴承油路循环示意图

这类机架的刚度、强度要求高，除承受整个转动部分重量和水轮机轴向水推力外，同时还要承受因转动部分重量不平衡和磁拉力不均衡造成的径向力；另一种是非承重型机架，这类机架一般单独将下导轴承布置在其中心体内。下机架的结构形式比较多，比如有辐射形、斜支臂形、井字形、多边形、桥形等。三峡电站 700MW 机组的下机架都是承重型机架，既有辐射型的，也有斜支臂型结构的下机架，推导轴承布置在下机架中心体油槽内。

VGS 联营体和东电发电机组下机架结构类似，都是辐射承重型机架，这类结构的机架对安装的要求高，主要是受推力轴承结构设计原因，这种结构的推力轴承受力调整时无法对单块瓦进行受力调整，其受力的调整是在下机架安装时，各个支臂的受力载荷进行调整，以保证每个支臂的受力尽量均衡。如 VGS联营体发电机的下机架，由 1 个中心体和 6 个箱型梁支臂组成，整个下机架外径为16090mm，高 4047mm，总重 290.380t，下机架除了推导轴承外，还布置有制动器及其管路、高压油减载系统和油雾吸收系统、水车室环型吊车以及辅助设备等。

ALSTOM 公司和哈电发电机下机架结构类似，都是斜支臂承重型机架，这类结构的机架相比 VGS 联营体机架的安装要求稍低，推力轴承受力以及轴线调整时，单块瓦可以实现调整。如 ALSTOM 公司发电机下机架，由 1 个中心体和 16 个带有径向支撑的斜支臂组合而成的承重型机架，外径 15100mm，高度 4880mm，自重 364t。下机架布置有推导轴承外，还布置有高压油减载系统、油雾吸收系统、水车室环型吊以及辅助设备等。

九、冷却系统

发电机工作时由于存在铜损和铁损，铁芯和线圈的温度会逐渐升高。为了降低线圈绝缘老化的速度，延长其寿命，线圈的温度不得超过一定数值。因此必须采取措施，将线圈和铁芯产生的热量及时带走，才能维持线圈绝缘的温度不超过规定的数值。水轮发电机的冷却直接关系到机组的经济技术指标、安全运行及使用年限等问题，因此在设计和使用过程中都必须予以足够的重视。

三峡电站水轮发电机冷却方式分为半水冷式、空冷式和蒸发冷式三种形式，见表 2.2-5。通风冷却系统为无风扇密闭自循环冷却系统，空气通过转子的风扇作用产生循环，气流经气隙、定子铁芯和机座导入空气冷却器，通过空气冷却器的气流再返回到转子上下端。装有控制通风的挡风板，位于发电机定/转子端部，因此消除了不必要的空气再循环和额外的风损。这些静止挡风板由玻璃纤维制成，上、下挡风板分别固定在上、下机架上，水轮发电机单风道通风冷却示意图如图 2.2-59 所示。

表 2.2-5　　　　　　　　三峡电站水轮发电机冷却方式

冷却形式	半水冷式	空冷式	蒸发冷式
机组	1F~22F、29F、30F	23~26F、31F、32F	27F、28F

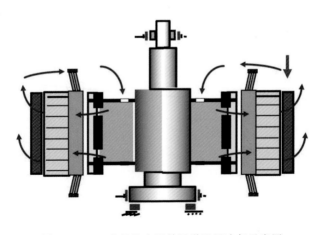

图 2.2-59　水轮发电机单风道通风冷却示意图

空气冷却器是用冷却水将从发电机出来的温度较高的空气冷却后再送入发电机。实际上发电机工作时，产生的热量是被冷却水带走的，空气只是起媒介作用而已。空气冷却器均布在定子机座外围，形成一密闭自循环的空气冷却系统。空气冷却器的设计具有 12.5% 的余量，2 台空气冷却器退出运行时，发电机能在最大容量运行工况下安全运行。空气冷却器的冷却管采用 90/10 铜镍合金，带凸形铝片。散热部件牢固地焊接在冷却管上，防止热交换能力的损失和损耗，冷却管与承管板及承管板与水箱盖的连接保证连接处密封性能良好。空气冷却器工作水压为 0.2～0.5MPa，冷却器管中水的流速不超过 1.5m/s。冷却器可双向换向运行。冷却器供水系统配有供、排水环管，冷却器和水管之间的全部接头应为法兰。在每一冷却器与水管之间的连接处均设置一个阀门，以使发电机的任意一个冷却器需要进行维修时，可及时拆卸和更换，而不影响其他冷却器的运行。在连接空气冷却器的各排水支管上阀门和法兰之间安装有一个双向示流器，供排水环管上设有温度计和压力表。在环管进出水口连接法兰处测得的冷却器和环管的水压降不超过 0.1MPa。进出冷却器的所有分支水管均装配有温度计。

十、制动系统

水轮机在停机过程中，导叶全关，水轮机的转速下降。水轮机在低转速下运行对机组的损害比较大，特别是对推力轴承，极易破坏油膜导致烧瓦，因此必须减少机组停机过程的时间。在三峡电站机组中，水轮机停机过程采用电气制动加机械制动混合制动的方式缩短机组的停机过程，从而保护机组。即在机组转速降至 50% 额定转速时，电气制动投入运行，机组转速降至 10% 额定转速时，机械制动系统投入运行。当发电机组内部故障不能使用电气制动时，机械制动系统将在规定转速下投入使用。三峡电站机组机械制动系统有以下两种形式：

（1）气复归式机组机械制动系统。主要由控制操作柜、高压油泵、18 个制动器及其油气管路所构成，每 3 个一组串联，共 6 组并联。气复归式机组制动器由底座、缸体、活塞、闸板及其托盘、锁定螺母等组成，如图 2.2-60 所示。气复归式机组制动器采用双缸单活塞的形式，采用反向气压复归。风闸制动工作时，进排气管均为同一根。制动器工作压力设计为 0.5～0.7MPa。在对机组制动过程中，气源进入制动器下腔，使活塞向上移动，制动器闸板与制动环相接触产生摩擦，从而到达制动的目的。复归时，气源进入制动器上腔，使活塞向下移动，制动块回位。

（2）弹簧复归式机组机械制动系统。主要由控制操作柜、高压油泵、32 个制动器及其油气管路所构成。每 4 个一组串联，共 8 组并联。弹簧复归式机

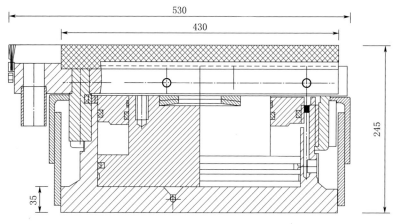

图 2.2-60　气复归式制动器示意图（单位：mm）

组制动器由底座、缸体、活塞、闸板及其托盘、锁定螺母、复归弹簧等组成，如图 2.2-61 所示。弹簧复归式机组制动器采用单缸单活塞的形式，采用外弹簧复归，无反向气压复归。风闸制动工作时，进排气管均为同一根。制动器工作压力设计为 0.6～0.8MPa。在对机组制动过程中，投入工作气源，使活塞向上移动，制动器闸板与制动环相接触产生摩擦，从而达到制动的目的。制动器缸外有 2 个复位弹簧，在汽缸气压消失时，使制动块回位。

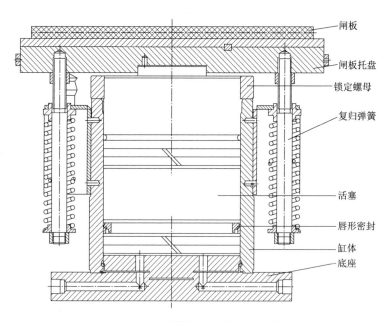

图 2.2-61　弹簧复归式制动器示意图

制动闸板采用合成树脂为原材料，制动效果好，且不容易磨损，其中摩擦产生的少量粉尘由专门的粉尘吸收装置吸收，避免粉尘污染对机组造成安全隐患。制动闸板通过螺栓将制动瓦及耐磨表面固定在制动活塞上。每个制动器均设有位置开关，其信号直接传送到在线监测系统中。

在机组维修时，制动器中也可以充以高压油，用于顶起和支撑转子。制动器可用作液压千斤顶来顶起机组整个转动部件，以便检查、拆卸和调整推力轴承。将转子顶起到工作高度后，应投入锁定装置，制动器锁定装置为大螺母式机械锁定结构。锁定装置能使转子在顶起位置时，无须维持千斤顶中的液压。

十一、高压油减载系统

在机组启动和停机的过程中，镜板与推力轴承之间尚未建立油膜时，实际上两者是处于干摩擦或半干摩擦状态，使轴承的启动摩擦系数增大，直接影响轴瓦的发热和热变形，一定程度上威胁轴承的安全运行。为减少启动摩擦阻力、改善启动时轴瓦的润滑条件，在机组启动前设法使轴承摩擦面上建立油膜是最理想的。高压油顶起装置就可在机组启动前和停机时通过轴瓦上预设的油室将高压油注入轴瓦和镜板之间建立油膜，形成强制润滑过程，从而降低启动摩擦系数，改善启动或停机条件，保证轴承可靠运行。高压油减载系统不仅可以缩短机组启动时间，而且在机组安装与检修过程中，还有利于机组盘车。

机组高压油减载系统包括电机、高压油泵、溢流阀、过滤器、安全阀、单向阀及高压管道。三峡电站小弹簧束支撑结构机组每块推力瓦面均有两个凹陷圆环（支柱螺栓结构机组为两个周向平行沟），两圆环彼此相通并与推力瓦大头端高压油进油孔相通，进油孔用高压软管与布置在油槽内高压油环管相连，环管则通过一根供油管穿过油槽与布置在下机架一支臂侧上的高压减载系统连接。高压油减载系统由高压油泵提供动力，通过一根取油管从油槽内取油经油泵加压后，高压油依次通过压力变送器、减压阀、高压油过滤器、压力开关、流量开关及压力表，将压力油送入油槽高压油环管，经高压软管进入推力瓦内，其作用是在机组盘车或低转速运行时形成油膜而不至于损坏或烧坏推力瓦及镜板。在正常情况开停机过程中，高压油顶起系统能自动地投入运行；当探测到机组发生蠕动时，该系统能自动启动。每台机高压油顶起系统配备两套单独的油泵，油泵采用三相 380V、50Hz 的全封闭式电动机驱动，以保持轴瓦表面恒定油膜所需的压力。有两套油泵，一套为主工作油泵，另一套作为备用，并能自动和手动切换。在主工作油泵故障时，备用油泵自动投入工作，以保持瓦面油压。油泵启动 5s，在镜板和轴瓦之间建立起足够的油膜；高压油顶起系统在机组停止后 5s 内切除，机组启动后转速达 90% 额定转速时切除。

第三节 调速系统结构

三峡电站是目前世界上规模最大的水电站，机组的安全稳定运行直接影响着电网的供电质量。调速系统作为调节水轮发电机组频率、快速同步并网、增减负荷的调节系统，对提高电能品质起着非常重要的作用。三峡左岸电站14台机组的调速系统由长江三峡能事达电气股份有限公司设计生产的微机步进电机式调速器组成，主配压阀芯为"王"字形，控制腔在主配压阀芯下部；三峡右岸电站12台机组调速系统由哈尔滨电机厂有限责任公司提供，调速系统机械液压系统采用比例伺服阀作为电液转换元件，主配压阀采用带内部位置传感器的GE公司产品；三峡地下电站6台机组的调速系统由长江三峡能事达电气股份有限公司设计生产的微机步进电机式调速器组成，主配压阀芯为"工"字形，控制腔在主配压阀芯上部。

三峡左岸、右岸及地下电站的调速器均为微机调速器，采用双微机冗余容错系统（习惯称为A套、B套）加独立电手动操作，A、B两套冗余控制能够实现无扰动自动切换；实现远方控制和现地自动、电手动控制，并且手、自动切换无扰动；能与电站计算机监控系统通信并与其时钟同步。

三峡左岸、右岸及地下电站的调速系统液压控制部分设计非常紧凑，没有传统的调速器机械柜，其液压控制系统安装于集油槽上面，电液转换单元的多个液压元件安装于一个组合模块上，集成度非常高，阀块之间不需要管路连接，降低了运行中漏油的可能性，运行和维护方便，运行可靠性高。

在调速器控制电源失电的情况下，左岸电站和地下电站调速器在自复中装置的作用下保持现有开度，右岸电站通过定中缸保持现有开度；失电后三峡左岸、右岸及地下电站的调速器均能够实现纯机械手动开环控制，左岸电站和地下电站通过手动操作步进电机手轮开关导叶，右岸电站通过手动操作手动开关机电磁阀实现开关导叶。

一、调速系统的功能特点

三峡电站调速系统机械液压部分与相应的电气部分相配合对机组进行转速调整、机组负荷自动分配；可实现机组平稳地开机、停机、并网和加减负荷，事故情况下紧急停机，保护机组安全；该调速系统还具有速度控制、功率控制、开度控制、快速同步、导叶开度限制、频率跟踪控制、适应式变参数、在线自诊断及处理等功能。

（一）机械液压部分

1. 阀组模块式安装

调速系统各种功能阀采用板式安装，为模块式直联结构，油路集成度高，避免大量的管路连接，减少了油路渗漏点，提高了油路可靠性，例如主配压阀上安装的伺服比例电磁阀、紧急停机电磁阀、A套与B套选择切换阀。

2. 高过滤精度滤油器

调速系统电液随动系统中采用电液伺服比例阀结构，对油质要求较高。三峡电站调速器采用4级过滤：压油泵进口过滤器（过滤精度为$40\mu m$）、压油泵出口过滤器（过滤精度为$20\mu m$）、电液转换器前的过滤器（过滤精度为$10\mu m$）、集油槽自循环过滤装置（过滤精度为$2\mu m$）。

3. 事故配压阀

调速系统引入了事故配压阀，增加了机组事故停机的途径，机组在电液伺服比例阀、自动切换阀、紧急停机电磁阀到主配压阀这条串联结构中的任何一个元器件发生故障（如压力油的泄漏、阀芯卡涩等）的情况下，事故配压阀能够保证压力油直接作用在接力器上关闭导叶，使机组停机。

4. 油混水监测装置

集油槽内油混水监控装置采用工作可靠的电容式油混水检测装置，提高了油混水报警的灵敏度，在油混水初期就能够准确发出报警信号，很好地解决了集油槽油混水的监控问题，能及时、较早地发现集油槽油混水的情况，为后续处理赢得时间。

（二）电气部分

1. 高可靠性冗余设计

（1）电源的冗余。调速系统电气柜和控制柜采用的外供电源有交流220V及直流220V，当外供电源中1路出现故障或2路电源在相互切换过程中，调速系统均能正常工作。

（2）可编程逻辑控制器（PLC）功能的冗余。调速器的机械液压部分由控制柜中的PLC控制，为确保调速系统的安全可靠，对PLC的一些重要功能（油泵电机的启停、加载和卸载、自动补气、隔离阀的开启和关闭等）实现了冗余及备用措施。当PLC出现故障时，由计算机监控系统接管控制。

（3）转速信号的冗余。调速系统的测速方式有两种：一种是齿盘测速，速度信号取自于水轮发电机组主轴；另一种是取自于发电机机端电压互感器的残压测速，两种转速信号相互独立。

2. 四重电气闭环反馈

三峡电站调速系统摒弃了杠杆或钢丝绳反馈，采用位移传感器的电反馈形式实现接力器位置反馈闭环（导叶开度反馈）、比例阀阀芯位移反馈闭环、主配活塞位移反馈闭环、功率反馈闭环，4个闭环层层相套提高了调速系统调节精度和可靠度。

3. 紧急停机电磁阀

调速系统处于手动控制状态或者自动运行状态，当遇到需紧急停机情况，通过电站自动化系统发出的信号，使紧急停机电磁阀动作，主配压阀控制腔与排油相通，压力油通过主配压阀作用于接力器关闭导叶，保证机组的安全。紧急停机操作既可远方操作，也可以现地手动操作。

4. 压油装置控制形式

机组在并网运行中将有一台压油泵连续运行（压力降至 6.1MPa 时加载运行，压力升至 6.3MPa 时卸载运行）。停机时当导叶全关、锁定投入，且压油罐压力升至 6.1MPa 以上后，停机流程下令关闭隔离阀，切断压油罐与调速系统的油路，然后停止连续泵运行，使压油装置在机组停机后也停止运行。

二、调速系统机械液压部分的结构

三峡电站调速系统的机械液压部分由主配压阀、电液转换器、事故配压阀、分段关闭装置、接力器及锁定装置、接力器位置反馈传感器、过速保护装置、压力油气罐及隔离阀、集油槽、压力传感器、油泵电机组等设备构成。机械液压部分主要布置在水车室、集油槽顶部及附近。

（一）主配压阀

三峡左岸电站 VGS 联营体和 ALSTOM 公司机组调速器主配压阀均采用"王"字结构，如图 2.2-62 所示，为 3 位 5 通阀，由阀体、衬套、阀芯及恒压腔、控制腔、油管、位置传感器等部件组成。

主配压阀芯在机组正常运行无调节时处于中间位置，阀芯上端与恒压腔活塞（面积较小）相连，下端与控制腔活塞（面积较大）相连，在差压作用下处于平衡位置，此时恒压腔产生的向下作用力和阀芯自身重量向下的合力与控制油腔向上的作用力相等。当控制油腔油压发生改变，阀芯失去压力平衡，向上或相下运动，主压力油源与主配压阀的关腔或开腔接通，控制接力器关或开。同时位置传感器将主配压阀位移反馈到自动运行或电手动运行，通过电液转换器改变控制油腔的压力使主配压阀芯向相反的方向运动，即向下或向上调整，通过几次调整后，最终又回到中间位置，完成一次完整的调整过程。

三峡右岸电站和地下电站的主配阀芯均为"工"字结构，不同的是右岸电站主配压阀为卧式，设有定中缸，调节时动态响应比较好，地下电站的主配压阀是立式，阀芯密封性能好，渗漏量较小，减少了油泵电机启停次数。

（二）电液转换器

电液转换器的功能是把微机调节器送来的电气信号转换、放大为相应的液压流量控制信号输出，用于控制主配压阀。

左岸和地下电站电液转换执行元件选用比例阀＋步进电机自复中机构相结

合构成双套电液转换通道，如图2.2-63所示。两个通道完全独立，互为备用，采用切换阀实现通道之间的切换。

三峡右岸电站调速系统电液转换单元通过两个完全相同的电液比例伺服阀实现，其中一个作为备用。

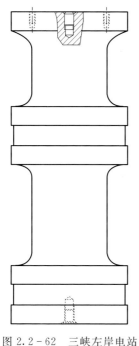

图 2.2-62 三峡左岸电站
主配压阀阀芯

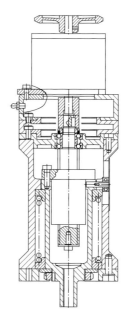

图 2.2-63 步进电机电液
转换通道

（三）事故配压阀

事故配压阀由事故配压主阀、事故先导阀组成，用于水轮发电机组的过速保护系统中。当机组转速过高，主配压阀拒动、调速器关闭导水机构操作失灵时，事故配压阀接收过速保护信号并动作，将调速器主配压阀切除，油系统中的压力油直接操作导水机构的接力器关腔，紧急关闭导水机构至开度为零，防止机组过速至飞逸，为水轮发电机组的正常运行提供安全可靠的保护。

事故配压主阀是一种二位六通型插装式换向阀，事故配压阀结构为插装阀集成形式，具有结构紧凑，现场操作功能简单，工作安全稳定可靠等特点，且兼具电气信号传输控制及监控。

事故配压阀采用插装阀组合式结构由1/2事故配压阀（开机侧）、1/2事故配压阀（关机侧）、事故停机电磁阀三部分组成，如图2.2-64所示。

对于标准液压件中的插装阀，只能在全开或全关位置时使用，即运行于大

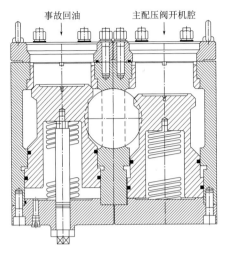

事故回油　　　主配压阀开机腔

图 2.2 - 64　三峡左岸电站事故
配压阀（开机侧）

流量工况。若在小开度、小流量工况运行时（例如分段关闭），则插装阀芯容易产生振荡，甚至自行启、闭。为克服此弊病，此事故配压阀在标准插装阀芯外周增加了一个环形腔，当插装阀开启时，此环形腔自动接通压力油，迫使阀芯只能定位于全开位置。当插装阀关闭时，此环形腔自动接通排油。因而杜绝了阀芯不稳定工况，能保证插装阀芯固定在全开或全关位置上。

（四）分段关闭装置

机组运行实际中，机组停机是为了避免机组转速迅速上升，发生飞逸，导叶应该快速关闭。但由于水电站水工结构、引水管道、机组转动惯量等因素的影响，接力器快速关闭时，会产生水锤事故。三峡电站的机组容量大，水流惯性时间常数较大，为了防止水锤事故发生，降低转速上升率，经过调节保证计算，要求接力器在紧急关闭时有导叶分段关闭的特性，导叶分段关闭装置就是实现这种特性的液压元件。

三峡左岸电站 VGS 联营体机组分段关闭装置包括分段关闭阀和接力器拐点开度控制机构、接力器开腔上的三段关闭节流阀，分段关闭阀安装在主配阀旁，如图 2.2 - 65 所示。拐点开度控制机构包括拐点检测及整定机构和控制阀。拐点开度控制机构是基于纯机械液压的工作原理，控制阀是一个行程换向阀，安装在接力器附近，在接力器关闭到预定位置时，操作行程换向阀切换油路，动作分段关闭阀完成关闭速率的调整，其动作位置可以通过行程控制板进行调整。

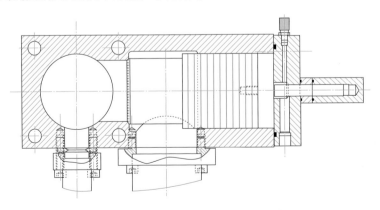

图 2.2 - 65　三峡左岸电站分段关闭阀

三段关闭节流阀位于接力开腔进出主油管附近，是接力器开腔主油管通油口被封堵后，继续回油的旁通阀，节流阀通径比主油管小，且流量可以调节，从而能够调节三段关闭速率。

三峡左岸电站 ALSTOM 公司机组分段关闭阀分为正常停机分段关闭和事故停机分段关闭，正常停机分段关闭阀的二段时间控制与 VGS 联营体机组一样，三段时间分段关闭阀，如图 2.2 - 66 所示；事故停机时事故配压阀与集油槽之间增设一套分段关闭装置，二段时间分段关闭阀如图 2.2 - 67 所示，事故停机时没有三段关闭阀。

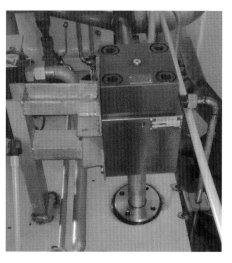

图 2.2 - 66   ALSTOM 公司机组正常停机
三段时间分段关闭阀

（a）

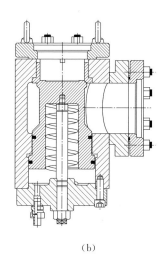

（b）

图 2.2 - 67   ALSTOM 公司机组事故停机二段时间分段关闭阀
（a）实物图；（b）结构示意图

（五）接力器及锁定装置

接力器是调速系统的液压执行元件，可分为直缸接力器和环形接力器两种，三峡电站所有机组接力器皆为双直缸接力器。VGS 联营体机组接力器主要由缸体、前后缸盖、活塞、活塞密封、活塞杆、卡环、活塞杆头、活塞杆头销钉、前后活塞杆密封、压紧行程调整垫、前后缸盖密封、行程指示板和锁定装置等部件组成，如图 2.2 - 68 所示。

图 2.2-68　VGS 联营体机组接力器

接力器活塞在压力油的作用下沿直线运动，通过杆头销钉将作用力传递至双连板，双连板推动控制环做圆周运动，控制环带动均匀分布的导叶拐臂使活动导叶发生转动，从而实现对活动导叶的控制，最终实现机组的开停机或增减负荷。

由于双直缸接力器活塞为直线运动，而控制环为圆弧运动，接力器活塞运动过程中，控制环会使活塞杆产生一个较小的摆动。为此，控制环与接力器活塞杆之间采用连板，连板与控制环用轴销连接，连板另一端与活塞杆头销相连，当活塞运动时，活塞杆与控制环之间的铰接形式使得活塞杆相对缸盖之间只有直线运动，因而容易实现活塞杆封油。

1. 接力器活塞杆密封

VGS 联营体机组接力器活塞杆密封采用唇形密封，为聚氨酯 PU 材质，如图 2.2-69 所示。ALSTOM 公司机组活塞杆密封型式为 V 形组合式密封，为聚醚聚氨酯材质，6 个为一组，分别为 1 个垫环、3 个 V 形密封圈、1 个压环、1 个垫圈。前、后推拉杆密封结构、尺寸完全相同。

图 2.2-69　VGS 联营体机组接力器活塞杆唇形密封

2. 接力器锁定

接力器锁定装置分为自动锁定装置和手动锁定装置，自动锁定装置在接力器全关位置投入，手动锁定装置在全开位置投入。不同设计厂家的锁定结构形式不同，但锁定装置动作原理基本相同，当导叶关闭到位后，液压系统发出投入锁定信号，此时锁定电磁阀动作，液压油输送至锁定装置，接力器锁定装置动作。VGS联营体、哈电、东电机组的锁定装置安装在接力器的后端，如图 2.2 - 70 所示，ALSTOM 公司机组的锁定装置安装在接力器的前端，如图 2.2 - 71 所示。

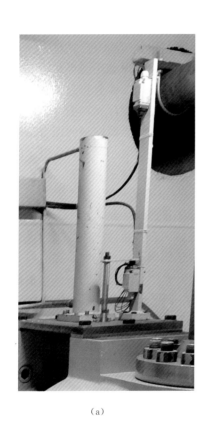
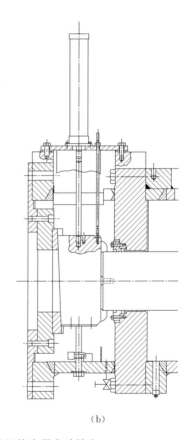

（a）   （b）

图 2.2 - 70　VGS 联营体机组接力器自动锁定

（a）实物图；（b）结构示意图

（六）过速保护装置

过速保护装置是指机组转速升高到额定转速的电气一级动作值、电气二级动作值、机械过速装置动作值后，使事故配压阀状态切换进而切除主配压阀，实现机组关机的装置。机械过速装置动作值大于电气二级动作值，电气二级动

 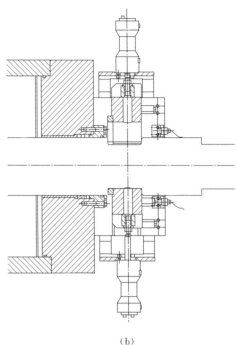

（a）   （b）

图 2.2-71　ALSTOM 公司机组接力器自动锁定

（a）现场照片；（b）结构示意图

作值大于电气一级动作值，电气一级动作值是在主配压阀收到紧急停机信号出现拒动情况后，机组转速迅速上升到设定值，触发电磁液压阀电磁开关，电磁阀切换油路使事故配压阀状态切换。

过速保护装置分为电气过速保护和机械过速保护，电气过速包括转速测量、调速系统控制柜（转速动作值比较和信号发出）、电磁液压阀，机械过速装置由切向超速检测器和液压脱扣装置组成，如图 2.2-72 所示。

切向超速检测器由配重块、复位弹簧、配重块的支承与导向部件、壳体等组成。切向超速检测器的安装方式为凸出安装，固定在水轮机轴上，始终与水轮机轴一同旋转，即沿俯视顺时针方向转动。

液压脱扣装置由棘轮机构、电气接触器、液压配压阀等组成，在引起超速的故障消除后，装置采用手动复位方式。

（七）压油装置

压油装置是给调速系统提供压力油的设备集合，为接力器操作导叶提供操作能源，它由压力油气罐、自动补气装置、压力油泵电机组、组合阀、集油箱、油冷却器等组成。

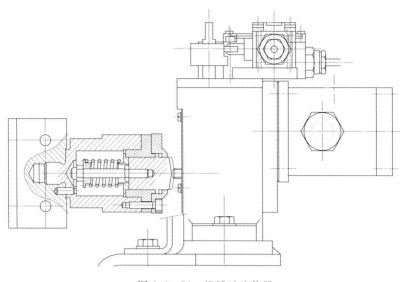

图 2.2-72 机械过速装置

1. 压力油气罐

压力油气罐由两个容积相同的压力罐组成，通过一根不锈钢管连通，压力罐、液位信号器及变送器、压力表、压力开关、压力变送器、空气安全阀、管路等组成了压力油气罐总装。压力罐是由钢板焊接而成，根据内部介质不同分为压力油罐和压力气罐。压力油罐内部装有46号汽轮机油和压缩空气，如图 2.2-73 所示。压力气罐内部只有压缩空气，压力油气罐总的油气比约为1：2。

调节过程中，调速系统消耗的油由压力油泵补充，消耗的压缩空气通过自动补气装置补充。

2. 自动补气装置

自动补气装置是为压力油气罐补充压缩空气的自动元件，当压力油罐油位处于正常范围时，而压力低于额定压力，自动补气装置打开补气阀门向罐内补气，压力达到额定压力后停止补气。三峡左岸电站自动补气装置由一个两位三通电动球阀，两个手动球阀、单向阀、安

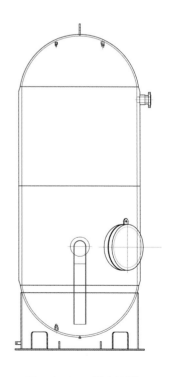

图 2.2-73 压力油罐

全阀等组成，如图 2.2-74 所示。其特点是：过气流量大，可大大缩短补气时间，密封性能好、集成化程度高、体积小。

图 2.2-74　自动补气阀

3. 油泵电机组

油泵电机组是从集油箱吸取干净透平油向压力油罐输送压力油的装置，油泵选用德国 ALLWEILER 公司的 SMH 系列卧式油泵，具有牢固的泵体支撑，油泵转速低，运行平稳，无振动，驱动电机选用 ABB 公司的产品。VGS 联营体机组设有三台油泵，其中一台泵连续运转，作为主用泵，其余的油泵采用间断运行方式，互为备用。

4. 组合阀

水电站油压装置压力油泵需要启动频繁、启停迅速、建立压力快，若压力油泵电机启动时带有负载，则对液压系统及供电系统均产生不利影响。为减少油泵电机启动电流，缩短启动时间，减少启动过程中对液压系统的压力冲击，故油泵出口采用组合阀。

三峡左岸、右岸及地下电站的组合阀具有空载启动、安全阀、逆止阀等功能，在工作过程中无振动冲击现象。组合阀可以实现：使油泵在启动瞬间处于卸荷状态，直至原动机达到稳定转速，才向压油罐供油；当油泵出口压力超过允许值时，安全阀自动打开，来自油泵的压力油排入集油槽，使油泵出口压力不再升高；当油泵停止运转或压力油气罐中压力大于油泵出口压力时，逆止阀自动关闭，防止压力油气罐中压力油倒流；当压油槽中压力达到设定值时，卸荷阀动作，可使油泵在空载下运转，防止油泵继续向压力油气罐供油，引起压力过高。

5. 集油槽

集油槽是调速系统动作后透平油回流集中储存的箱体。它由钢板焊接而成，内部由钢板隔为脏油区和净油区两部分，中间由滤网分隔，油通过自流方式由脏油区流向净油区。调速系统的回油连接到脏油区，净油区为压力油泵提供油源。脏油区的油也可以通过外部连接的精细循环过滤装置变成净油返回到净油区。

6. 冷却器

冷却器是集油槽油温过高时，辅助控制箱发出命令，开启冷却水管电动球阀，使冷却水进入冷却器，通过热交换，使连续运行的油泵输出的油得到冷却，进而降低集油槽内油温的冷却装置。

第三篇
机组主要检修技术

第一章
三峡机组检修项目和流程

第一节 机组检修等级及检修项目

一、机组检修等级

三峡电站700MW大容量机组在电力系统中担任着重要角色，检修安排对设备稳定运行存在重大影响。根据设备状态、检修范围及拆卸程度等因素，以机组检修规模和停用时间为原则，将三峡电站机组检修分为A、B、C、D四个检修等级，并结合试验诊断、状态评估结果，对机组检修类别及检修间隔进行动态调整，三峡机组检修各检修等级的基准检修间隔及停用时间见表3.1-1。

表3.1-1 三峡机组检修间隔及停用时间

序号	检修类别	检修间隔/年	停用时间/d
1	A修	8～10	110～140
2	B修	两次A修之间	60
3	C修	0.5～1	14
4	D修	0.5～1	7

注 通过设备状态评估，可延长或缩短检修间隔。

二、机组检修项目

按检修专业将三峡机组检修分为机械检修和电气检修两类，其中机械检修又分为水轮机检修、发电机机械部分检修、调速系统机械设备检修；电气检修分为发电机电气部分检修及其辅助设备电气部分检修。

（一）机械检修项目

1. 三峡机组水轮机检修项目

三峡机组水轮机检修主要包括水导轴承检修、主轴密封检修、补气系统检修、导水机构检修、顶盖排水系统检修、转轮及其他过流部件检修、人孔门检修、流道检修及其他检修等，检修项目见表3.1-2。

表3.1-2 三峡机组水轮机及其辅助设备检修项目表

序 号	检 修 项 目
1. 水导轴承	水导轴承解体检修与组装
	水导轴承油质化验
	水导轴承油位检查
	水导油槽渗漏检查

序　号	检　修　项　目
1. 水导轴承	水导轴承循环油泵电机及绝缘检查
	水导轴承油过滤器检查及清洗
	水导轴承外循环冷却系统检查及处理
	水导轴承油冷却器打压试验
	水导轴承油冷却器排污检查
	水导轴承轴承体和内、外油箱渗透试验
	水导轴承油槽及油箱清扫和加排油
	水导轴承瓦检查及修复
	水导轴承瓦间隙调整装置检查及修复
	水导轴承瓦间隙测量及调整
	水导轴承中心测量及调整
	轴领检查及处理
	水导轴承相关密封更换
2. 主轴密封	主轴密封装置解体检修与组装
	主轴密封供水系统检查及处理
	主轴密封供气系统检查及处理
	检修密封检查及处理
	检修密封空气围带充气试验
	检修密封空气围带更换
	工作密封装置检查
	工作密封动作试验及浮动量调整
	浮动环密封条更换
	工作密封密封块检查处理
	工作密封抗磨环检查处理
	工作密封弹簧检查处理
	磨损量测量、监视系统检查及处理
3. 补气系统	主轴中心补气系统解体检修及组装
	主轴中心补气阀检查
	主轴中心补气阀分解检修
	主轴中心补气管摆度调整
	主轴中心补气管压力试验
	主轴中心补气管支架检查及处理
	主轴中心补气管杯形罩与下导向管密封检查
	主轴中心补气系统管路、阀门、密封及保温层检查

序　号	检　修　项　目
4. 导水机构	顶盖检查、清扫及处理
	顶盖紧固件防松动检查及处理
	顶盖平压管检查、处理
	平压管密封检查及更换
	顶盖螺栓探伤及强度检测
	顶盖拆卸、检修及回装
	控制环检查及处理
	活动导叶立面、端面密封检查及处理
	活动导叶上、中、下轴套测量检查及处理
	活动导叶表面缺陷检查处理
	活动导叶端、立面间隙测量及调整
	活动导叶止推块间隙测量
	活动导叶轴向止推块检查处理
	上轴套抗磨块检查处理
	活动导叶限位块检查处理
	导叶套筒检查及处理
	导叶套筒密封更换处理
	传动部分检查及处理
	顶盖、底环与座环处密封检查处理
	过流部件涂抗磨涂料
	导水机构其他零部件检查处理
5. 顶盖排水系统	顶盖排水管路、阀门检查及处理
	顶盖排水系统检修及试验
	顶盖排水泵及逆止阀检查及更换
	集水槽冲淤
6. 转轮及其他过流部件	转轮上、下止漏环检查、间隙测量
	转轮吊出前和回装后的中心、高程、水平测量
	转轮裂纹、探伤检测、磨蚀检查及处理
	过流部件及流道外观检查
	导流板检查及处理
	水轮机主轴的拆卸与回装
	联轴螺栓护罩检查及处理
	联轴螺栓检查及处理

第一章　三峡机组检修项目和流程

序　号	检　修　项　目
7. 人孔门	人孔门检查及处理
	人孔门裂纹检查及处理
	人孔门螺栓更换
	人孔门密封更换
8. 流道	进水口及尾水流道检查
	压力钢管伸缩节检查
	蜗壳及尾水管排水阀、技术供水取水口检查
	检查测量表计管路
	超声波流量计检查
	尾水管、蜗壳磨损检查及处理
	蜗壳盘形阀、尾水管盘形阀、拦污栅检查及处理
	蜗壳冲淤
9. 其他	水车室环形吊检查
	水车室通风系统检查
	振摆监测系统检查、清扫
	水车室防滑涂层
	仪器、仪表（定期校验）及管路清扫、检查
	橡胶密封件更换

2. 三峡机组发电机机械部分检修项目

三峡机组发电机机械部分检修主要包括上导轴承检修、推导轴承检修、转子检修、定子检修、上机架检修、下机架检修、轴检修、空气冷却系统检修、高压油减载系统检修、制动系统检修及其他检修等，检修项目见表3.1-3。

表3.1-3　　　　　三峡机组发电机及其辅助设备检修项目表

序　号	检　修　项　目
1. 上导轴承	上导轴承瓦检查处理
	上导轴承瓦调整垫块检查处理
	上导轴承瓦铬钢垫检查处理
	上导轴承瓦绝缘、支持座检查及更换
	上导轴承抗重螺栓的检查及处理
	上导轴承瓦的间隙测定及调整
	上导油冷器检查及处理
	上导油冷器打压试验

序　号	检　修　项　目
1. 上导轴承	上导轴承中心位置检查、测量及调整
	上导内轴承盖与轴领间隙检查及调整
	上导油雾吸收密封盒间隙检查及调整
	上导内挡油筒与轴领间隙检查及调整
	上导导油板与轴领间隙检查及调整
	上导外围滑铁板防滑涂层
	上导油雾吸收系统检查清扫
	上导油槽煤油渗漏试验
	上导油槽内部清扫及检查
	上导轴承外部检查及清扫
	上导轴承加排油管路、阀门检查及处理
	上导油位检查及处理
	上导油槽油质化验
2. 推导轴承	推力轴承瓦检查处理
	推力轴承瓦挂钩间隙检查
	推力瓦弹簧检查更换
	推力轴承锥形支撑检查
	推力轴承受力检查及调整
	推力瓦与间隔块的间隙检查
	下导瓦检查及处理
	下导轴承瓦轴领检查修复
	下导轴瓦间隙测量与调整
	下导轴瓦调整垫块检查
	下导轴瓦铬钢垫及抗重螺栓检查处理
	下导中心检查调整
	推力挡油筒及其螺旋密封检查
	推力头检查及处理
	推力头与转子同心度检查及调整
	镜板检查及处理
	镜板粗糙度测量及研磨处理
	推导油槽油冷却器检查及处理
	推导油槽油冷却器耐压试验

第一章　三峡机组检修项目和流程

序　号	检　修　项　目
2. 推导轴承	推导油槽油冷却器更换
	冷却系统循环油泵及电机检查、滤芯清扫
	各部转动部件与固定部件间隙检查及调整
	推导轴承系统管路、阀门检查及处理
	推导油槽油位检查及调整
	推导油槽油质化验
	推导油槽内部清扫及检查
	推导油槽外观检查及处理
	油雾吸收装置检查清扫处理
	油雾吸收系统电机及风扇检查
3. 转子	转子圆度及磁极标高检查及处理
	转子支臂检查及处理
	转子大立筋检查及处理
	转子配重块检查及处理
	磁极垂直度检查及调整
	磁极及磁极键检查及处理
	磁轭及磁轭键检查及处理
	转子中心体进人门开门检查
	制动环检查及处理
	转子气隙挡风板检查及处理
	空气间隙检查及调整
	转子轴线调整
	转子中心体、支臂焊缝检查
	转子各部位紧固件螺栓防松动检查及处理
	转子与主轴连接件和传动件检修
	转子整体清扫及检查
4. 定子	定子圆度检查
	定子基础螺栓检查及处理
	定子端部及其支持结构检查
	定子定位筋检查
	定子铁芯检查及处理
	定子压紧螺杆检查

序　　号	检　修　项　目
4. 定子	定子压紧螺杆预紧力抽查
	定子压紧螺杆无损检测
	发电机消防管路系统检查及处理
	上、下挡风板检查及处理
5. 上机架	上机架中心检查及调整
	上机架水平检查及调整
	上机架高程检查及调整
	上机架基础连接螺栓检查及处理
	上机架盖板检查及处理
	上机架千斤顶检查及检修
	上机架防腐刷漆
	上机架外观检查及清扫
6. 下机架	下机架中心检查及调整
	下机架水平检查及调整
	下机架高程检查及调整
	下机架基础板螺栓及基础螺栓检查及处理
	下机架防腐刷漆
	下机架外观检查及清扫
7. 轴	上端轴下法兰面检查及处理
	上端轴绝缘检查及处理
	上端轴轴领检查及处理
	发电机轴探伤
	发电机轴与转子联轴螺栓、销套检查及处理
	联轴螺栓探伤检查
8. 空气冷却系统	单个空冷器耐压试验
	空冷器整体耐压试验
	空冷器外观检查及处理
	空冷器与定子机座密封检查及处理
	空冷器系统管路、阀门检查及处理

续表

序　号	检　修　项　目
9. 高压油减载系统	高压油系统单向阀正、反向耐压试验
	高压油系统单向阀正向通油试验
	高压油系统整体耐压及推力瓦喷油试验
	高压油压力检查及处理
	过滤器滤网检查及处理
	油泵检查及处理
	高压油减载系统管路、阀门检查及处理
10. 制动系统	制动器本体检查及处理
	制动柜内设备检查处理
	制动器动作试验
	制动器单个耐压试验
	制动器高程测量及调整
	制动系统管路严密性试验
	顶转子系统管路耐压试验
	粉尘收集系统检查及处理
	闸板厚度检查及处理
	制动器系统管路、阀门检查及处理
11. 其他	机组盘车轴线测量调整
	开机前机、电联合全面检查
	开机前发电机油、水、气系统试验
	整体试运行试验
	仪器、仪表（定期校验）及管路清扫、检查
	密封件更换

3. 三峡机组调速系统机械设备检修项目

三峡机组调速系统检修主要包括压力油气罐检修、隔离阀检修、压力油泵电机单元检修、集油槽检修、主配压阀检修、事故配压阀检修、分段关闭阀检修、锁定装置检修、过速装置检修、接力器检修及其他检修等，检修项目见表3.1-4。

表3.1-4　　　三峡机组调速系统机械设备检修项目表

序　号	检　修　项　目
1. 压力油气罐	压力油气罐清扫
	压力油气罐进人门螺栓检查

序　号	检 修 项 目
1. 压力油气罐	压力油罐油位计检查
	压力罐压力表校验
	压力油气罐安全阀校验
	自动补气装置动作试验
	自动补气装置解体检查
	压力油罐测量元件连接螺栓检查
	压力油罐油位整定
	压力油气罐升压试验
2. 隔离阀	隔离阀解体检查
	隔离电磁阀解体检查
	隔离阀手动切换阀解体检查
	隔离阀手动切换阀动作试验
	隔离阀电磁阀动作试验
	隔离检修阀检查
3. 压力油泵电机单元	电机绝缘检查
	油泵切换试验
	压力油泵效率试验
	压力油泵进口过滤器检查清洗
	压力油泵出口双联过滤器检查清洗/更换
	组合阀解体检查
	加卸载电磁阀解体检查
	加卸载动作试验
	安全阀动作试验
4. 集油槽	集油槽油质化验
	集油槽清扫
	集油槽油位整定
	集油槽油位计检查
	静电滤油器检查
	冷却器解体检查
	液压系统压力表校验
	各测量元件密封检查

序　号	检　修　项　目
5. 主配压阀	各部位螺栓松动检查
	主配压阀解体检查
	开停机时间整定
	纯手动开停机动作试验
	主配检修阀检查
	手/自动切换阀动作试验
	手/自动切换阀解体检查
	自动复中式步进电位移转换装置检查
	自动复中式步进电位移转换装置行程检查
	主配自复中试验
	比例阀解体检查
	液压系统过滤器滤芯清洗/更换
	紧急停机电磁阀解体检查
	紧急停机动作试验
6. 事故配压阀	各部位螺栓松动检查
	事故配压阀解体检查
	事故停机时间整定
	事故检修阀检查
	事故配压阀精密过滤器滤芯清洗/更换
	事故停机电磁阀解体检查
	事故停机动作试验
7. 分段关闭阀	各部位螺栓松动检查
	分段关闭阀解体检查
	分段关闭时间及拐点检查及调整
	分段关闭切换阀解体检查
	分段关闭液控阀解体检查
	分段关闭阀动作试验
8. 锁定装置	接力器手/自动锁定动作试验
	锁定装置解体检查
	锁定电磁阀解体检查

序　　号	检 修 项 目
9. 过速装置	机械过速动作试验（无水）
	机械过速动作值校验
	机械过速保护装置检修
	测速钢带检查
	过速脱扣装置解体检查
10. 接力器	各部位螺栓松动检查
	接力器压紧行程测定
	接力器解体检查
	接力器耐压试验
	接力器静态漂移试验
	接力器推拉杆动密封更换
	接力器行程校验
	接力器压力表校验
	漏油箱油位计检查
	漏油箱油泵效率试验
	漏油箱油泵动作试验
	漏油箱油泵绝缘检查
11. 其他	调速系统控制油管路阀门及接头密封性检查
	调速系统管路螺栓松动检查
	调速系统管路清洗及密封更换
	调速系统防腐处理
	调速系统整体耐压试验
	调速系统整体静态耗油量试验
	调速系统动态耗油量试验
	调速系统低油压试验
	调速系统低油位试验
	调速系统故障模拟试验
	调速系统甩负荷试验
	过速系统动作试验（有水）
	橡胶密封件更换

第一章　三峡机组检修项目和流程

117

（二）电气检修项目

1. 三峡机组发电机及其辅助设备（电气部分）检修

三峡机组发电机电气部分检修主要包括定子检修、转子检修、其他设备检修、电气预防性试验等，检修项目见表3.1-5。

表 3.1-5　　三峡机组发电机及其辅助设备（电气部分）检修项目

序　号	检　修　项　目
1. 定子	发电机断引、复引
	定、转子间气隙检查
	定子绕组上下端部检查、处理
	定子绕组上下端箍及支撑环检查、处理
	定子汇流环、过桥及引出线检查、处理
	定子铁芯压紧螺杆绝缘检查
	定子铁芯检查、处理
	定子上下端部清洗
	纯水汇流环管、水支路及绝缘引水管检查
	定子纯水支路水流量测量（C修：滚动）
	槽楔及绑绳检查、处理
	槽楔重打
	定子整体清洗、喷漆
2. 转子	磁极绕组及接头检查、处理
	阻尼环及接头检查、处理
	转子引线检查、处理
	滑环装置、励磁电缆检查、处理
	碳粉吸收装置检查、处理
	碳刷组件调整及更换，滑环室清扫
	磁极接头直流电阻测量及处理
	磁极交流阻抗测量、处理
	磁极上下端部清洗
	励磁电缆断、复引
	转子大轴引线检修
	轴领绝缘监测及处理
	大轴接地碳刷检查
	转子清洗、喷漆
3. 其他设备	检查发电机中性点设备
	机坑加热器（除湿机）检查、处理
	检查局放监测系统
4. 电气预防性试验	无

2. 三峡机组发电机纯水装置检修

三峡机组发电机纯水装置检修项目见表3.1-6。

表 3.1-6 三峡机组发电机纯水装置检修项目

序　号	检　修　项　目
1	纯水供应装置清扫、检查
2	纯水膨胀水箱检查及系统补水
3	动力电源控制柜检查
4	加压泵电机及动力回路检修
5	纯水系统外段各部件清扫、检查及密封件检查处理
6	离子交换器检查
7	三通阀及其他阀门、管路密封件检查、更换
8	定子纯水水压试验
9	碱化装置检修及氢氧化钠溶剂补充
10	各类元器件检查、端子紧固
11	定值检查
12	控制软件检查、功能试验
13	热交换器开盖清扫、检查

3. 三峡机组蒸发冷却装置检修

三峡机组蒸发冷却装置检修项目见表3.1-7。

表 3.1-7 三峡机组蒸发冷却装置检修项目

序　号	检　修　项　目
1	蒸发冷却介质回收及充液
2	蒸发冷却系统泄漏检查及系统补液
3	动力/控制柜检查
4	供排液系统检修检查
5	蒸发冷却自循环装置检查
6	均压排气系统及回收装置检查
7	冷凝器供排水系统检查
8	冷凝器检查（抽样检查）
9	各类阀门检查及检修
10	各密封件检查、更换
11	监测报警装置各类传感元器件检查、端子紧固
12	冷却介质耐电压、含水量及酸度检验（每年一次）
13	蒸发冷却系统整体试验（均压排气系统试验、介质检漏试验、系统气密性试验、二次冷却水充水试验）
14	定值检查

第二节　机组检修流程

从广义上来说，机组检修流程可分为计划准备、检修实施、检修总结三个阶段。本节以三峡机组 A 级检修为背景对上述各阶段的检修工作内容进行阐述。

一、计划准备阶段

为了预防机组设备故障，通过查阅缺陷记录、安装及检修报告、设备台账、运行情况记录、结构设计等内容对机组设备状态进行分析，并结合国家规定的相关技术监督和反事故措施要求，最终确定需要检修的机组及检修项目。

检修机组及检修项目确定后，需要针对具体的项目编制检修计划图、作业指导书、施工方案、试验方案、质量控制记录（QCR）、现场作业定置管理图等技术文件，并在检修作业前对所有可能的作业人员进行安全技术交底。

电力设备检修作业应遵循"安全第一"的方针，检修单位按照国家法律法规和标准，制定机组检修相关的安全管理文件及安全文明生产要求，包括但不限于：项目工程安全管理、安全生产事故隐患排查治理、危险源辨识和风险分级管控、环境保护管理、安全生产应急管理等内容。

机组检修前，合理安排作业所需人员，并做好相关知识和技能培训，对于特种作业人员，需审核相应资质。安全工器具、测试仪器和仪表等做好校验，校验合格后方可使用。专用工器具、备品备件、材料及时采购并需验收合格。

二、检修实施阶段

进入检修实施阶段后，需要按照厂房定置图对电站厂房地面进行整体布置。首先，对检修区域铺设一层防护地胶垫，并在需要放置机组拆卸部件或检修物资的位置再垫一层竹夹板，防止地面被划伤。然后，将大型专用工具、工装等摆放至指定位置。最后，布置好安全标识牌、警示围栏以及摆放提示牌。

待机组停机后，检修正式展开。将机组检修分为拆卸、维护保养、回装三个阶段，并以上机架、转子、推力头、下机架、顶盖、主轴、转轮等大件吊装作为关键节点，机组检修流程如图 3.1-1 所示。

三、检修总结阶段

机组检修完工后，定期对机组的振动、摆度、温度等运行情况进行跟踪，及时提交检修报告、检修记录等技术文件，并将完工资料进行归档保存。

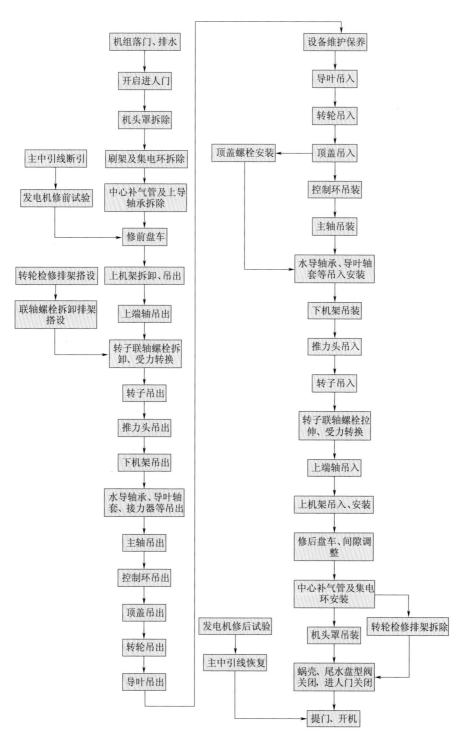

图 3.1-1 三峡机组 A 级检修流程图

机组检修完工后，还应对项目的执行情况进行总结，主要包括施工组织、质量验收、安全管控、工期进度、现场管理等方面。同时，组织人员对技术和经济指标进行评价，总结经验教训，提高设备的可靠性和检修的经济性，并实施持续改进。

第二章
机组拆卸

本章以三峡电站VGS联营体机组为例介绍水轮发电机组的拆卸流程。三峡电站水轮发电机组拆卸阶段主要包括机组停机、落门排水、修前盘车、中心补气系统拆卸、上机架拆卸、上端轴拆卸、转子拆卸、推导轴承拆卸、调速器设备及导叶操作机构拆卸、水导轴承拆卸、主轴密封拆卸、主轴拆卸、顶盖拆卸、活动导叶拆卸、转轮拆卸等工作。本章介绍机组拆卸阶段主要工序标准及要求，并以图文结合的形式简述机组拆卸的详细过程。

第一节　机组拆卸阶段检查及测量

三峡机组拆卸阶段，从机组停机开始至转轮吊出，各个工序均有相应的测量项目及要求，部分测量数据可作为检修依据及机组回装参考。对于不同工序设置不同标准质检点要求，以进行质量控制，见表3.2－1。

表 3.2－1　　　　　　机组拆卸阶段主要检测项目及要求

序号	主要工序	检测项目及要求
1	机组修前机械试验	测量紧急关机时间、锁定装置投入时间、锁定装置拔出时间、卸载时间及导叶压紧行程，确定机组分段关闭规律
2	机组修前电气试验	测量转子绝缘电阻、转子交流耐压、定子绝缘电阻、定子直流耐压、定子泄漏电流、定子交流耐压及汇流环管绝缘
3	活动导叶间隙测量	测量活动导叶立面及端面间隙，记录并分析检查结果
4	上导轴承修前测量	上导油槽油样化验检查，测量上导油雾吸收密封盒间隙、内轴承盖与轴领间隙、上导轴承中心及上导瓦间隙
5	修前盘车测量	将下导轴承中心推至机组装机或上次检修后的机组中心。测量上导、下导和水导三部轴承、转子下法兰、水发联轴法兰摆度以及镜板动态水平、定转子空气间隙、转轮上下止漏环间隙。以定子或转子磁极上定点测量转子或定子圆度
6	水导轴承修前测量	水导油槽油样化验检查，测量水导油雾吸收密封盒间隙及水导轴承中心
7	推导轴承修前测量	推导油槽油样化验检查，测量下油雾吸收密封盒间隙、下导轴承中心、修前高压油减载系统出口压力及推力瓦出油高度
8	联轴螺栓拆卸拉伸值测量	测量上端轴与转子连接螺栓、转子与发电机主轴连接螺栓、水轮机主轴与转轮连接螺栓拆卸拉伸值
9	上机架高程测量	选取基准点，测量上机架高程，作为回装时参考高程
10	发电机主轴上法兰、推力头进行高程测量	选取基准点，测量发电机主轴上法兰及推力头高程，作为回装时参考高程
11	下机架高程测量	选取基准点，测量下机架高程，作为回装时参考高程
12	主轴密封修前测量	测量工作密封水箱盖与主轴间隙及检修密封与主轴间隙，工作密封浮动试验检查
13	推力瓦检查	吊出推力瓦，按照标准对推力瓦进行检查，更换不合格推力瓦
14	镜板镜面检查	检查镜板镜面，按照要求测量镜板镜面粗糙度，测点做标记

序号	主要工序	检测项目及要求
15	转轮高程测量	选取基准点,测量转轮高程,作为回装时参考高程,测量完成后对基准点进行防护
16	发电机出口及中性点检查	检查发电机出口端子板、发电机中性点端子板、中性点 TA、连接铜排及其支撑绝缘子
17	发电机定子检查	检查定子铁芯、定子绕组、槽楔及绝缘引水管
18	发电机转子检查	检查磁极绕组及阻尼环
19	支路流量数据测量	使用流量测量装置测量支路流量

第二节 机组拆卸工艺

本节以图文结合的形式详细介绍机组拆卸整体过程,按照三峡机组实际拆卸流程介绍各主要部件拆卸工艺、方法以及注意事项,对于拆卸过程中的重点环节、关键数据将详细讲述。

一、修前盘车

修前盘车主要目的是了解机组修前运行状态,为机组回装提供参考依据。

(一)盘车介绍

该部分主要介绍三峡 VGS 联营体机组盘车方式和工具的选择、修前盘车的工艺。

盘车就是用人为的方法使机组转动部分慢慢旋转。大型水轮发电机组盘车方式主要有机械盘车和电气盘车两种。机械盘车一般采用厂房内安装的桥机为牵引力,用滑轮组作钢丝绳导向带动机组旋转。机械盘车在操作中难以自如控制机组的旋转,停点不准确,不能真实反映机组轴线状态。电气盘车方式一般为在定、转子绕组中通电,产生电磁力推动机组转动部分旋转,在机组回装后,一般只是粗调机组旋转中心,不能保证定、转子间空气间隙均匀,进行电气盘车时,空气间隙小处相较转子对侧空气间隙大处磁密度更高,吸力更大,产生单边磁拉力,增加机组轴线测量误差,且电气盘车方式安装、拆卸较为复杂,所需工期较长。

综合考虑机械、电气两种盘车方式并结合三峡电站机组自身具体情况,设计制造机械自动盘车装置,该装置主要由驱动装置、支撑装置、移动式液压装置、大轴延伸轴(连接过渡轴)以及控制系统 5 个部分组成。支撑装置通过螺栓固定在机组上机架,大轴延伸轴下端法兰与大轴通过螺栓固定连接,上端法兰圆周均布 6 个止口槽，与驱动装置中 6 个万向驱动杆活动接触；移动式液压装置通过 3 根高压软管（两端压接快速接头）集中提供 3 套液压马达减速装置动力源，3 套小齿轮与大齿轮同步啮合传动，由 6 套万向驱动杆与大轴延伸轴 6 个止口逐个接触并持续提供切向力矩，再由大轴延伸轴旋转，从而带动大轴旋转，通过 PLC 控制系统完成机组自动盘车工作，如图 3.2－1 所示。

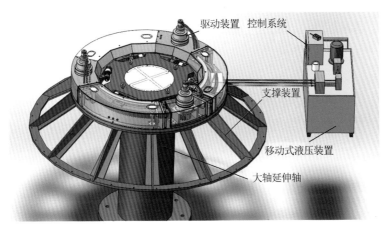

图 3.2－1　自动盘车装置

该盘车装置采用液压马达为动力驱动机组转动部分旋转，有效解决了传统机械盘车难以精确控制机组旋转、停点不准确的缺点。

（二）修前盘车的准备工作

（1）以＋Y（上游）方向为起点，按照逆时针方向将转子分为 8 等分并编号，作为盘车数据记录点。

（2）检查高压减载装置动作正常，高压油喷油过程中各块瓦出油正常。

（3）对称抱紧 8 块下导瓦。

（4）检查机组固定部分与转动部分的间隙，间隙内应无异物。空气间隙可用白布条进行检查，水轮机转轮下止漏环与固定止漏环之间用塞尺进行检查。

（5）在上导、水导、下导、转子下法兰、集电环、大轴中心补气管等处＋X、＋Y 方向各架设一块百分表测量各个部位摆度，如图 3.2－2 所示，百分表架设表面应光滑平整，同一部位两块百分表架设高度应一致且表架有足够的刚度并固定牢靠，百分表测杆应紧贴被测部件并与之垂直。其中架设集电环摆度监测百分表时要注意，由于集电环表面有螺旋纹路，可在百分表头部加装铜皮或塞尺，确保在百分表头与集电环表面之间为面接触。测量之前百分表应回零。

（6）在转子上方＋Y 和＋X 方位各架设一块合相水平仪，用于测量镜板的动态水平，两块合相水平仪互为备用，用于校核数据有效性。

(a)　　　　　　　　　(b)　　　　　　　　　(c)

图 3.2-2　水导、下导、上导架设百分表测量摆度

(a) 水导摆度测量；(b) 下导摆度测量；(c) 上导摆度测量

(三) 盘车数据测量

(1) 将机组下导轴承推至原始安装中心或上次检修后的中心。

(2) 将转子 1 号或 80 号磁极旋转至 +Y 方向作为 0°（起始位置）。

(3) 投入高压油减载装置，在统一指挥下，用机械动力进行盘车使转动部件按机组运转方向（顺时针）慢慢旋转，每转动 45° 时停一次，关闭高压油减载装置，待百分表读数稳定后将数据记录于表 3.2-2 中。如此逐点测出一圈 8 组读数，每次盘车转动部分需旋转一整圈即 360°，盘车完成后检查所有数据是否回到起始值。盘车过程中，下导摆度在 0.07mm 以内，认为盘车数据有效，如超过标准，则需要重新抱紧下导瓦，按照上述步骤重新进行盘车。

(4) 根据转子下法兰、下导、上导、水导、集电环及补气管摆度测量记录分别计算转子、上导、水导相对下导 X、Y 方位偏心值、摆度及方位角，见表 3.2-2。

(5) 空气间隙及转轮上下止漏环间隙测量。在 0°（360°）和 180° 分别测量定转子上下端部空气间隙及转轮上下止漏环间隙。

表 3.2-2　　　　　　　盘车摆度测量记录　(0.01mm)

测量部位		水导读数		转子下法兰		下导读数		上导读数		集电环		补气管	
点号		X表	Y表	X表	Y表	X表	Y表	X表	Y表	X表	Y表	X表	Y表
第一圈	1												
	2												
	⋮	⋮	⋮	⋮	⋮	⋮	⋮	⋮	⋮	⋮	⋮	⋮	⋮
	8												
	回零												

测量部位	水导读数		转子下法兰		下导读数		上导读数		集电环		补气管	
点号	X表	Y表	X表	Y表	X表	Y表	X表	Y表	X表	Y表	X表	Y表
第二圈 1												
2												
⋮	⋮	⋮	⋮	⋮	⋮	⋮	⋮	⋮	⋮	⋮	⋮	⋮
8												
回零												

（四）盘车法测量定、转子圆度

机组在非 A 修状态下可采用盘车法测量定、转子修前圆度，为下一步检修提供决策依据。

（1）盘车法定子圆度测量。在转子上固定一个磁极旋转至＋Y 方向作为 0°（起始位置），通过盘车方式测量该磁极相对定子不同方位的空气间隙，通过换算得出定子铁芯圆度，同时考虑下导摆度，作为定子圆度参考数据。空气间隙测量测点位置如下：上部测点为距磁极上端 300mm 处中心部位，下部测点为距磁极下端 300mm 处中心部位。

（2）盘车法转子圆度测量。以定子＋Y 方位上、下两端 300mm 处为两处基准测点，通过盘车方式测量不同磁极与定子两处基准测点的空气间隙值，通过换算得出转子圆度数据，仅作为转子圆度参考数据，转子圆度测量一般在机坑外使用测圆架测量。

二、发电机出口及中性点软连接拆除

断引前，软连接的相对位置和方向做好标记，并做好记录。松开软连接紧固螺栓，取下软连接，紧固螺栓穿成套，以便统计和存放。软连接和紧固螺栓放置在指定位置，集中存放。

检查发电机出口端子板，如图 3.2－3 所示。端子板应无开焊，接触面镀银层无脱落，无损伤，无过热现象。对检查结果进行记录。

检查发电机中性点端子板、中性点 TA、连接铜排及其支撑绝缘子。端子板应无开焊，接触面镀银层无脱落，无损伤，无过热现象；中性点 TA 外壳无裂纹或破损，连接线和端子无断线；连接铜排无过热，无断裂，支撑绝缘子固定牢固，无破损，无裂纹。对检查结果进行记录，如图 3.2－4 所示。

检查并清洗（无水乙醇）软连接和螺栓、垫片、螺帽；清点数量，对于出现损伤的软连接以及不能使用的螺栓、垫片、螺帽进行处理或更换。

图 3.2-3　发电机出口软连接拆除后端子板检查

图 3.2-4　发电机中性点软连接拆除后检查

三、主轴中心补气系统拆卸

该部分主要介绍主轴中心补气管拆卸吊出、补气阀拆卸吊出、补气阀进气管及排水管拆卸吊出等。

机头罩吊出后，拆卸中心补气阀进气管与补气阀罩及机坑相连的进气管及排水管，管口用白布或塑料薄膜包扎，避免异物进入。拆卸补气阀罩端盖的紧固螺栓，吊出补气阀端盖。测量垫环与补气阀之间的间隙，作为检修及回装时参考。拆卸压环、垫环，拆卸补气阀上的紧固螺栓，吊出补气阀。拆卸上段补气管与上端轴之间的把合螺栓，吊出上段补气管。转子吊出后拆卸中段补气管法兰与支撑架间的把合螺栓，吊出中段补气管。拆卸下段延伸段补气管，从锥管门处转移出转轮室。拆卸密封盖，放入转轮泄水锥内，做好方位记录，便于回装。如图3.2-5所示。

图3.2-5　中心补气管吊出

四、滑环装置拆卸

（1）测量滑环装置整体对地绝缘（500V摇表），绝缘电阻值应该不低于0.5MΩ，并记录测量值。

（2）对碳刷组件标记编号，退出所有的碳刷组件，用擦机布包裹，放置到指定位置。

（3）励磁电缆与励磁铜排标记后，拆除励磁电缆与励磁铜排，使用毛巾头进行防护。

（4）分别测量励磁电缆、刷架、集电环对地绝缘，并记录测量值，测量结束后，用毛毡包裹集电环环面，如图 3.2-6 所示。

图 3.2-6　刷架起吊

（5）用干净白布或擦机布清洁滑环接触面，用酒精、白布、擦机布清洗其他各部件，拆卸部件妥善保管并做好标识。在拆卸过程中防止螺栓遗失在发电机内。

（6）待机头罩拆除后，拆除碳粉吸收装置风机动力电缆，并测量风机绕组对地绝缘，并记录测量值；拆除碳粉吸收装置风机柜体。

（7）刷架吊放到指定区域，并用塑料布包裹好，起吊过程不应损伤集电环，如图 3.2-7 所示。

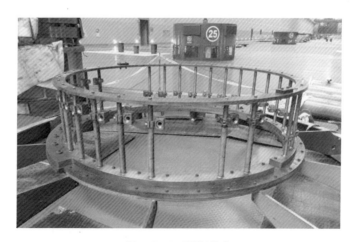

图 3.2-7　刷架检查

（8）拆除滑环碳粉吸收装置管路在上机架与风洞墙壁间的连接管并妥善保存。

（9）将集电环整体吊出放到指定位置，吊装时应使用软吊带，集电环表面用毛毡进行防护，以免刮伤，如图3.2-8所示。

图3.2-8　集电环拆除

（10）用塑料薄膜或油布将整个上端轴包裹并在薄膜里面放置变色硅胶，定期检查硅胶、必要时更换硅胶；同时定期监测轴领绝缘，跟踪绝缘变化情况，如出现绝缘大幅降低情况，应及时进行干燥处理。

（11）检查集电环环面与绝缘件、刷架、励磁电缆、碳刷及其组件、转子引线，并对上述部件进行清扫、缺陷处理、检测以及防护。

五、上机架及上导轴承拆卸

该部分主要介绍机头罩和上机架盖板拆卸吊出、上导轴承拆卸吊出、上机架固定螺栓及销钉拆卸、转子上挡风板拆卸以及上机架起吊方案等。

（一）机头罩和上机架盖板拆卸吊出

拆卸上机架盖板间的成形橡皮密封条，对上机架盖板进行编号并检查相邻盖板之间间隙，作为回装时盖板间隙调整依据。拆卸盖板螺塞、螺栓，解除盖板间连接地线，拆卸盖板螺塞及上机架盖板定位螺栓，检查确保无其他连接件后吊出盖板，并挂上安全网，做好现场安全防护。做好机头罩与上机架定位标记，拆卸地脚螺栓及锥销，拆卸机头罩内部连接附件，吊出机头罩，如图 3.2－9 所示，机头罩放置时需对上导粉尘收集装置进行支撑，防止收集装置变形。

图 3.2－9　机头罩起吊

（二）上导轴承拆卸吊出

拆卸并吊出上导粉尘吸收装置电机等设备，拆卸分解上导油冷器供排水管、水管保温层，如图 3.2－10 所示，加排油管及油雾吸收管路。测量上导密封盖与轴领间隙，拆卸上导油槽密封盖，测量下密封环与上端轴间隙，拆卸下密封环，测量上导瓦与轴领间隙，吊出上导瓦。

上机架内部管路、电缆拆卸：拆卸上导轴承加排油管、主轴补气管及排水管、上导油冷器供排水管、上挡风板、电气设备及接线等附属部件，各管路管口应用塑料薄膜包扎，防止进入异物。

（三）上机架拆卸

在上机架中心体处均匀对称取 4 个点，测量上机架高程和水平，作为回装的参考依据。做好转子上挡风板相对位置标记，检查测量转子上挡风板与转动部分间隙，检查完毕后，拆卸转子上挡风板。修前盘车结束后，拆卸上机架地

图 3.2 - 10　冷却水管拆卸

脚螺栓、销套、方键压板、方键。方键拆卸前，做好相对位置标记，便于回装，如图 3.2 - 11 所示。

（a）

（b）

图 3.2 - 11　上机架方键拆卸

（a）上机架方键支撑结构；（b）上机架方键拆卸

（四）上机架起吊方案优化

因 VGS 联营体机组上导轴承内挡油筒与上机架中心体为不可拆卸结构，

如单独起吊上机架，必须将上导滑转子拔出。滑转子采用热套的工艺安装在上端轴，需加热才能将上导滑转子拔出，反复加热易导致滑转子内部绝缘损坏，绝缘一旦损坏，只能返厂修复，为避免此类事情发生，将上机架与上端轴一起起吊。

（五）上机架吊出前应具备条件

（1）发电机上盖板编好号并已拆除。

（2）机头罩及滑环架吊出。

（3）励磁滑环及集电环已拆除并吊出。

（4）上导瓦已吊出，上端轴已拆卸。

（5）上机架内各种油管、水管及各种引线、电缆全部拆除并捆绑固定好。

（6）上机架支臂方键、地脚螺栓、上挡风板已拆除。

（六）上机架吊出

安装上机架起吊所用吊带或钢丝绳，将上端轴与上机架整体吊出，放置在指定位置的专用支墩上，支墩要有足够的高度，以防固定上挡风板的环形支架接触地面。上机架在起吊时，各支腿处及上端轴处应严密监视，如图 3.2 - 12 所示。

图 3.2 - 12　上机架及上端轴整体吊出

六、上端轴拆卸

转子引线布置在上端轴内，为确保集电环、上端轴的吊出，需在吊上端轴前，将上端轴段转子引线拆除。对转子引线位置信息进行标记，并断开转子引线（上端轴段）两端电气连接点，电气连接部位包裹擦机布，做好防护措施，测量转子引线对地绝缘，并记录。

拆除转子引线紧固螺栓前应使用桥机吊挂，拆除转子引线固定环氧块与螺栓，吊出转子引线（上端轴段），放置到指定位置，起吊过程不应损伤转子引线绝缘，如图 3.2-13 所示。

图 3.2-13　转子引线（上端轴段）拆卸

检查转子引线绝缘是否破损，接触面是否过热或损伤，并对其进行清扫和防护，如绝缘和接触面存在异常，需进行处理。

标记并拆卸上端轴与转子连接定位销钉挡板。检查上端轴与转子联轴螺栓下端螺母锁定装置是否完好，并拆卸上端轴与转子联轴螺母上端止动板。标记上端轴联轴螺母及螺栓，便于原位回装，用拉伸器松动并取出上端轴联轴螺母，拆卸时测量各螺栓拉伸值，与上次螺栓安装时数据进行对比分析，保留联轴螺栓用于转子起吊。安装上端轴吊具，吊出上端轴后，用防锈油脂涂抹上端轴、转子法兰面及螺孔，并在法兰表面贴防锈纸。

七、转子拆卸

该部分主要介绍转子与下端轴联轴螺栓拆卸、受力转换、转子安放场地准备、转子起吊吊具安装、转子起吊的安全措施、转子起吊条件及转子吊出等。

（一）受力转换

保留互为 90°的 4 颗联轴螺栓，用拉伸器松动并取出其余联轴螺栓。待其余螺栓拆卸后，用拉伸器同步拉伸四颗联轴螺栓，进行受力转换，将机组主轴以下部件的重量转移到底环基础上。受力转换完毕后，确保主轴上法兰面与转子下法兰脱开不小于 12mm 间隙，然后拆卸最后 4 颗联轴螺栓。拆卸转子与推力头连接螺栓，用制动器顶升转子，使转子和推力头法兰面分离不小于 2mm 间隙。

（二）吊具安装

转子上方孔洞铺设盖板，利用原上端轴法兰面及螺栓安装假轴，由于转子重量较大，转子起吊时采用两台桥机并车作业，安装转子起吊用平衡梁，平衡梁安装方向应与厂房保持平行，转子起吊时，厂房内其余桥机应停止作业，避免影响转子起吊。

（三）转子起吊安全措施

（1）对专用吊具仔细检查并消除缺陷，专用吊具应装配正确并经检查验收合格。

（2）起吊前对桥机各部位进行仔细检查调整，确保桥机性能可靠。

（3）吊装全过程桥机抱闸、起升行星包、减速箱等部位应派专人监护，并案要求做好应急措施。

（4）桥机司机及起重指挥均由具有丰富起吊大件经验的人员担任。

（5）桥机运行时在同一时间只允许一个桥机操作。

（6）起吊期间安排专人对桥机供电电源进行监护，确保供电可靠。

（7）吊装期间不得进行大用电负荷作业。

（四）转子吊出前应具备条件

（1）转子安放支墩的水平调整合格。

（2）桥机平衡梁检查合格，水平调整已在规定范围内。

（3）上机架、上挡风板、上端轴以及消防水管已吊出。

（4）转子与定子间空气间隙测量完毕，检查空气间隙内无杂物。

（5）与转子连接各部件，已做好相对位置标记，并脱开。

（6）为了避免转子与定子碰撞，用木条均布转子与定子间隙之间，由专人负责监视转子起吊以免碰撞，如图 3.2－14 所示。

（7）转子吊出前，在定子上端用塑料薄膜进行防护并做好其他安全保护措施。

（8）检查转子各部已无障碍或杂物。

（9）机组、桥机等现场工作岗位的人员已就位，起吊组织机构明确、通信畅通。

图 3.2-14　转子吊出防护

（10）安装场内一切无关部件应清理出场，保证起吊通道畅通。

（11）安装场内严禁堆放易燃物品，准备必要的消防器材。

（五）转子吊出程序

（1）起吊转子时用两台桥机并车，两台桥机间挂平衡梁，吊具装配应正确，并进行仔细检查。

（2）起吊前的静载荷试吊，转子提升10mm停留10min，做桥机静荷试验，并测量桥机大梁的挠度。

（3）起吊前的动载荷试吊及制动试验，转子升降二次，每次转子提升20mm后，再下落10mm，主钩制动，测量桥机主梁挠度值满足要求。

（4）转子起吊时，为防止转子与定子相碰，在磁极与铁芯之间均匀布置不少于16根专用插条，并上下移动插条。在转子起吊过程中，当插条被卡住后，调整转子位置，直到转子吊出。布置插条时应避开安装在定子铁芯表面的气隙监测装置，以免损伤设备。

（5）转子起吊高度必须超过机组最高点200mm，行车时必须按指定路线，匀速吊至安装场，中途不得停顿，如图3.2-15所示。

（6）转子在安装场下落，平稳放在支墩前，清扫转子中心体下部结合面及螺栓孔、销钉孔，并在结合面涂抹防锈油，将转子平稳落在转子支墩上；经全面检查，直到支墩均匀受力，确认安放稳定后方可卸钩。

八、推导轴承拆卸

该部分主要介绍下导轴承部分拆卸、推力头镜板拆卸吊出分解及推力轴承

图 3.2-15　转子吊出

其余部分拆卸吊出等。

（一）下导轴承拆卸吊出

油槽排油，拆卸油雾吸收装置管路、传感器，油槽密封环，油槽密封盖，下导挡油板、周向隔板、RTD 等附属部件。松开下导抗重螺栓，吊出下导瓦，瓦面朝上平放在羊毛毡上，并用浸透了透平油的防锈纸对下导瓦进行防护。

（二）推力头镜板拆卸吊出

测量推力头与内挡油筒间隙，安装镜板与推力头吊具，吊前测量推力头水平，吊出推力头与镜板，镜板底面必须超过机组最高点 200mm，行车时必须按指定路线，匀速吊至安放场。没有异常情况，中途不得停顿，吊至安装场后，分解推力头镜板，对推力头及镜板进行外观检查并记录缺陷情况，仔细确认镜板表面有无锈蚀、裂纹、气孔、夹杂、划痕等缺陷，待后续进行处理。检查完成后，在镜板面与推力头工作面涂抹倍力润滑脂，并用绸布覆盖，再用白布覆盖。

（三）推力轴承其余部件拆卸吊出

推力头镜板吊出后，进行出油试验，测量并记录修前推力瓦挂钩间隙，拆卸高压油减载支管、推力瓦温 RTD 等推力瓦附属部件，吊出推力瓦，如图 3.2-16 和图 3.2-17 所示。

图 3.2-16　推力头镜板吊出

图 3.2-17　出油试验

九、下机架拆卸和吊出

该部分主要介绍下机架地脚螺栓及销钉拆卸、机架内管路等附属设备的拆卸、起吊前准备、下机架起吊等。

(一) 下机架拆卸

测量下机架水平、高程，测点位置选择推导油槽盖板安装法兰面，测量下机架顶丝与机架支臂间隙，作为回装参照数据。做下机架支臂调整键、顶丝相对位置标记，便于回装。下机架支臂基础上焊接监测圆钢，如图 3.2-18 所示，监测下机架拆卸前与回装后相对位移。拆卸推导联合轴承测量元件引线、高压油减载系统和及水车室照明灯电源线，分解粉尘和油雾收集系统管道，拆卸下机架地脚销钉及螺栓，并统一编号收集便于原位回装。拆卸水车室环吊装置并做止动措施，避免起吊时环吊滑动。

图 3.2-18　监测圆钢焊接

（二）下机架吊出

下机架安放场摆设支墩，保证每个支臂下均有支墩支撑，支墩高度选择应不低于支墩支撑面至环吊下部距离，避免环吊触碰地面。对下机架吊攀进行无损检测，不合格需重新加工焊接吊攀，安装下机架起吊专用工具或吊带，起吊前检查下机架各部件有无与其他机组部件连接，检查合格后，起吊下机架，各支臂及大轴与下机架间隙处设专人监视，避免机架与发电机主轴相碰，如图3.2-19所示。

图 3.2-19　下机架吊出

十、主轴拆卸和吊出

目前左、右岸电站水发联轴均采取整体起吊的方式，地下电站由于厂房桥机高限制，不能将水发联轴整体吊出，需分段吊出。如厂房条件允许，不分解发电机轴与水轮机轴的连接螺栓，减少回装阶段的调整量。该部分主要介绍主轴与转轮联轴螺栓拆卸及主轴吊出。

（一）主轴拆卸

采用槽钢与木板在上冠锥形体内搭设检修小平台，平台总荷载不低于2t，木板的厚度不小于40mm，进入方口的尺寸为650mm左右，平台到上冠法兰面的距离不低于1.5m。做好联轴螺栓、螺母及螺栓保护套标记，便于原位回装。拆卸联轴螺栓保护套，螺栓拆卸方式为倒置拆卸，用简易工装安装拉伸器，松动并拆卸联轴螺母，测量并记录螺栓拉伸值，与上次螺栓安装拉伸值进行对比分析，如图 3.2 - 20 所示。

图 3.2 - 20　联轴螺栓拆卸

（二）主轴吊出

主轴安放场布置四个专用支墩，测量并调整支墩高程，保证支墩均处于同一平面。安装主轴专用吊具，起吊主轴，如由于吸力桥机无法直接将主轴吊出，则在转轮上焊接支点，采用千斤顶配合起吊。主轴吊出后，竖直摆放至支墩安装场，如图 3.2 - 21 所示。

十一、水导轴承拆卸

该部分主要介绍水导轴承油槽盖、管路、水导瓦、瓦间隙调整装置、托环、迷宫环及下油箱等部件的拆卸等。

机组停机后，油槽排油，测量各转动部件与固定部件间隙，做回装参考。做好水导轴承护栏、水导油槽盖、油冷器及水导油槽外管路、线路的标记。拆卸分解护栏、水导油槽盖、管路及油冷器，管路接口用塑料薄膜进行包扎，避免异物进入，拆卸部件均放置于顶盖内，等待下机架吊出后吊出机坑。拆卸水导内挡油桶处丝堵，修前盘车结束前将内挡油桶丝堵孔与轴领内螺栓孔对齐，用螺栓将内挡油桶固定在轴领上。

修前盘车完成后，拆除并吊出进油管、挡油板、止推块、水导瓦、楔子

图 3.2-21　主轴起吊

板，水导瓦放置在羊毛毡上，瓦面、轴领表面、止推块及楔子板表面涂抹防锈油，贴防锈纸，如图 3.2-22 所示。测量并记录水导迷宫环与轴领间隙，作为回装参考。做好水导迷宫环和托环标记，拆卸取出迷宫环、整体起吊托环，提升至高于油槽盖平面后架木方进行分解，放置于顶盖内，等待下机架吊出后吊至厂房大厅，如图 3.2-23 所示。拆卸顶盖侧压板、内挡油桶与下油箱连接螺栓，将下油箱落至水封部件上进行分解。

图 3.2 - 22　水导瓦吊出　　　　图 3.2 - 23　托环吊出

十二、主轴密封拆卸

该部分主要介绍工作密封和检修密封两种密封拆卸。主轴密封各部件拆卸前均需做好相对位置标记，测量并记录转动部件与固定部件间隙，便于原位回装。

机组停机后，做好水箱盖板及各管路的标记，测量并记录水箱盖板与主轴间隙，做回装参考。拆卸水箱盖板，进行水封充水浮动试验，测量并记录浮动环浮动量，做回装参考，如图 3.2 - 24 所示。拆卸自流排水管、水箱内外侧供水环管及支管、空气围带供气管路，管口均用塑料薄膜进行包扎，避免异物进入。拆卸并分解水箱，拆卸导向环及浮动环，吊出后进行分解，如图 3.2 - 25 所示。

图 3.2 - 24　主轴密封充水试验　　　　图 3.2 - 25　支撑环拆卸

修前盘车结束后，测量并记录空气围带与主轴间隙，检修密封盖、检修密封座为整圆结构，随顶盖吊出后再拆卸分解。

十三、导水机构拆卸

该部分主要介绍导叶操作机构、顶盖及导叶的拆卸吊出。机组停机后，测量并记录导叶全关状态下立面间隙，调整导叶开度测量并记录导叶进、出水边的上、下端面间隙。

（一）导叶操作机构拆卸吊出

调速系统撤压后，做好水车室滑铁板各部件及导叶操作机构各部件编号和位置标记，拆卸并吊出滑铁板、滑铁板龙骨、梯子。拆卸并吊出活动导叶提升螺栓、端盖板、上连板盖板、偏心销，拔出主副拐臂，测量并记录止推环与止推瓦轴向间隙，作为回装时参考，如图3.2－26所示。拆卸止推环、中部自润滑轴承密封压板并取出中部轴承上端面组合密封，测量并记录上、中部轴承与导叶轴径向间隙，作为检修参考。做好控制环位置标记，测量并记录控制环与顶盖间隙，拆卸控制环地脚螺栓，吊出控制环，如图3.2－27所示。

图3.2－26 拐臂拆卸

（二）顶盖及导叶拆卸吊出

做好顶盖及平压管的位置标记，拆卸顶盖与机坑相连的平压管、顶盖地脚销钉及螺栓，借助顶丝将顶盖顶起1～5mm，起吊顶盖，对称方向监视顶盖起升高度及桥机起重重量。当发生卡涩或者倾斜时，用调平工装配合千斤顶调平，调平后继续起吊至顶盖与座环法兰面有一定距离后，在顶盖与座环法兰面

图 3.2-27　控制环吊出

之间对称 4 个方向架设千斤顶，通过不断加垫的方式辅助将顶盖中轴套与导叶中轴颈 380mm 的距离全部脱开，各导叶均需监视。为避免出现与顶盖一起起升的情况，则需将导叶顶至原位后方可继续起吊顶盖，如图 3.2-28 所示。安装导叶专用吊具，逐个将导叶吊出并进行翻身，放置在规定位置，如图 3.2-29所示。

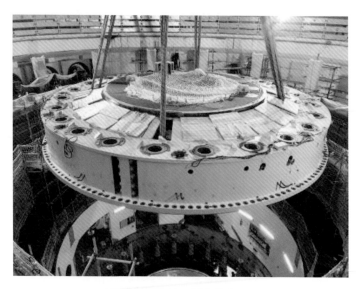

图 3.2-28　顶盖吊出

图 3.2－29　导叶吊出

十四、转轮拆卸

该部分主要介绍转轮中心和水平调整及转轮吊出。

（一）转轮中心和水平调整

机组转动部分受力转换前，根据转轮下端面与基础环之间约 25mm 的距离，结合受力转换时主轴法兰与转子法兰不小于 12mm 的脱开距离，确定楔子板的具体尺寸，一般选用比例为 1∶50 的楔子板。在转轮下环与基础环之间插入 8 对铜楔子板，成圆周方向均布，楔子板相互搭接长度不少于楔子板总长的 2/3，搭接厚度基本一致。受力转换过程中，在转轮止漏环与底环之间楔入铜楔子，标记好楔子板高度及方位，打紧在转轮下环与基础环之间楔入 8 对铜楔子板，作为转轮回装参考标准，如图 3.2－30 所示。

（二）转轮吊出

主轴及顶盖吊出后，进行修前转轮标高测量。在顶盖与座环的法兰面选取基准点，在转轮与主轴连接法兰面处对称选取 4 个点，测量 4 个点与基准点高差为转轮修前高程，记录该数据作为转轮回装时参考依据。准备 4 个支墩，参考转轮尺寸均匀布置于安放场，安装转轮专用吊具，吊具法兰面应与转轮法兰面平行，旋紧吊具螺栓，将转轮吊出机坑并放置于指定位置的支墩上面。转轮吊出后对转轮进行外观检查，记录检查结果作为转轮检修时参考，如图 3.2－31所示。

图 3.2-30　下止漏环铜楔子板

图 3.2-31　转轮吊出

第三章

水轮机检修

三峡电站水轮机型式为立轴混流式，结构紧凑，运行可靠，效率高，能适应较宽的水头范围。水轮机检修主要包括转轮检修、主轴检修、补气系统检修、主轴密封检修、水导轴承检修、导水机构检修、过流部件检修等。

第一节 转 轮 检 修

转轮是水轮机的核心部件，其性能的好坏直接决定机组的安全稳定运行。三峡电站机组转轮均为不锈钢铸焊结构，全部采用抗空蚀、抗磨损并具有良好焊接性能的不锈钢材料制造，主要由上冠、叶片、下环、转轮止漏环等部分组成。转轮检修包括转轮外观磨蚀检查、转轮叶片焊缝探伤检查以及缺陷处理、转轮止漏环检查、间隙测量以及缺陷处理，转轮与主轴结合面检查处理，转轮配重块检查处理等。

一、转轮检修

三峡电站机组转轮检查主要是通过目测的方法对转轮叶片进行整体外观检查，通过 PT 探伤的方式对转轮叶片焊缝进行全面检查。检查过程中如果发现裂纹、空蚀、撞击性凹坑、气孔、夹渣、砂眼、磨蚀等缺陷，通常采用打磨补焊的方式进行处理。

(一) 焊材选型

三峡电站转轮母材材质为 ZG0Cr13Ni4Mo。根据焊材材料等成分原则，选用焊接材料型号为 0Cr13Ni4MoRe，选用规格型号为 $\phi1.2mm$、$\phi2.5mm$ 的焊丝或者 $\phi2.5mm$、$\phi3.2mm$ 的焊条，焊条使用前在 250℃ 温度下烘烤 4h 以上，烘干后存于保温桶内。

(二) 工艺流程

三峡电站机组经过多年转轮缺陷处理和经验积累，已形成标准的转轮缺陷处理工艺流程，如图 3.3－1 所示。

(三) 缺陷清除

首先需要对缺陷区域周围的油、漆、水、氧化物等清理干净，再进行缺陷清除。三峡电站机组转轮缺陷清除通常根据缺陷程度采用手工磨削和碳弧气刨两种方式进行。对于范围较小的气孔、磨蚀、浅表性裂纹等缺陷采用手工磨削的方式，对于深度、范围较大的贯穿性裂纹等缺陷多采用碳弧气刨方式处理。

在缺陷清除过程中，要不断进行打磨、抛光、PT 探伤，直到缺陷彻底消失为止。坡口形式遵守焊接工艺的一般要求，坡口修磨工作在焊接预热前完成，表面尽量形成 V 形或 U 形坡口，光滑平整，露出金属基体光泽，PT 探伤合格后才能进行焊接修复。

对于贯穿性裂纹，需在裂纹两端各刨 1 个直径 5mm 的止裂孔，孔深比裂纹深度大 2mm。对于两条裂纹间距不超过 30mm 的，应将两条裂纹打磨成一

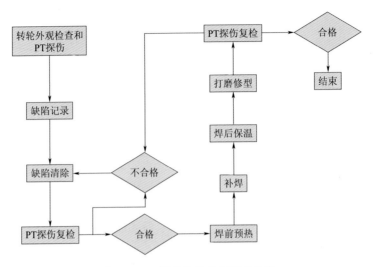

图 3.3-1　转轮缺陷处理工艺流程

条坡口，以便彻底清除裂纹源和受损的材料组织，如图 3.3-2 所示。

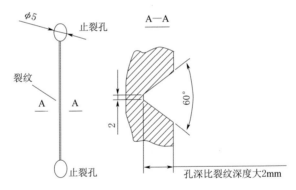

图 3.3-2　止裂孔示意图（单位：mm）

（四）焊前预热和焊后保温

焊前预热和焊后保温是保证焊接质量的重要手段。在缺陷清除后，通常使用乙炔焰或履带式加热板对缺陷区域进行局部预热和焊后保温。对于浅表性裂纹或者范围、深度较小的缺陷，一般采用乙炔焰进行局部预热，对于贯穿性裂纹或者范围较大的缺陷一般采用履带式加热板对补焊区域进行预热，如图 3.3-3 所示。

在焊接区域及相邻约 150mm 范围内的母材预热至 100～120℃，在加热过程中，使用红外线测温仪进行温度监视，预热区域必须均匀升温。完成预热后，方可进行焊接修复，焊接过程控制层间温度 100～180℃，焊接完毕后对施焊区域进行保温 2h 以上。

（五）堆焊工艺

焊接时，焊接速度应尽量快，焊层要尽量薄，每一层不超过 3mm，以减少焊缝的热裂纹。焊接结束或中断时，收弧要慢，填满弧坑，防止火口裂纹，且不得在叶片上引弧，应在焊道上引弧。焊接过程中，焊条不宜横向摆动，一次焊成的焊道不宜过宽，一般不超过焊条直径的两倍，第二道焊波应压第一道焊波宽度的 2/3 或 1/2。

图 3.3-3　焊前预热及焊后保温

对较深的焊缝用 ϕ3.2mm 不锈钢焊条打底，ϕ4.0mm 不锈钢焊条填充。焊接过程中每焊完一根焊条必须用气动针凿对焊缝进行捶击，以消除焊接产生的应力以及去除焊渣，多层焊道的层间表面应该进行检查，层间表面、焊道与坡口结合部及坡口表面应干净、无裂纹、夹杂、气孔等缺陷，大面积堆焊时，为了使转轮均匀受热和减少热变形，采用对称分块跳步法进行堆焊，最后采用 ϕ2.5mm 不锈钢焊丝 0Cr13Ni4MoRe 手工氩弧焊覆面，可以减少补焊区的应力集中及改善焊缝的金相组织，特别是焊缝与基材过渡区的热影响，防止再次产生裂纹，焊接完时要保留 2～4mm 的打磨余量。焊接之后，使用履带式加热板对堆焊区域进行保温，保温温度 150～200℃，保温 2h 以上再断电源。

（六）打磨修型

焊后保温工作结束，焊接区域自然冷却，对缺陷区域进行打磨修型，焊缝打磨过程中，要确保转轮表面在此处平滑过渡，避免过度及过少打磨，缺陷区域表面粗糙度满足图纸要求 Ra3.2μm 或更好。难以使用角磨机打磨的区域，用刻磨机打磨。打磨完毕后，把履带式加热板加热时的焊点抛光、平滑过渡。用型线模板检验处理部位与原型线相同，力求完全接近。抛光后，PT 探伤再次对缺陷区域进行复检。

二、转轮止漏环检修

三峡电站机组转轮上冠、下环处设有不锈钢止漏环，均采用热套过盈配合方式与转轮连接，止漏环结构形式为间隙平板型，止漏环材质与转轮材质相同。止漏环在长期运行情况下，可能造成止漏环磨损，在机组大修过程中，对止漏环进行检查处理。

机组检修过程中，转轮吊出前，对止漏环进行检查，即在顶盖止漏环间隙测量孔固定一测点，随机组盘车测量止漏环与顶盖间隙，通过止漏环间隙变化趋势判断止漏环的磨损情况。

转轮吊出后，检查止漏环表面光洁情况，去除表面高点并清扫干净。对于局部出现啃边、空蚀等现象进行补焊修复处理，预留 2～3mm 加工量进行打磨抛光，完成后清扫干净。

三、典型案例分析

（一）止漏环更换

当止漏环出现严重磨损、开裂甚至脱落等现象而无法继续使用时，需要对止漏环进行更换。三峡电站机组止漏环属超大直径薄壁环型件，最大外径超过 10m，刚性差，在加工、起吊、热套过程中容易产生变形，更换难度大。

1. 转轮止漏环热套加热

转轮止漏环热套加热方式采用的是远红外加热板的方式进行，将电加热板固定在止漏环的外缘，按照计算确定的温度对止漏环进行加热，如图 3.3-4 所示。

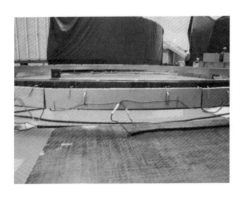 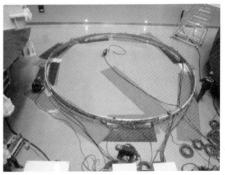

（a）　　　　　　　　　　　（b）

图 3.3-4　止漏环热套加热

（a）止漏环加热装置；（b）止漏环整体加热

根据止漏环的配合紧量，并考虑止漏环的变形量，预设加热后止漏环与转轮本体单边间隙为 $0.1\% \phi_1$，根据线性热膨胀公式可计算出转轮止漏环加热温度。

线性热膨胀公式为 $\delta = \phi_1 \alpha (t - t_1)$，计算可得止漏环加热温度为

$$t = \frac{\delta}{\phi_1 \alpha} + t_1$$

式中　α——线膨胀系数，取 1×10^{-5}；

ϕ_1——止漏环内径；

δ——热膨胀量；

t——止漏环加热温度；

t_1——室温，取 20℃。

2. 止漏环安装调整

（1）由于转轮止漏环是超大型薄壁圆环，为降低止漏环吊装时变形，保证止漏环热套时水平。在止漏环更换过程中，采用止漏环专用起吊平衡梁，如图3.3-5所示，保证止漏环吊装安全平稳。

图 3.3-5 止漏环起吊平衡梁

（2）止漏环套装时，采取在上平面加定位块的方式定位，在止漏环加热前在上端面对称方向焊接四个定位挂板，通过挂板将止漏环挂在转轮上，挂板下方加设垫片，以保证止漏环上端面到转轮端面精加工面的高度；在转轮本体上布置 4 个止漏环调整板，待转动止漏环安装和自然冷却的过程中通过锤击止漏环凸起部分、把紧螺杆下压止漏环等方式调整上转动止漏环与转轮的相对位置，如图 3.3-6 所示。

热套完成后，按照图纸尺寸对止漏环外圆、上下端面进行粗精加工，完成后使用抛光机进行抛光处理，最后通过高精度 π 尺检验止漏环外缘尺寸和使用粗糙度仪检查表面粗糙度。

图 3.3 - 6　止漏环安装位置调整工具

（二）转轮止漏环固定方式优化

转轮上止漏环热套后，止漏环与转轮本体间还存在一定间隙，为进一步降低止漏环脱落风险，在检修过程中对转轮上止漏环与本体间隙进行封焊填充，如图 3.3 - 7 所示。

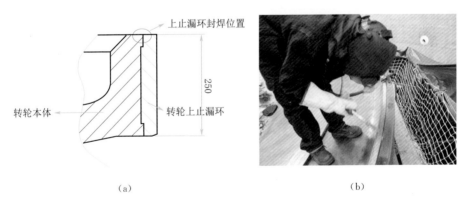

（a）　　　　　　　　　　　　　　（b）

图 3.3 - 7　止漏环与转轮本体间间隙进行封焊（单位：mm）
（a）焊接位置示意图；（b）现场焊接图

（1）采用手工打磨的方式进行焊接坡口制作，焊接坡口为 U 形，坡口深 2mm，宽度 3mm。焊前，对焊接坡口进行渗透探伤检查，如有裂纹应打磨清根。探伤合格后，对焊接坡口进行清理，去除坡口区域 30mm 范围内的水、油、锈、探伤液等杂质。采用钨极惰性气体保护焊进行焊接，保护气为纯氩气。焊接过程中，采用无摆动，单道焊进行焊接，温度不高于 250℃。焊接工艺参数见表3.3-1。

表 3.3-1

焊 接 工 艺 参 数

焊接方式	焊条型号	焊条直径/mm	电压/V	电源极性	电流/A	焊接速度/(cm·min^{-1})
钨极惰性气体保护焊	ER316L	2	18～24	直流	80～140	7

（2）为有效控制焊接变形，首先进行定位焊，每段焊缝长100mm，4名焊工互为90°对称方向沿逆时针方向同时施焊，使用分段退步焊完成止漏环间隙封焊。封焊顺序如图3.3-8所示。

（3）在焊接过程中，为有效监视焊接过程中止漏环的形变，在转轮对称方向布置4块焊百分表，监视转轮本体与转轮止漏环的相对位移，如图3.3-9所示。

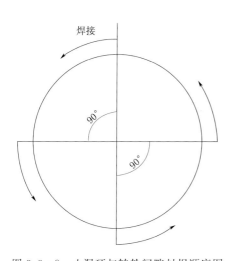

图 3.3-8 止漏环与转轮间隙封焊顺序图　　　　图 3.3-9 止漏环封焊变形监视

（4）焊接完成后，将焊接区域表面打磨光滑，止漏环与转轮本体间平滑过渡，打磨完成后PT探伤合格。

（三）转轮下止漏环上端部空蚀处理

转轮下止漏环上端部存在锯齿状空蚀及磨损缺陷，由于该区域焊接难度大，外形尺寸精度要求高，传统手工电弧焊方式很难达到图纸要求。激光熔覆是一种新型修复技术，具有稀释度小、组织致密、熔覆层与基材结合强度高等优点，可靠性高，通过激光熔覆方式修复转轮下止漏环上端部空蚀缺陷，如图3.3-10所示。

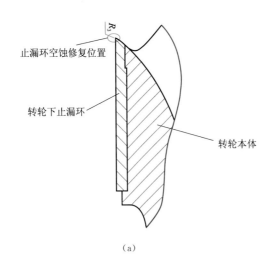

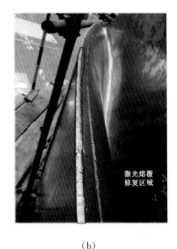

止漏环空蚀修复位置

转轮下止漏环

转轮本体

激光熔覆修复区域

（a）

（b）

图 3.3 - 10　下止漏环上端部修复

（a）修复示意图；（b）现场修复图

1. 转轮止漏环上端部空蚀区域激光熔覆

首先转轮下止漏环上端部空蚀区域进行预处理，采用手工打磨的方式对修复区域及周边 2mm 范围内区域进行打磨直至露出金属光泽。打磨完成后进行 PT 探伤检查，如有裂纹应进行打磨清根处理，探伤合格后，清除表面杂质。

激光熔覆粉末采用 stellite6 钴基合金粉末。为减少热变形，激光熔覆过程采用分段修复方式，采用机器人定位，根据零件结构和待修复区域编制合理的机器人扫描路径程序进行自动化作业，对尺寸超差区域进行激光增材制造，并预留打磨余量，如图 3.3 - 11 所示。

2. 空蚀区域修形检查

对修复区域修形，采用手工打磨方式和 R_3 半径规比对靠模进行表面修形和表面处理，确保修复区域恢复至图纸要求，外观平滑过渡，最后进行 PT 探伤检查合格如图 3.3 - 12 所示。

（四）转轮叶片出水边修型

转轮叶片出水边型线为非流线型设计，导致转轮叶片出水边负压侧产生卡门涡，从而引起叶片出水边靠近 R 角区域空蚀严重，如图 3.3 - 13 所示。机组检修时，对叶片出水边负压侧进行倒圆角处理，破坏卡门涡产生条件，保护叶片不受损伤。

1. 叶片修型范围

叶片出水边正压侧修型范围：叶片由下环处焊缝根部起始，沿叶片出水边正压侧弧线向内延伸 250mm，圆角半径从 R_5 渐变到不倒圆角。

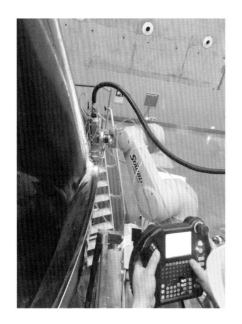

图 3.3-11　转轮下止漏环
上端部激光熔覆

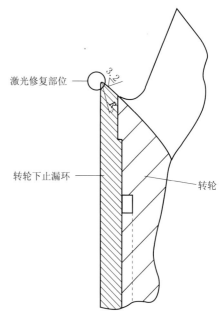

图 3.3-12　下止漏环上端部

图 3.3-13　机组叶片出水边空蚀

叶片出水边负压侧修型范围：叶片由下环焊缝根部 100mm 位置起始，沿叶片出水边负压侧弧线向内延伸 600mm，圆角半径为 15mm。

2. 叶片修型

按照修型范围标记叶片修型起始线和终止线，在修型区域内每间隔 20mm

标记一点，作为辅助叶片打磨及弧度验收的基准点，在修型过程中保留标记点。对画线区域进行反复修磨处理，同时使用半径规反复校验，对修型范围之外至倒角位置的过渡区域进行打磨光滑过渡。在叶片修型过程中，若遇到修型后出水边仍存在裂纹、空蚀、气孔、凹坑等缺陷，则需对缺陷进行处理，再进行叶片修型。

叶片修型完成后，对补焊以及修型区域进行着色探伤，要求 PT 探伤合格。

第二节 主 轴 检 修

三峡电站机组主轴为中空结构，三峡电站 VGS 联营体机组采用有轴领结构，ALSTOM 公司机组主轴则采用了无轴领结构，为了提高水导轴承处工作面的强度，在主轴的内部设有加强环，以此来承受水导轴承对主轴的径向力。

三峡电站机组主轴检修内容主要包括主轴外观检查、主轴法兰面的检查处理、连接部件的检查和无损检测、防腐刷漆、隔水板检查及密封更换。

一、主轴检修

在三峡电站机组主轴初始安装阶段，综合考虑三峡桥机的起吊高度，主轴在机坑外完成组装，采用整体吊装的方式吊入机坑进行安装，见图 3.3 - 14。在机组检修过程中，机组进行盘车，检查主轴的垂直度以及法兰处是否存在折弯，同时会对主轴进行全面检查及评估。如果主轴无重大缺陷，一般不对主轴进行分段拆解，采用整体吊装的方式进行检修，主轴整体吊至检修区域后，放置于厂房发电机层，在放置区域搭设专用脚手架对主轴进行检查及缺陷处理。

（一）主轴本体检修

（1）检查主轴表面、法兰面及焊缝，不应有凹坑、裂纹、锈蚀、毛刺和其他引起应力集中的缺陷，必要时进行超声波探伤和磁粉探伤。

（2）检查主轴法兰面平整度，并对局部锈蚀、划痕、毛刺、高点等进行研磨处理。

（二）主轴与转轮连接部件检修

三峡电站机组主轴与转轮连接方式分为两种：一种是通过定位销套加双头螺杆的方式，另一种是直接通过销钉螺栓连接。

（1）所有联轴螺栓、螺母、销钉、销套都清洗干净，并对受损部位进行修复。在螺栓装配前对所有螺栓、螺母进行试配，检查螺纹的情况，对于手动无法装配到位的螺栓，一方面可用专用丝锥攻螺孔，另一方面修磨螺栓的螺纹

图 3.3-14 主轴检修

处，直至装配合格为止，试配合格后应将螺栓和螺孔做好标记。

（2）在机组检修过程，对联轴螺栓以及定位销套进行外观检查，联轴螺栓及销套表面应光洁平滑，不应有裂纹、毛刺等缺陷。机组 A 修过程中应对联轴螺栓、联轴螺母、定位销套、销钉进行无损检测，对存在缺陷的联轴螺栓、螺母及定位销套予以更换。

（3）定位销套承受了主轴的剪切力，并传递主轴扭矩。定位销套的配合尺寸直接影响机组的稳定运行，在机组 A 修过程中对销套外径、主轴销孔内径进行全面测量，确定两者配合间隙满足设计要求。

（4）在主轴拆卸和安装阶段，机组进行盘车检查，若机组轴线存在折弯，就要对水发联轴进行分解处理。

二、主轴隔水板检修

三峡电站机组主轴隔水板用来固定主轴中心补气管以及隔断尾水通过转轮体内部进入主轴内部。检修时首先通过 4 根导向丝杆将主轴隔水板下落至转轮体内，全面清理隔水板与主轴连接组合面，并去除高点、锈蚀等缺陷，更换把合螺栓及密封条并在法兰处涂密封胶，把合螺栓打紧后应焊接止动。回装时注意保证主轴隔水板要与主轴同心，如图 3.3-15 所示。

（a）　　　　　　　　　　　　　　　　　（b）

图 3.3-15　主轴隔水板检修

（a）隔水板密封安装；（b）隔水板连接螺栓止动点焊

主轴隔水板回装完成后，进行渗漏试验，在主轴隔水板上注水，静置 24h，检查应无渗漏。

第三节　补 气 系 统 检 修

补气系统检修主要针对的是主轴中心补气系统的检查处理，内容包括补气阀解体检查、补气系统密封更换、补气管蝶阀检查处理、补气管支架检查处理。

一、补气阀检修

补气阀解体检修，依次拆除补气阀盖、浮筒、补气阀盘、缓冲器。机组检修过程中，更换补气阀盖与补气室间设置 ϕ8mm 密封条，如图 3.3-16 所示。

补气阀盖中心处设置与补气阀浮筒相配合的两个抗磨轴套，如图 3.3-17 所示，用来引导和固定补气阀运动方向。在机组长期运行过程，轴套极易松动，在检修过程，对其进行检查，是否存在破损及磨损严重现象，视情况进行更换。

图 3.3 - 16　补气阀　　　　　　　图 3.3 - 17　补气阀盖抗磨轴套

　　补气阀阀盘与补气室间设置 $\phi24mm$ 的密封条，机组检修过程中，对其进行更换。补气阀阀盘与缓冲器相连，检查补气阀阀盘在自重作用下能平稳下落，开启和关闭试验时，阀盖全行程起落灵活，反复起落筒体阀盘在全关位置时检查阀盖与阀体应无间隙，补气阀的阀盖在缓冲器作用下，阀盘开启和关闭自如、其阀盘外缘能对中。阀盘拆除后，测量缓冲器的行程是否满足设计要求，如图 3.3 - 18 所示。

二、补气管检修

　　在机组检修过程中，对补气系统的进气管和排水管进行外观检查以及密封更换，并对中心补气管各密封接触面进行表面检查处理以及外径测量。若补气管末端密封接触面处发生变形，可能导致末端密封失效，从而引起尾水进入主轴内部，如果中心补气管密封接触面发生变形，需进行校正或更换处理，如图 3.3 - 19 所示。

图 3.3 - 18　补气阀内部结构　　　　图 3.3 - 19　中心补气管密封接触面

三、补气系统打压试验

三峡电站机组补气系统打压方式分两种型式进行：一种是未设置补气管密封打压试验孔，在安装过程中需对补气管进行整体打压试验，试验压力为0.4MPa，保压30min，要求无渗漏。试验需要加工专用封水板，与上段补气管相连，末端补气管进行封焊，如图3.3-20所示；另一种是已预留补气管打压试验孔，因此打压试验仅对主轴隔水板与补气管接触部位的两道密封作打压试验，试验压力为0.4MPa，保压30min，要求无渗漏。

（a）   （b）

图3.3-20 补气系统打压试验（未设置打压试验孔）

（a）补气管上部；（b）补气管下部

四、典型案例分析

VGS联营体机组主轴中心末段补气管通过20颗M24螺栓固定于主轴隔水板上，原设计为末段补气管下端通过焊接在转轮上支架悬空固定，原末段补气管结构型式如图3.3-21所示。在水流扰动及机组运行工况变化的影响下，末段补气管多次脱落，且法兰面锈蚀严重，影响补气效果。

目前已将末段补气管固定方式进行改造，首先将末段补气管的材质由碳钢更换为不锈钢，避免其锈蚀。末段补气管固定采用上、下两端都固定的方式，避免补气管振动。在主轴隔水板上加装新法兰，调整法兰和主轴隔水板的同心度，并将新法兰焊接在隔水板上。新末段补气管通过螺栓连接固定于新法兰上，如图3.3-22所示。

末段补气管下端固定方式是在转轮上冠下沿适当位置焊接支撑法兰，支

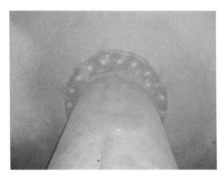

（a） （b）

图 3.3-21　补气管末端固定方式

（a）补气管末端上部；（b）补气管末端下部

撑法兰为两瓣对称结构，其材料为06Cr19Ni10。组装固定法兰，固定法兰的分瓣面与支撑法兰的分瓣面错开90°，固定法兰与末段补气管焊接成整体，焊接时应防止法兰、主轴隔水板、末段补气管发生变形，如图 3.3-23 所示。

图 3.3-22　末段补气管上端固定方式　　　图 3.3-23　末段补气管下端固定方式

第四节　主轴密封检修

　　三峡电站的主轴密封检修主要分为工作密封检修和检修密封检修两部分，其主要项目包括主轴密封装置的解体检修与组装，工作密封动作试验及各部件检查处理，检修密封充气试验及各部件检查处理，供水、供气系统的检查及处理，本节重点讲解主轴密封相关试验、各部件检查处理质量控制的关键点以及故障缺陷的分析与处理。

一、工作密封检修

（一）工作密封动作试验

机组停机后，对工作密封充水进行试验，在浮动环的$\pm X$、$\pm Y$方向分别架设百分表，测量浮动环的浮动量，浮动量设计要求为 $0.05\sim0.10\text{mm}$。若浮动量超过设计范围，需要对浮动量进行调整。

浮动量调整主要通过调整密封块与抗磨环间隙的方式，将浮动环与密封块组装完成后落至抗磨环上，测量密封块与抗磨环间隙，该间隙值设计要求整圈小于 0.10mm 且大于 0.05mm 的位置长度不能连续超过 200mm，在浮动环上标记所有间隙值不小于 0.10mm 的位置，将浮动环用葫芦悬挂在顶盖上后，将密封块与浮动环分解，在与浮动环标记位置相应的密封块背部加垫与测量间隙值相应厚度的铜皮，如图 3.3-24 所示。将加垫后的密封块与浮动环组装完成后落至抗磨环，测量密封块与抗磨环间隙，间隙如不合格需要重复以上步骤进行调整至完全合格。

图 3.3-24　密封块与抗磨环间隙调整

（二）工作密封各部件检查处理

工作密封部件包括抗磨环、密封块、浮动环、支撑环、弹簧、密封座、水箱及供排水管路。其中，抗磨环与密封块为工作密封的核心部件，抗磨环材质为 S135 不锈钢，该材质表面硬度高，运行一个 A 修周期后，其表面沿周向有较轻微的刮痕，用金相砂纸打磨处理及清扫维护即可，如图 3.3-25（a）所示。抗磨环整体随大轴一起拆卸后吊出，不需要分解。密封块材质为高分子材料 CESTIDUR，其需要拆除后分解为 8 块，逐块测量厚度、检查工作面磨损情况及整体老化情况，超过设计磨损量，存在偏磨、烧结，工作面有较明显刮痕，已老化失去原有材料色泽的密封块均需要更换，运行一个 A 修周期后的密封块建议全部更换。检查处理后的密封块应按照工作密封动作试验所述间隙测量调整方法调整至合格。

浮动环、支撑环、弹簧、密封座为工作密封自补偿功能的主要构成部件，同时形成密封的腔体封住转轮室浑水。浮动环整体随大轴一起吊出，不需要分解，对其进行除垢、清扫处理即可。为便于主轴吊出，支撑环、密封座需要分解为 4 瓣，逐个进行除垢、清扫工作，主轴回装后进行组圆，因为支撑环内圈、密封座上下端面均有密封槽，所以要求各组合面不能有错牙。弹簧进行外观检查，对于锈蚀严重、有裂纹的进行更换，运行一个 A 修周期后的弹簧建议全部更换，如图 3.3 - 25 (b) 所示。

(a)   (b)

图 3.3 - 25　工作密封各部件检查处理
(a) 抗磨环维护保养；(b) 弹簧更换

支撑环组圆后，更换其内圈密封圈，支撑环安装完成后，需要测量并调整该密封面与浮动环立面间隙，确保间隙均匀。该位置是浮动环上下动作与支撑环的接口，既需要密封浑水腔侧的水，又要保证浮动环能够上下动作，一旦因为某处间隙过小导致浮动环卡涩，必会引起密封块偏磨、烧结，从而影响工作密封效率。

工作密封主要通过 8 根均布的软管供水，该软管由于通径较小，加之长期运行后内壁水垢沉积，影响供水压力，运行一个 A 修周期后的软管需要全部更换。水箱主要用于临时储存工作密封的回水，然后通过溢流管将清洁水排到尾水廊道。其需要分解为 4 瓣后，逐个进行除垢、清扫工作，浮动环、支撑环、弹簧组装完成后将水箱进行组圆，要求各组合面不能有错牙，并更换其与支撑环组合面密封。水箱安装完成后需要测量水箱盖板与主轴间隙，确保主轴转动后不与水箱盖板接触。外围供水管路需对内壁进行冲洗，内壁水垢清理干净后回装，整个供排水管路回装完成后进行充水检查，要求供排水管路、法兰及阀门均无渗漏。

二、检修密封检修

（一）空气围带充气试验

空气围带充气试验在机组停机后便可进行，要求试验压力为 0.75MPa，保压 30min 无明显压降。如充气试验不能保压，需要先检查供气管路及接头是否存在漏点，可借助检漏剂进行检查确认，如管路无渗漏，需要更换空气围带。

（二）检修密封各部件检查处理

检修密封主要包括检修密封座、检修密封盖、空气围带。检修密封座及检修密封盖为整圆结构，不能分瓣，对两者本体进行清扫处理后整体吊入进行预装，用刀口尺检查检修密封座、检修密封盖与顶盖内镗口平整度，如图 3.3-26 所示。以顶盖内镗口为基准面，要求检修密封座及检修密封盖内镗口低于或平齐该基准面，如有较大区域凸出需要调整检修密封座及检修密封盖的同心度，如局部凸出采用角磨机打磨处理，检查合格后进行配钻销孔。

图 3.3-26 内镗口平整度检查

空气围带外观检查无明显缺陷后，需置入水中进行充气检查，检查无漏气后便可回装，将检修密封座、检修密封盖、空气围带回装完成后进行充气试验，要求试验检查合格。

三、典型案例分析

（一）甩水缺陷处理

1. 原因分析

机组运行过程中，由于水箱盖板与大轴存在设计间隙，且水箱水位约为水箱高度的 2/3，主轴密封随着大轴运转，水箱内的水会沿着间隙被甩出至顶盖内，存在较明显的甩水现象。

2. 处理方法

为解决这一问题。采用在原水箱盖板上加装一层密封盖的结构形式，如图 3.3-27 所示，基本解决了甩水现象。

由于主轴密封空间狭小，加装密封盖后空间空间更加狭小，采用手拉葫芦配合人工搬运的方法，费时费力，且存在较大的安全隐患。为解决该问题，设计了一种用于主轴密封盖拆卸及安装的工具，如图 3.3-28 所示。将密封盖向外滑出置于横梁上，然后用收紧带将横梁与密封盖绑扎牢固；立柱上设置有铰链，密封盖固定好后，缓慢落下横梁，将横梁向下旋转 90°，然后利用手拉葫芦将密封盖转至顶盖内设置的木方上。

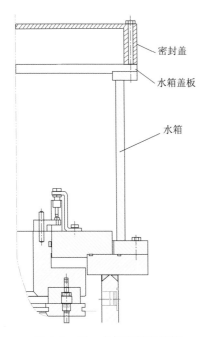

图 3.3-27　水箱密封盖结构

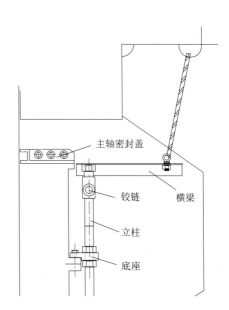

图 3.3-28　主轴密封盖拆卸专用工装装配图

（二）检修密封优化改造

1. 原因分析

原检修密封结构如图 3.3-29 所示，空气围带壁厚较薄（3~4mm），其整体强度相对较低，内部加载压力后，在主轴与沟槽内圆表面的间隙处，存在应力集中的现象，密封在一定程度上存在破裂的风险。同时，气嘴与橡胶接触部位在空气围带胀缩过程中存在漏气隐患。另外，大轴在转动过程中，尤其是开停机时与空气围带发生摩擦，多次摩擦后会导致空气围带损坏，不能保压，多种因素导致检修密封失效。

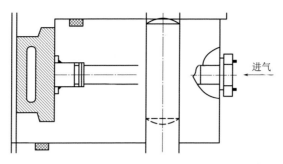

图 3.3 - 29　原检修密封结构

2. 处理方法

对其结构形式进行换型改造，改造后结构如图 3.3 - 30 所示。新空气围带密封采用外部加载气压的形式，由气压推动该密封整体向主轴表面方向移动，最终压紧主轴表面实现密封。该结构空气围带增加了密封厚度，取消了气嘴，增加了空气围带的使用寿命，减小了其漏气失效的风险。

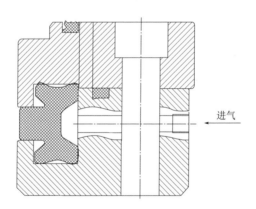

图 3.3 - 30　改造后检修密封结构

(三) 进水管漏水

1. 原因分析

机组的主轴密封部分进水管路、测压管路采用的是卡套式接头，且部分管路为悬空布置，由于顶盖内环境潮湿、振动较大，容易导致管路变形，卡套、螺母脱落等情况，由于该接头无法更换，检修中采用重新配焊管路、在接头处安装 O 形密封圈代替等方式处理，部分接头依然存在漏水的现象。

2. 处理方法

建议采用焊接式接头，便于检修和密封更换。

第五节 水导轴承检修

三峡电站的水导轴承检修主要项目包括水导轴承的解体检修与组装，水导瓦、轴领及间隙调整装置检查及修复，水导轴承油槽检查及处理，水导轴承油循环系统及外循环冷却系统检查及处理，本节重点讲解各部件检查处理质量控制的关键点以及故障缺陷的分析与处理。

一、水导轴承检修工艺

（一）水导瓦、轴领及间隙调整装置检修

水导轴承 24 块水导瓦吊出后检查瓦面及轴领面，对于划痕、高点需用天然油石沿周向处理，处理后用刀口尺检查合格，检查处理完后的水导瓦面及轴领需用防锈纸涂透平油后覆盖，如图 3.3-31 所示。

图 3.3-31 水导瓦吊出检查

间隙调整装置包括支撑块、铬钢垫、楔子板、固定板及调整螺杆。各部件做外观检查无明显缺陷，其中铬钢垫及楔子板需将表面用天然油石处理，检查无高点、毛刺。各部件清扫干净后涂透平油防锈。

各部件回装后，支撑块既是瓦间隙调整测量的基准，又要承受轴的径向载荷，其与顶盖连接，连接螺栓需按照设计力矩逐个检查并做好防松动措施。

（二）水导轴承油槽检查及处理

水导轴承油槽主要包括挡油圈、下油盆、油盆上环、下迷宫环及油箱。挡油圈、下油盆与顶盖三者采用连板连接，组成下部油槽，该位置的密封尤为重要，检修中需要更换其立面密封，三者组装完成后需进行煤油渗漏试验，要求各组合面无渗漏现象。渗漏试验合格后清理下部油槽及油箱，要求无任何遗留颗粒物及杂物、水分。下部油槽清理干净后回装油盆上环及下迷宫环，两者组成上部油槽，主要用来承托水导瓦，同时对冷热油起到一定的分隔作用。下迷宫环材质为铜，需要调整其与轴领间隙至设计值，既防止与轴领摩擦，又尽量减少上部油槽冷油漏入下部油槽，确保水导瓦的冷却效果。待轴瓦间隙调整完成后，需清理上部油槽，要求无任何遗留颗粒物及杂物、水分，如图 3.3-32 所示。

图 3.3-32　水导油箱清扫

水导油槽内还有 24 块间隔板及挡油板，间隔板装在 2 块水导瓦之间，安装时要求其与相邻瓦间隙大于 1mm，其主要对水导瓦起到限位作用，同时在一定程度上将冷热油分隔，确保水导瓦冷却效果。挡油板安装在水导瓦上方，主要是封油、稳油的作用，其材质为铜，在油槽全部清扫并验收合格后进行组装，需要调整其与大轴间隙，防止与轴领摩擦。

（三）水导轴承冷却系统检修

水导轴承油循环系统主要包括油泵电机、油过滤器及循环管路。检修中需要更换所有法兰的密封垫或密封圈，对过滤器滤网及管路进行清洗，油泵电机需要检查绝缘合格，系统充油后检查要求系统均无渗漏。水导油槽内供油环管安装后需逐个检查供油支管与轴领间隙，要求间隙大于 0.85mm，避免支管与轴领摩擦。

外循环冷却系统主要包括油冷器及循环管路。水导油冷器需将两端端盖打开后进行清扫处理，端盖回装后进行油腔、水腔打压试验，如图 3.3-33 所示，要求回装后技术供水充水检查管路、法兰及阀门均无渗漏。

图 3.3 - 33   水导油冷器打压试验

二、典型案例分析

(一) 下油盆漏油处理

1. 原因分析

由于挡油环、下油盆、顶盖三者均采用立面密封,如图 3.3 - 34 所示。密封安装过程存在脱槽、切割的风险,该处密封容易失效。三者采用压板连接,在检修过程中发现压板由于长度较长,整体刚性较差引起变形量较大,导致连接螺栓无法直接安装,使得回装较为困难,且该部分变形可能引起螺栓无法均匀预紧,存在漏油的风险。

该位置一旦漏油,需要将主轴密封大部分部件以及水导全部部件拆卸后才能处理。水导轴承下油箱与主轴密封距离偏小,如果需要对水导轴承下油箱进行拆卸检修,则必须先分解主轴密封,拆卸水箱盖板、水箱、主轴密封供水、排水管路及主轴密封自动化元件,将上述部件完全拆卸后才有足够的空间将油箱落下,并进行后续检修工作。

2. 处理方法

该缺陷为设计缺陷,可将其改进为图 3.3 - 35 所示的结构形式,顶盖侧厚度不变,增加挡油圈及下油盆厚度,采用平面密封,直接用螺栓连接,可以较好地解决这一缺陷。

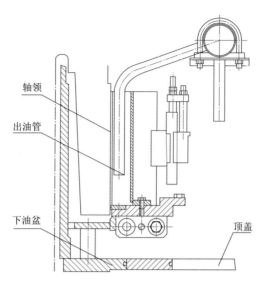

图 3.3-34　水导轴承结构简图

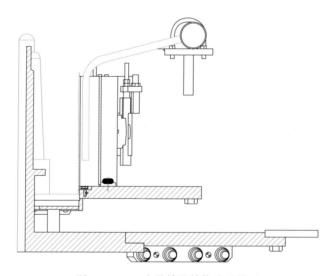

图 3.3-35　水导轴承结构改进简图

（二）水导进油管与轴领间隙过小处理

1. 原因分析

水导进油管采用环管加 24 根支管的方式进行供油，支管与环管已焊接牢固，环管安装时，由于管箍螺栓受力不均、密封垫厚度不一致等原因导致环管存在偏移，从而使得支管相对偏移，引起支管与轴领间隙过小，存在运行中油管剐蹭轴领的风险。

2. 处理方法

在检修回装过程中，通过塞尺测量调整尽量保证 24 个支管与轴领间隙均匀，对于部分间隙过小的支管进行打磨或弯管处理，如图 3.3-35 所示。

第六节 导水机构检修

导水机构常规检修内容包括顶盖检修、活动导叶检修、底环检修、操作机构及附件检修等。

一、顶盖检修

顶盖常规检修内容包括法兰面检查、清扫处理，紧固件防松动检查处理，平压管检查及密封更换，连接螺栓探伤及强度检测、防腐刷漆等。缺陷处理主要包括顶盖下表面空蚀、法兰结合面锈蚀、密封部件更换、平压管路渗漏处理等。

（一）顶盖下表面检修

机组长时间运行后，顶盖经长时间水流冲刷，其下表面靠近固定止漏环位置处出现大范围空蚀。顶盖吊出后，对空蚀区域进行修复处理，如图 3.3-36 所示。

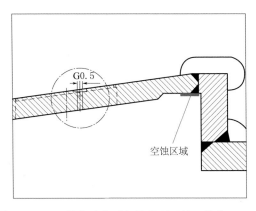

图 3.3-36　顶盖下表面空蚀处理区域（单位：mm）

采用手工打磨的方式至空蚀区域露出金属光泽。对打磨区域进行着色探伤检查，如有裂纹应打磨清根。探伤合格后，去除空蚀区域范围内的水、油、锈、探伤液等有害杂质。

空蚀区域补焊采用 507 焊条堆焊打底，307 焊条封面。焊接前，焊条需经 300℃ 高温烘焙 1h，随烘随用。焊接时，焊条沿圆周方向运动，焊接速度应尽量快，焊层要尽量薄，以减少焊缝的热裂纹。每焊完一层，彻底清理焊渣，再焊下一层，层间表面、焊道与坡口的结合部及坡口表面洁净、无裂纹、夹杂、气孔等缺陷。焊接过程中控制层间温度不大于 170℃，进行适当的锤击来消除焊接应力。

焊接过程中，为使顶盖均匀受热和变形采用对称分块跳步法焊接。将顶盖均分为 16 份，4 名焊工同时作业，并在顶盖下表面均匀架设 8 块百分表监视焊接过程中变形量。焊接前，选取顶盖下表面完好处测量固定止漏环端部至下表面距离作为打磨后平面度测量基准值。焊接完成后，对焊接区域进行打磨抛光并测量顶盖下表面变形量，若形变超标，可在超标位置进行堆低磨高，直至顶盖平面度满足要求。

（二）顶盖法兰面检修

顶盖法兰面检修主要包括法兰结合面锈蚀处理及法兰面密封更换。顶盖法兰面长期浸泡在水里，在机组的多年运行后，顶盖法兰面处板结了很多的泥巴及锈蚀。法兰面清理时，先用刨铁将泥巴铲除，然后用抛光片进行打磨，如图 3.3-37 所示。打磨时只去除表面高点，不能进行过度打磨，注意做好安全防护及防尘工作。

图 3.3-37　座环法兰面清扫

机组顶盖密封形式分为两种：一种为密封槽式端面密封，如图3.3-38所示，密封条位于顶盖法兰下表面，密封槽开在座环表面。顶盖吊装前，彻底清理座环上环板及顶盖螺栓销钉孔，对密封槽进行清扫并更换密封条；另一种为嵌入式径向密封，如图3.3-39所示，由顶盖密封压板、O形密封、密封槽里衬垫板构成，密封条位于顶盖法兰侧面。密封槽里衬垫板为密封提供一个平整的挤压平面，压板和压板螺栓为密封提供挤压力。顶盖密封拆除时，先拆除压板，取出密封条，然后撬出密封垫板清扫干净后回装。更换新的密封条后，回装全部密封压板。待螺栓全部预紧后，逐个拆除涂抹锁固剂，按照要求力矩重新紧固。

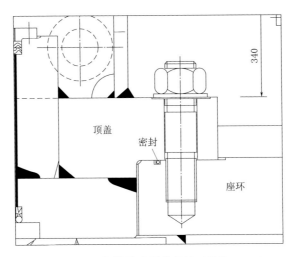

图3.3-38　密封槽式顶盖密封（单位：mm）

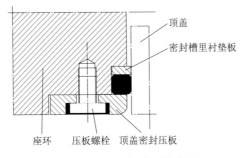

图3.3-39　压板式顶盖密封

（三）顶盖平压管检修

顶盖平压管主要作用为减少顶盖水压力及转轮水推力。机组长时间运行后，平压管排水口与顶盖结合处焊缝存在严重空蚀，可能导致平压管漏水，如

图 3.3 - 40 所示。若机组正常运行时，机组平压管内部缺陷无法处理，可通过外部补焊方法解决。机组顶盖吊出后，可对焊缝空蚀位置进行处理，从内部解决该问题。

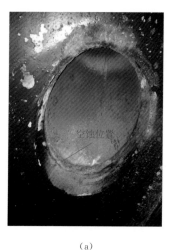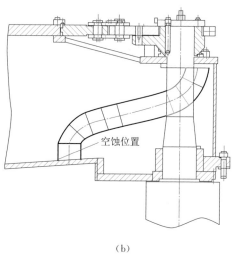

（a） （b）

图 3.3 - 40 平压管空蚀位置

（a）现场平压管空蚀；（b）空蚀位置示意图

对平压管焊缝及空蚀位置用钢丝轮及角磨机去除表面锈迹直至露出金属本体。焊缝探伤后及时清除焊接区域范围内的水、油、锈、探伤液等有害杂质。焊接完成后进行检查，修补漏焊、缺焊及超标的焊缝缺陷，且补焊的焊缝应与原焊缝间保持圆滑过渡。

顶盖外围平压管与机坑通过螺栓连接，两侧法兰安装有 O 形密封圈。待外围平压管吊出机坑后，对外围平压管两侧法兰面及密封槽进行除锈处理，更换新的密封圈等待回装。

二、活动导叶检修

活动导叶常规检修内容主要为导叶外观检查、导叶密封检查、导叶间隙调整、止推块及限位块检查等，缺陷处理包括导叶表面缺陷处理、密封处理及更换、间隙测量调整等。

（一）活动导叶本体检修

活动导叶吊出机坑后清扫轴领，用砂纸去除轴领位置毛刺及锈蚀，检查轴领外观情况并测量三部轴套对应处轴领外径。检查导叶过流面，对导叶表面防腐层脱落位置重新进行防腐处理，如图 3.3 - 41 所示。

图 3.3-41　导叶防腐处理

（二）活动导叶密封检修

　　活动导叶密封分为端面密封和立面密封两部分。导叶端面密封由铜密封条和其背部的成型橡胶垫板组成，如图 3.3-42 所示，通过密封条两侧不锈钢压板固定在顶盖、底环上。底环过流面上导叶运动范围内设置不锈钢抗磨板。检修时，首先检查压板密封紧固螺栓环氧脱落情况，测量上下导叶端面间隙是否超标；检查铜密封条磨损程度确定是否更换。

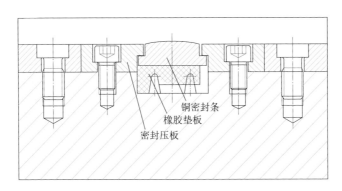

铜密封条
橡胶垫板
密封压板

图 3.3-42　导叶端面密封装配图

　　若导叶端面上下总间隙值超标（最大值不得超过设计值，最小值不得小于设计值70%）或铜密封条磨损严重，需进行拆卸更换。更换时，敲下铜密封条两侧压板螺栓端部环氧；拆卸密封条压板M12内六角特殊螺钉；取下铜密封条，取出底部橡胶垫板；更换橡胶垫板及铜密封条后回装压板；压板螺栓紧固后测量密封条凸出高度，对高度不合格密封条加垫铜皮重新进行调整直至满足要求。所有密封安装完成后，逐个取出压板螺栓涂抹锁固剂并按设计力矩进行紧固，紧固完成后对内六角螺栓端面涂抹环氧进行防护，如图3.3-43所示。

（a）　　　　　　　　　　　　　　　　　　（b）

图3.3-43　导叶上下端面密封更换

（a）导叶上端面密封；（b）导叶下端面密封

三峡机组导叶立面密封为金属硬密封。机组停机后，全关活动导叶，测量导叶立面密封间隙。对立面密封超标位置导叶做好标记，导叶打开后，检查间隙超标位置情况，待活动导叶吊出机坑后对缺陷位置进行修补。

（三）活动导叶轴套检修

三峡机组活动导叶轴套为自润滑金属轴套。顶盖及导叶吊出后，检查轴套外观磨损情况并测量轴套内径，计算与对应位置处导叶轴领外径配合间隙。对磨损情况严重及配合间隙超过设计尺寸的轴套进行更换。

轴套的结构及装配方式不同造成更换工艺有所差别。其中中轴套为分瓣开口结构，与顶盖为过盈配合。更换时可用压紧工装将其压入顶盖，如图3.3-44所示，若配合间隙偏小，可对开口处进行少量修磨调整，也可放入专用容器利用液氮冷冻半小时，利用调整工装放入后回复至室温，再测量轴套内径进行确认。

下轴套为整圆结构，与底环基础为过盈配合。更换时先将新轴套放入特制容器内倒入液氮冷冻半小时，取出后立刻安装，安装时注意做好防护措施，防止冻伤，见图3.3-45。

图 3.3 - 44　机组中轴套更换安装

图 3.3 - 45　机组下轴套更换安装

三、底环检修

（一）底环抗磨板检修

机组导叶动作过程中，存在于活动导叶底部的坚硬异物会对底环抗磨板表面造成损伤，为防止水流冲刷引起损伤进一步扩大，待机组导叶吊出机坑后，对损伤处进行处理。打磨清根去除抗磨板表面划痕及高点，用不锈钢焊料堆焊修复打磨区域。修复完成后，精磨修复面，用刀口尺进行平面度检查。

（二）底环密封更换

为减少机组水力损失，三峡机组底环与座环间设有橡胶密封条。密封条通过布置在底环位置处的压板进行固定。密封更换时，如图 3.3-46 所示，将密封槽及压板清扫干净，在密封槽内涂抹 598 平面密封胶，在密封槽边沿涂抹凡士林以便密封装入；将新密封装入密封槽，使用扳手、锤子将密封安装到位；装上压板，旋紧内六角螺栓，对称预紧；检查压板安装到位后再逐个旋出螺栓涂抹 243 螺纹锁固剂，并用统一力矩旋紧螺栓。

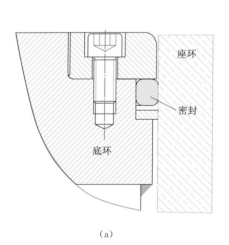

（a） （b）

图 3.3-46　底环密封更换

（a）底环密封装配示意图；（b）现场底环密封更换

四、操作机构及附件检修

操作机构主要包括控制环、拐臂、联板等部件，主要作用为调节导叶开度改变机组出力。主要检修内容包括控制环检修、拐臂及其附件检修等。

（一）控制环检修

控制环置于顶盖上端并和接力器推拉杆铰链，由调速器控制接力器将操作力通过推拉杆传递给控制环，带动拐臂、联板等操作部件调节导叶开度，控制进入水轮机流量。

控制环吊出后检查清扫顶盖上导轨，检查防跳板抗磨块磨损情况，检查控制环底支板及侧支板磨损程度，拆卸后测量支板厚度，对外观磨损严重或磨损量超标的支板进行更换。测量双联板销钉孔铜瓦内径，对瓦面划痕用细砂纸打磨处理。

（二）拐臂及附件检修

拐臂拆卸吊出机坑后，对拐臂进行检查。拐臂与导叶结合处应光滑无毛刺，对拆卸过程中拆卸困难的拐臂内径进行处理，用细砂纸均匀打磨后涂抹防锈油进行防护。

对做好标记拆卸后的导水机构附件进行分类摆放，清扫并检查膨胀锥销、膨胀锥销套、偏心销等附件情况，各附件表面应光滑，无裂痕、毛刺、划痕、凸起等缺陷，对不合格附件予以更换。检查拐臂抗磨块的磨损情况，对于磨损严重的抗磨块应予以更换。

五、典型案例分析

（一）主副拐臂拉断销断裂处理

1. 原因分析

（1）活动导叶在关闭过程中，水流中较大异物进入导叶间，导致该导叶主副拐臂之间所受到的力矩大于摩擦螺栓抱紧力后致使拉断销断裂。

（2）机组频繁调节后，导叶抗磨块磨损超标，导叶下沉与底环发生硬性接触，致使主副拐臂错位，拉断销断裂。

2. 处理方法

机组停机，关闭上下游闸门，排水后进入蜗壳检查。若为第一种情况，清除导叶间异物，将主副拐臂摩擦螺栓松开，取出断裂的拉断销。用手动葫芦通过钢丝绳将主副拐臂拉回原位，更换新的拉断销，按标准安装后拉伸主副拐臂摩擦螺栓。若为第二种情况，将导叶操作机构上轴套以上部件拆除，然后直接更换 4 块抗磨块，再回装导叶操作机构。

（二）活动导叶肩部损伤

1. 原因分析

导叶动作过程中，有坚硬异物进入导叶端面间间隙，造成导叶端部出现损伤。

2. 处理方法

导叶吊出机坑后，对损伤严重的导叶进行修复处理。修复时，先用角磨机打磨缺陷区域直至磨痕消失，如图 3.3-47 所示，探伤合格后采用钨极惰性气体保护焊进行焊接。焊接完成后打磨光滑，使用刀口尺检查焊接区域，焊缝区域不得高于正常平面，低于正常平面高度不得超过 0.1mm。

（三）活动导叶铜密封磨损处理

机组运行一段时间后，导叶端部铜密封出现磨损。

1. 原因分析

造成活动导叶铜密封磨损常见因素有空化空蚀、泥沙磨蚀、导叶摩擦、电化学腐蚀等。

(a)   (b)

图 3.3-47 活动导叶肩部缺陷及处理

(a) 导叶肩部局部缺陷；(b) 导叶肩部缺陷处理

（1）空化空蚀。机组运行过程中，水流沿平整的抗磨环流至凸起的铜密封条时，流态突然发生变化，在铜密封条处形成局部空化，如图 3.3-48 所示，长期的空蚀损耗了铜密封条，使铜密封条出现损耗，厚度降低。

（2）泥沙磨蚀。机组运行过程中，江水中的泥沙在快速流经铜密封条时，对其形成冲刷，尤其在夏秋季节，长江水流泥沙含量增高，且机组开机时间相对较长，对铜密封条磨损加剧，如图 3.3-49 所示。加上水流空蚀效果，铜密封条厚度减小。

（3）导叶摩擦。导叶关闭时，通过压缩垫在铜密封条下的橡胶条使铜密封条下沉，橡胶条受压后的回弹力将铜密封条顶向导叶端面。早期，橡胶条弹性

图 3.3-48　铜密封条被空蚀　　　　图 3.3-49　铜密封条被泥沙磨蚀

大，铜密封条密封性能好，铜密封条与导叶端面滑动摩擦力大，往复开关导叶也会磨损铜密封条。

（4）电化学腐蚀。导叶端面密封的工作特性决定其具备一定的硬度要求，工作环境决定其具备水下的耐腐蚀性能，故端面密封选材为铸铝青铜ZCuAl10Fe3。密封中含量较高的金属 Al、Fe，化学性质均较 Cu 活泼，在水下一旦产生电化学反应，构成原电池，Al、Fe 作为阴极将丢失电子，溶于水中，保护端面密封主要成分 Cu（阳极）。同时，空化作用使金属产生局部温差，引发热电效应，进一步促进电化学反应，腐蚀铜密封条中添加的金属元素，造成铜密封条外观上的磨损。

2. 处理方法

水轮机组活动导叶端面密封损耗不可避免，导叶漏水普遍存在于各个大小水电站。导叶漏水量过大，易引起导叶间隙气蚀，损坏导叶，严重时会造成机组自转。机组检修时，检查导叶铜密封损耗情况，测量导叶全关时端面间隙，对铜密封损耗情况严重的机组进行密封更换。

（四）顶盖内部强迫补气管路漏水处理

机组运行中，顶盖内部强迫补气管路漏水。

1. 原因分析

机组运行过程中，顶盖振动造成补气管路法兰连接处松动或法兰密封垫圈失效。

2. 处理方法

机组运行过程中，若漏水量不大，关闭所有补气管路进水阀，更换漏水处密封垫圈。若因机组振动造成补气管大面积渗漏，需停机排水后，更换法兰密封垫并对法兰进行焊接加固。

第七节 过流部件检修

过流部件作为机组固定部件，缺陷较少。检修内容主要包括蜗壳检修、进人门检修、座环检修等。

一、蜗壳检修

蜗壳作为水流过流通道，其检修项目比较少。但三峡电站左岸机组运行初期，发现因导流板设计强度不够、运行环境恶劣等因素，机组导流板出现撕裂与破坏的现象，破坏部位如图 3.3-50 所示。严重影响机组的安全稳定运行，具体表现为机组振动增大，蜗壳门出现噪声较大等现象。

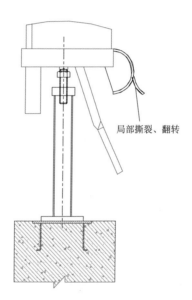

局部撕裂、翻转

图 3.3-50 蜗壳导流板撕裂部位示意图（单位：mm）

因导流板支撑结构属于机组埋件，导流板结构设计上改造施工难度较大，在现场出现这种情况时，可采取的检修措施归纳如下：

（1）对蜗壳导流板进行全面检查，并对所有焊缝进行探伤处理。

（2）在导流板外缘处两径向筋间焊接横向加强筋。例如三峡电站 700MW 机组蜗壳导流板增加横向加强筋和托板，钢板材质选用性能较好的 Q235C，厚度为 16mm。

（3）对所有焊缝补焊加固。

（4）所有焊缝表面应无裂纹、夹渣、气孔和焊瘤等缺陷，并经 PT 探伤合格。

图 3.3－51　固定导叶的安全防护

2. 处理方法

停机排水，打开进人门。检查密封条失效情况，测量密封条及密封槽尺寸，并计算密封条压缩量。若密封条已失效或尺寸不符，更换新的密封条即可。检查进人门螺栓及螺纹孔情况，若螺栓出现断裂，更换更高强度螺栓并密切监测机组运行情况。若进人门座螺纹孔出现损伤，建议改造更换。

（二）蜗壳门优化改造

机组蜗壳人孔门除右岸 19F～22F 机组及地电 27F～32F 机组为内开式外，其余机组的蜗壳人孔门均为外开式。外开式原结构中门座上把合孔为盲螺孔，螺栓装拆会对螺纹造成不同程度的破坏。现场封门有时采用在法兰上将螺纹孔加大的办法处理局部问题螺栓孔。把合螺栓为重要受力部件，连接损坏可能导致进人门漏水，发生严重事故。

1. 原因分析

机组检修过程中，需开启进人门进行过流部件检查，频繁开关进人门会对进人门基座螺纹造成不可逆损伤，严重危害机组安全运行。

2. 处理方法

蜗壳人孔门门座在原结构基本不变的情况下将原门盖和门座把合孔盲孔结构改造为光孔结构并增加四组防开装置。具体方法为：割除旧人孔门铰链座板，拆去原蜗壳进人门盖。将人孔门门座打磨平整后焊接新增法兰，探伤检查合格后焊接新铰链座并安装新人孔门。人孔门附件安装完毕验收合格后，对改造更换部件进行防腐处理，提升设备运行年限。

（三）导流板缺陷

巡检过程中发现某机组运行中锥管段有异音，通过对锥管门处噪声进行监测，得出诊断结论，机组过流部件存在紊态脉冲式水流。进入某机组蜗壳内检查发现座环上部第7块导流板缺失，如图3.3-52所示。

1. 原因分析

该导流板在水流频繁交变应力作用下，出现疲劳裂纹最终被水流"撕裂"。

2. 处理方法

对该块导流板缺失部位进行焊接修复，并在导流板内侧边缘距边缘150mm处加焊横向加强筋板，如图3.3-53所示。焊接完成后对焊缝进行PT探伤，合格后对修复部位进行防腐刷漆。

图3.3-52 蜗壳导流板缺失

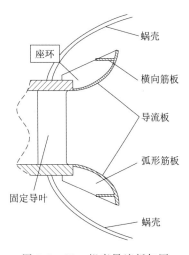

图3.3-53 蜗壳导流板加固

第四章

发电机检修

第一节 上机架及上导轴承检修

一、上机架检修

上机架检修项目包括上机架盖板检查、上机架构件焊缝及连接部件检查、上导轴承加排油管路及阀门检查、上机架防腐刷漆等。

（一）上机架盖板检查

上机架盖板羊毛毡密封垫或工型密封应完好无损，若有损伤，需进行更换，确保盖板清扫干净，无杂物，无金属碎屑；检查盖板是否存在翘曲变形，对翘曲部位进行整形，并确保固定螺栓紧固并有止动措施；检查盖板与上机架连接地线是否完好无损，确保地线连接螺栓紧固并有止动措施；盖板回装时，间隙调整均匀。

（二）上机架构件焊缝及连接部件检查

（1）上机架支臂与中心体各焊接部位应无开裂、无脱焊情况，若发现开裂及脱焊，应将原焊缝缺陷部位进行局部刨除，重新进行焊接。

（2）上机架各个支臂、中心体腹板及其他连接部件螺栓应无松动，预紧力应符合安装时力矩要求，且止动措施可靠有效。

（3）上机架连接支臂键及锁定无松动变形，上机架拉紧螺杆无松动断裂，支臂支撑块圆筒销无变形，外观无损伤，焊点应无开裂、无脱焊现象，方键表面应无较深划痕、无毛刺。

（4）上机架吊出后，应及时将各法兰面清扫干净，并涂抹防锈油进行保养。检查上机架各法兰面应无变形、无高点，存在高点的地方应及时打磨处理，回装前上机架内外应无遗留物、无金属颗粒物及其他杂质。

二、上导轴承检修

上导轴承检修内容主要有上导轴承瓦检查处理、上导轴领检查、上导轴承中心位置及瓦间隙测量调整、上导油冷器检修、上导轴承抗重螺栓的检查及处理、上导油雾吸收装置检查、上导油槽清扫及煤油渗漏试验、上导绝缘检查等。

（一）上导轴承瓦及抗重螺栓检修

检查上导瓦表面脱壳、裂纹、磨损痕迹，做好记录，如有烧损痕迹，用天然油石蘸透平油，打磨上导瓦面相应位置，去除瓦面毛刺和损伤部分，使瓦面光滑、无磨损及凹坑；检查瓦背面与支柱螺栓间的垫块配合是否紧凑、有无破损，如有以上情况应及时更换；检查上导瓦抗重螺栓球头应光洁、无高点，若有高点，应及时用天然油石进行打磨处理，再用无水乙醇及白布擦干净，然后用弧面磨具包细毛毡，配适量研磨膏磨光。

上导轴承整体绝缘电阻值在合格范围内，抗重螺栓应无松动，轴瓦温度监测传感器及接线无损坏、测温性能正常。

（二）上导油冷却器检修

上导油冷却器主要功能是使油槽中的热油通过油冷却器进行热交换后得到冷却，再参与轴承油循环系统运行。油冷却器可根据轴承尺寸、损耗和油槽的布置选择不同的类型。一般结构为冷却水管与两端的承管板相连，承管板和端盖形成水箱，在水箱内增加隔板，改变水的循环回路。被冷却介质油在管外循环，冷却介质水在管内流动，两者通过管壁交换热量，达到冷却效果。

因汛期洪峰较大，长江水质泥沙较多，经过多年长期运行后，上导油冷却器可能会存在局部堵塞的情况，因此，上导油冷却器应重点检查冷却器水循环管路是否通畅，机组大修期间，应对油冷却器及冷却水管内淤泥进行清洗，更换端盖密封及相关管路密封。通常情况下，上导油冷却器在机坑外检修并回装，法兰面连接使用 1mm 厚方纶纤维板密封垫，双面打 587 平面密封胶，装好后对单个油冷却器进行打压试验，试验压力为 1.5 倍额定工作压力，持续 30min 应无渗漏。在上导油冷却器整体回装连接完毕后，对上导油冷却系统进行整体打压，试验压力为 1.5 倍额定工作压力，保压时间 30min，系统应无渗漏。

（三）上导油雾吸收装置检修

拆卸与上导轴承油雾吸收装置相连接的管路，将管路与油雾吸收装置法兰面清扫打磨干净，便于回装。对油雾吸收装置电机、过滤器等部件进行检查，更换过滤器滤芯，将集油盒内的残油清理干净。上导油雾吸收装置回装前，应进行上导油雾吸收装置的清扫检查，确保无油污无杂质；回装后，检查油雾吸收装置滤芯应完好无破损，线缆接线应完好无损，启动系统电机及风扇能正常工作，无异常振动，无异常声响，管路无破损、无堵塞现象。

（四）上导油槽检查清扫

上机架吊出后，应对上导油槽内结构件进行检查，不得有开焊和裂纹，检查合格后，对上导油槽进行全面清扫，清除油槽内部污渍（油污、锈蚀、脱漆等）。对于可拆卸上导油槽内挡油筒（如 ALSTOM 公司机型），在机组回装阶段，还应进行煤油渗透试验，即向上导油槽注入煤油，煤油应以完全淹盖法兰面为准，检查油槽各法兰面应无渗漏。

在三峡电站某机组检修过程中，发现上导油槽内部存在大面积油漆脱落，因脱落的漆皮可能会导致上导油槽供排油阀门发生堵塞，也可能导致暴露在空气中的部分油槽表面发生锈蚀，为保证设备运行安全，应及时对已脱落和即将脱落的漆皮进行清除处理，并按照严格的工艺流程对上导油槽进行重新防腐刷漆。上导油槽防腐刷漆工艺如下。

1. 上导油槽喷砂

喷砂前，做好上导油槽其他（无需刷漆部位）的防护工作，防止颗粒进入到其他部位。同时，做好现场灰尘扩散防护工作，必要时，对喷砂部位做适当封闭式防护。对原油漆层使用喷砂方法进行除漆处理，金属磨料喷射除锈应达到《涂料和有关产品使用前钢基底的制备　表面清洁度的视觉评定》（ISO 8501）要求的 Sa2.5 级，粗糙度达到 Rz40～75μm。金属磨料喷射除锈前，应彻底清除待处理金属表面的油污、锈蚀、水分及其他杂质，避免处理后的工件金属表面深层污染和磨料表面污染。磨料硬度要达到要求，底材温度与露点温度差应大于3℃。

喷砂后准备涂漆的钢材表面要在不放大的情况下观察时，表面应该看不见残油、油脂和灰尘，没有不牢固的氧化皮、铁锈、油漆和异物，显示均匀的金属色泽。保持粗糙度和清洁度直到第一道漆喷涂，所有灰尘要求彻底清理，根据 ISO8502-3 要求，灰尘量要小于 3 级。表面处理后 4h 内，钢材表面在返黄前开始涂漆。如果钢材表面有可见返锈现象，变湿或者被污染，要求重新清理到前面要求的级别。

2. 上导油槽刷漆

底漆可使用环氧通用底漆，刷涂作业应按照涂料施工要求进行涂刷，并且均匀覆盖部件表面需保护部位，对于刷涂未尽部位，应进行补涂。底漆两道，厚度不小于 50μm。面漆刷涂作业应按照涂料施工要求进行涂刷，待底漆固化后，应检视涂层保护后的均匀度，对涂层不均匀部位用砂纸或打磨设备进行打磨，修补遗漏等缺陷。之后再均匀刷涂环氧漆材料，涂刷三道，厚度不小于 100μm。

涂料最小干膜总厚度不小于 150μm，最终颜色与上导油槽其他部位油漆颜色保持一致。

在喷涂最后一道漆前应仔细检查有无漆膜损伤，如有损伤应按原顺序和要求进行补喷，最后再整体喷涂。整个喷涂过程，应做到喷涂均匀，无透底、无漏喷及流挂等不符合油漆规范的现象。

（五）上导轴承加排油管路及阀门检修

上导轴承加排油管路、阀门、法兰外观检查应无缺陷，管路无堵塞，阀门开关动作灵活，对管路法兰连接处密封垫、阀门连接处密封进行更换，加排油时阀门及法兰等处检查无渗漏。上导加油至零位线的±5mm 以内，并定期观察油位是否稳定。

第二节　上端轴及滑转子检修

上端轴及滑转子为分体式结构，在机组安装时采用热套的方式进行安装，如图 3.4-1 所示。上端轴及滑转子检修项目包括滑转子检查与保养、上端轴法兰面检查处理、转子与上端轴连接螺栓及销钉检查处理、轴领与上端轴绝缘检查处理。

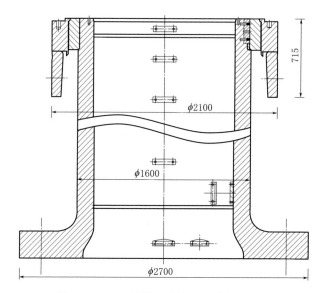

图 3.4-1 上端轴及滑转子（单位：mm）

一、滑转子检查及保养

使用丝绸、无水酒精清扫轴领外表面，检查轴领表面是否有高点、毛刺及局部烧损痕迹，如有以上缺陷，应用天然油石打磨高点、毛刺至手感光滑为止，然后用三氧化二铬研磨膏与透平油调和后倒在细毛毡上进行抛光处理。缺陷处理合格后，再次按上述方法清扫轴领至合格，在轴领表面均匀涂抹防锈剂，然后贴一层气相防锈纸，并用白布带进行包扎固定，如图 3.4-2所示。上端轴在油槽外放置时间过长时，应每半个月检查一次轴领表面的保护情况，若气相防锈纸有脱落，及时补充防锈剂并重新包扎，防止轴领生锈。

二、上端轴法兰面检查处理

检查上端轴与转子连接法兰面，应无高点、无毛刺。检查上端轴连接螺栓螺母安装平面，应平整无高点，对于部分机组上端轴螺母采用焊接挡块的方式进行止动，在回装前，需对挡块焊接位置焊缝打磨平整，并使用刀口尺进行检查，直至螺母安装平面平整度合格位置，清理上端轴法兰面各位置以及螺栓孔，然后对上端轴法兰面及螺栓孔涂抹防锈油，贴上气相防锈纸，防止法兰面及螺栓孔生锈。

图 3.4 - 2 上端轴轴领保养示意图

三、上端轴联轴螺栓及销钉检查

上端轴联轴螺栓承受较大的作用力，且在运行过程中长期受到机组振动及周围环境侵蚀的影响，导致螺栓疲劳破坏加速，存在产生裂纹的风险，检修时需对此类螺栓进行外观检查及无损检测以消除安全隐患。上端轴连轴螺栓、螺母及销钉外观检查应无缺陷，确保完好无损。螺栓与螺母配合应紧密良好，丝扣无缺损、脱扣、滑丝等现象，对螺栓进行无损检测，应无裂纹；检查销钉应无变形、无裂纹及高点等缺陷。

四、上端轴与滑转子绝缘检查处理

检查上端轴与滑转子之间的绝缘应不低于 $5M\Omega$，如达不到要求，应对上端轴与滑转子之间的绝缘进行更换。在拆卸滑转子过程中，应保持滑转子水平，然后用履带式加热板加热，并在滑转子上盖上防火保温材料，使滑转子的温度均匀上升至高于环境温度 50℃ 左右，保证滑转子与上端轴之间产生一定间隙，然后用葫芦将滑转子调平后吊出。更换绝缘材料后，回装滑转子并测量绝缘应满足要求。

第三节　滑环装置检修

滑环装置检修项目主要包括集电环检查及清扫、电刷及压紧弹簧更换、滑环室碳粉吸收系统检查。

一、集电环检查清扫

（1）检查刷握支架绝缘支柱固定是否牢靠，刷架有无明显接地点，并用 500V 兆欧表测量刷架、支架绝缘、支柱绝缘的绝缘电阻应大于 0.5MΩ。

（2）检查刷握绝缘部件有无过热、碳化现象，绝缘拉杆转动是否灵活。刷握距离集电环表面应有 3～5mm 间隙，刷握应垂直对正集电环，否则松开刷架螺栓调整刷架。

（3）检查电刷联结软线是否因过热褪色或烧熔，接触是否良好。

（4）检查电刷压力弹簧压力是否正常，电刷在刷握中间隙是否正常，有无卡住现象（电刷与刷盒壁间应有 0.1～0.2mm 间隙）。电刷与集电环接触是否良好。

（5）检查电刷边缘是否剥落，长度是否在要求范围内。工作电刷要求长度不得小于原长度的 1/2。

（6）检查各励磁电缆及其接头有无过热，绝缘是否良好，接头应紧固，电缆绝缘损坏者应予包扎修理，必要时进行更换。

（7）检查集电环表面有无变色、过热现象，螺旋槽外边缘有无麻点、刷印或沟纹，如果损伤深度大于 0.5mm 且在运行过程中有火花及响声出现而无法消除时，应进行局部研磨处理。必要时，将机组开至 20％空转状态下用油磨石或其他工具在机组低转速空转对集电环进行整体研磨。

（8）检查滑环室温度监测装置（RTD）是否正常。

（9）如果滑环装置 2 周以上不运行，应退出电刷或整个刷握，以防集电环上形成电解腐蚀的痕迹。

（10）在必要的时候，调换励磁正负极性，以减少运行中负极性集电环的磨损。

二、电刷及压紧弹簧更换

（一）电刷及压紧弹簧更换原则

（1）每个电刷有 1/4 刷辫断股、或电刷长度小于原长度的 1/2 时，应更换新电刷。

（2）电刷在刷握中跳动，压紧弹簧已失去弹性或断裂，应更换新电刷。

（二）电刷及压紧弹簧更换

（1）转动刷握插件的旋转手柄 90°，松开刷握插件并取下。

（2）松开电刷配线紧固螺丝，压下压紧弹簧支柱的顶部，打开扣锁取出旧电刷。

（3）滑环装置更换电刷数量在 15％以上时，电刷须进行打磨。直到电刷与集电环接触面达 3/4 以上。

（4）按着第二条反向步骤装入新电刷。若压紧弹簧失去弹性或断裂应更换。

（5）检查电刷引线连接是否牢固，刷辫与刷架接触是否良好，压紧弹簧是否卡紧，电刷在刷握内活动是否自由。

（6）将刷握插件安装在刷握架上并反向旋转90°。

（7）在停机状态下，测量集电环对绝缘件对地、刷握架对绝缘件对地的绝缘电阻。

三、滑环室碳粉吸收系统检查

（1）检查滑环室碳粉吸收系统各连接管路是否完好，对破损管路进行更换。

（2）粉尘吸收装置的各部分需拆下进行清扫；主要部位有粉尘收集室与收集外罩之间的收集管、粉尘收集罩、收集器风扇、电机、收集室、过滤器等。

（3）按电动机检修规程检修碳粉吸收装置电机。

（4）检查碳粉吸收装置动力盘各接触接头是否过热，各连接螺栓是否松动。

四、集电环表面凹坑缺陷处理

根据三峡电站机组多年检修经验，集电环主要缺陷包括：励磁电缆绝缘老化、电刷偏短、集电环表面凹坑等缺陷。

（一）缺陷现象

在三峡电站某机组检修时，集电环检查过程中发现集电环表面存在凹坑缺陷，集电环表面凹坑如图3.4-3所示。

图3.4-3　集电环表面存在凹坑缺陷

（二）分析及处理

集电环表面无变色、过热现象，集电环上环螺旋槽外边缘有一凹坑，损伤深度大于 0.5mm。查阅该机组检修记录，分析该痕迹可能为遗留旧痕迹。对该部位进行局部研磨处理。

第四节　转　子　检　修

转子检修项目主要包括转子磁轭检修、制动环检修、转子中心体及支臂检修、转子磁极检修、转子大轴引线检修、转子清洗及喷漆、转子圆度测量及调整等内容。

一、磁轭检修

（一）磁轭外观检查

（1）检查磁轭拉紧螺杆，螺杆及螺母应无松动，磁轭结构焊缝应无开裂及脱焊。

（2）检查磁轭外表及 T 形槽上、下端部位置，将存在的焊珠、高点及毛刺处理干净，并清理 T 形槽上、下端部位置渣子。

（二）磁轭清扫

（1）用扁铲或其他工具清理磁轭外表面粘贴的涤纶毛毡，在清理过程中做好防护措施，防止涤纶毛毡碎屑飞溅。

（2）用毛刷和吸尘器仔细清理磁轭外表、转子圆度调整垫片及 T 形槽内铁屑，并用压缩空气从外向内吹通风沟的残留杂质，确保整个转子外表面、转子支架内部区域无杂质及油污。

（3）用擦机布蘸适量无水乙醇、丙酮或溶剂型清洗剂擦拭磁轭表面、通风沟及圆度调整垫片，清扫磁轭表面、通风沟及圆度调整垫片上的油污。

（三）磁轭圆度处理

当磁极圆度超差时，需要对磁极圆度进行调整，若圆度超差过大，需要对磁轭圆度进行测量检查，同时，磁轭中心偏差及高程偏差应符合国家标准等技术要求，制动板波浪度应符合厂家安装技术要求。

（四）磁轭键检查处理

检查磁轭键焊缝应无松动及脱焊开裂等情况。

二、制动环检修

检查转子制动环应无变形，表面无裂纹及毛刺；环板部位的螺栓凹入制动环摩擦面深度不小于 2mm，制动环把合螺栓止动焊缝无开裂情况；按机组旋转方向检查闸板接缝，后一块不应凸出前一块，制动环接缝处应有 2mm 以上的间隙。检查无误后，对制动环及螺栓进行全面清扫处理，保证制动环及把合螺栓等处无渣滓无油污。

三、转子中心体及支臂检修

使用刀口尺检查转子中心体各法兰面及销钉孔，法兰面及销钉孔应无高点无毛刺；检查转子中心体及支臂各焊接部位，焊缝、构件应无变形、脱落及开裂情况。由于转子为高速旋转部件，在机组检修阶段，应对转子上各连接螺栓松紧情况进行检查。对于做好防松标记线的螺栓，通过标记线判断螺栓是否松动；对于无防松标记线的螺栓，应进行预紧力检查，同时，检查各部位螺栓止动措施是否可靠有效，防止机组运行过程中螺栓脱落导致机组扫镗等严重后果。在机组回装阶段，应对转子中心体及支部等各部位进行全面清扫，严禁有杂物残留。

四、转子磁极检修

（一）磁极接头检修

1. 磁极接头

三峡电站机组转子磁极接头有两种结构形式：一种是以 VGS 联营体机组为代表的铜编织线结构，如图 3.4 - 4 所示；另一种是以 ALSTOM 公司机组为代表的铜软连接片带拉紧螺杆结构，如图 3.4 - 5 所示。

图 3.4 - 4　VGS 联营体机组转子磁极接头

图 3.4-5　ALSTOM 公司机组转子磁极接头

2. 磁极接头检修原则

(1) 在发电机预防性试验过程中检查出磁极绕组直流电阻及某些磁极绕组接头接触电阻不合格。

(2) 在停机检查过程中发现磁极绕组接头过热，或其他原因损伤使导电截面减少 10% 以上。

(3) 在停机检查过程中发现磁极绕组接头铜软连接片断裂或铜片失去弹性。

(4) 由于磁极损坏或磁极绕组绝缘击穿等原因须吊磁极。

3. 磁极绕组接头拆装的检修步骤、工艺及标准

(1) 取下铜软连接板，检查磁极接头极间铜软连接板表面是否平整无变形，清洗接触面上的污垢，清理表面毛刺及氧化层，在处理过程中小心不要破坏镀银层。如果铜软连接板过热或损坏比较严重，需进行更换。

(2) 回装时，螺栓涂以适量的紧固胶，VGS 联营体机组转子磁极接头螺栓力矩要求 70N·m（螺栓规格为 M12），ALSTOM 公司机组转子磁极接头紧固螺栓和拉紧螺栓力矩要求 110N·m（螺栓规格为 M16）。用 0.05mm 的塞尺检查装配间隙，塞尺塞入深度不得大于 5mm，接头错位不应超过接头宽度的 10%。

(3) 重新测量直流电阻及磁极绕组接头接触电阻，重复以上工作程序直到直流电阻及磁极绕组接头接触电阻符合标准要求。

(4) 对于 ALSTOM 公司机组磁极接头检修，还应注意：检查拉紧螺栓上的环氧绝缘套管及环氧垫有无损坏或老化，并在回装时做相应更换。

（二）阻尼绕组接头检修

1. 阻尼绕组接头结构

VGS联营体机组转子阻尼绕组接头结构为两片铜软连接片结构，如图3.4-6所示；ALSTOM公司机组转子阻尼绕组接头结构为单片铜软连接片结构，如图3.4-7所示。

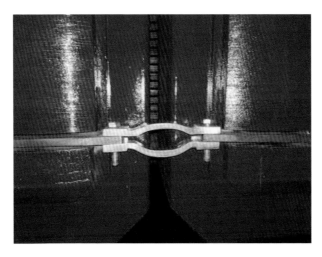

图3.4-6　VGS联营体机组转子阻尼绕组接头

图3.4-7　ALSTOM公司机组转子阻尼绕组接头

2. 阻尼绕组接头检修原则

（1）在停机检查过程中发现阻尼绕组接头严重过热。

（2）在停机检查过程中发现阻尼绕组接头紧固螺栓断裂。

（3）在停机检查中发现阻尼绕组接头铜软连接板断片或其他原因损伤使导电截面减少 10％以上。

3. 阻尼绕组接头拆装的检修步骤、工艺及标准

（1）拆卸阻尼绕组接头的紧固螺栓，取下铜软连接板。

（2）清洗接触面上的污垢，并处理毛刺及氧化层，在处理过程中小心破坏镀银层。如果铜软连接板过热或损坏比较严重，要进行更换。

（3）注意铜软连接板与磁极间的距离要保证大于 5mm，必要时在阻尼绕组接头附近转子绕组铜排上喷刷绝缘漆，以保证电气绝缘距离。

（4）紧固螺栓涂以适量的紧固胶，用力矩扳手对称紧固到 50N·m，并锁紧垫圈。然后用 0.05mm 的塞尺检查装配间隙，深不应大于 5mm，接头错位不应超过接头宽度的 10％。

（三）转子磁极更换检修

检查磁极线圈对磁极铁芯有无电晕及放电痕迹，匝间绝缘有无干裂、脱落，内、外绝缘有无损坏、老化，绝缘压板有无损伤。

1. 磁极更换检修原则

（1）磁极绕组对磁极铁芯放电导致绕组与铁芯间隔绝缘纸被击穿。

（2）磁极线圈匝间短路。

（3）磁极绕组接头过热烧熔，绝缘严重老化。

2. 磁极更换的检修步骤、工艺及标准

（1）转子磁极拔取。拔磁极专用工具准备就位，并办理拔磁极工作票，运行人员做好安全措施，磁极放置场地布置好木方，拔磁极专用工具如图 3.4－8 所示。

图 3.4－8　拔磁极专用工具安装

在发电机转子不吊出的情况下拔磁极时，应先拆卸一个方位上机架盖板、定子上挡风板、消防水管、下挡风板及其他有碍拔磁极的部件，拆卸方位及数量以方便磁极吊出为准，形成一个足够大的豁口，磁极吊出豁口如图 3.4-9 所示。在机坑内拔磁极需测量所拔磁极的空气间隙，作为修前转子磁极圆度数据；在机坑外拔磁极需使用测圆架测量转子磁极圆度，并做好记录。

图 3.4-9 磁极从上机架豁口拔出

对发电机转子进行盘车，使需要拔出的磁极旋转到上机架豁口位置，随后对需拆卸磁极、磁极键及相关附件进行编号，便于原位回装。拆开所拔磁极的阻尼环和励磁线圈接头，铲开磁极键端部焊点，在磁极铁芯"T"尾下端，用千斤顶和木方将磁极托住，确保千斤顶受力后顶紧。用挂在主钩钢丝绳上的拔键器卡住磁极主键，为防止拔脱伤人，拔键器应拴上绳子，两边拉住，然后找正吊钩位置，徐徐升起，将主键拔出。当主键拔出一段时，可用卡扣将主、副键捆绑在一起拔出，并妥善保管。若磁极键较紧不易拔出，则可提前0.5h在磁极键头部倒煤油，以浸润键结合面之间的铅油、锈点后再进行拔取。

磁极的两对键均拔出后，在磁极上、下端罩半圆形护盖捆好钢丝绳，将磁极吊起。用撬棍在上端将磁极撬向外侧，然后找正吊钩位置，将磁极垂直吊出。拔磁极时可用两条长条薄铁板塞入磁极背部与磁轭接触面，实时监视磁极起吊过程，严禁与定子发生碰撞。磁极拔出后，使用磁极平吊工具，将磁极吊放至准备好的木方上平稳放置。

（2）转子磁极回装。磁极回装前，先检查磁轭"T"尾槽内和磁极"T"尾应无杂物、高点及障碍点，并清扫干净；对拔出的磁极键对进行清扫处理，键有扭曲应修理、校正，键与磁极、磁轭接触面清理无毛刺；更换已经损坏、变形的磁极主、副键。

分别检查磁轭和磁极上的调整垫片，按修前垫片的尺寸规格更换严重弯折、变形的调整垫片；更换垫片时做好防护措施，收集并及时清理打磨焊点时的铁屑，严格保证施工现场无铁屑遗留。

分析修前转子圆度数据，准备各尺寸和规格的圆度调整垫片；若磁极背部有涤纶毛毡，则应先制备浸胶涤纶毛毡。

在磁轭 T 尾槽下端放好专用垫块和千斤顶，将两根副键厚端向下，斜面朝外，按编号放入 T 尾槽两侧，分别落在专用垫块的两侧平面上。安装拔磁极专用工具和翻身工具，用桥机将磁极由水平状态翻转为垂直状态后垂直起吊。在磁极吊入转子磁轭 T 尾槽时需对正，并保持磁极为垂直状态，磁极吊装时磁极垫片同磁极一起吊入；注意在整个磁极吊装过程中，随时检查磁极和磁轭表面是否有异物，做到随时随地清理，清理掉的异物不能遗留在转子上方和风洞内。

待磁极挂装到磁轭上，如果原磁极背部下托板上装有涤纶毛毡，那么需将新制备好的浸胶涤纶毛毡插入磁极背部下托板上，必须保证涤纶毛毡在添加过程中是湿润的，一旦涤纶毛毡变干则放弃使用。如果原磁极背部无涤纶毛毡，则不需要加涤纶毛毡。

涤纶毛毡安放到位后，拆卸磁极吊装工具，在两根主键的斜面上涂以铅油，再将其斜面朝里，薄端向下，按编号分别与副键相配，插入键槽然后用大锤交替将主键打入。第一次打紧磁极键要求将磁极键打出磁极下部铁芯，严格保证在涤纶毛毡固化前将充分挤压，并及时清理掉挤出的胶液。第一次打紧后，再分 3 次打紧磁极键，每次间隔 24h。

对于需要调整圆度的磁极，先根据调整后垫片的厚度预装磁极（背部需要加垫的磁极继续使用原磁极键，背部减垫的磁极使用标准键），打入磁极键后根据磁极键打入铁芯 T 形槽的深度初步计算出磁极键的加工量，待磁极键尺寸加工合适后，再次装入磁极键，若磁极键楔紧后在磁极铁芯下端仍不能露出主键，则需重复计算和加工磁极键的厚度，直到磁极主键完全楔紧并且能够在磁极铁芯下端露出为准。

重复上述步骤挂装剩下的转子磁极，使用空气间隙测量工具测量上、下转子圆度，空气间隙测量如图 3.4 - 10 所示，应按照修前测量位置进行圆度测量，下导中心无偏差，盘车过程中下导摆度 0.05mm 以内数据方为有效。要求同一个磁极修前与修后测量差值在 ±0.15mm 以内（修前未做转子圆度调整磁极），转子圆度要求不大于 1.7mm。若回装后的转子圆度超标，则必须吊出部分磁极，重新调整磁极背部垫片厚度，并将调整完毕的磁极重新回装，打紧对应的磁极键，如图 3.4 - 11 所示，盘车复测转子圆度至合格为止。

图 3.4-10　测量空气间隙　　　　　　　图 3.4-11　磁极键打紧

磁极键上部多余部分采用角磨机配切割片的方式进行切割，切割过程中注意磁极四周的防护与防火，做到工完后无遗留火星，无金属切割粉末粘接在磁极上，磁极上部保留的长度应超出磁轭 $100\sim120\,\mathrm{mm}$，磁极键下部采用氧气与乙炔的普通割枪进行切割，切割时注意防范将涤纶垫烧着，下部不超出磁轭拉紧螺栓下端面为标准，切割后主键切割端部应用角磨机修理平整。

焊接圆度调整垫片，磁极调整垫片上部采用氩弧焊点焊与磁轭上，调整垫片下部采用小压板压紧磁极垫片后点焊压板的方式，开机进行甩负荷试验后，再次逐个打紧磁极键。

由于在上机架盖板下方有接地保护线，因此在拆吊上机架盖板之前，应先拆除下方的接地保护线，以免拉断接地线。转子上、下挡风板拆装时候，螺栓容易落入定转子间隙间及线棒绝缘盒内，拆卸螺栓时，应在周围做好防护措施，并清点好拆卸的螺栓，数量不应缺少。转子上下挡风板装复时候，不锈钢螺栓应涂 277 螺纹锁固剂进行止动，转子上挡风板支撑横梁螺栓应点焊，防止松动。

（3）转子磁极及磁极键检查。检查磁极线圈应无损伤，磁极键应无松动，磁极键焊点应无开裂等现象。

（四）磁极解体及套装检修

机组转子检查时，如发现磁极托板与铁芯间隙过大，需对该磁极进行现场解体并重新套装。

1. 磁极解体、套装工艺

磁极铁芯与绝缘托板存在间隙，主要原因是绝缘托板安装不到位。处理方法为对问题磁极进行解体并按照装配工艺重新套极，磁极解体及套装工艺流程如图 3.4-12 所示。

2. 磁极解体、套装准备工作

（1）磁极解体、套装相关工具、材料及物资准备，技术方案编写完成。

（2）检修场地布置，检修场地位置空间合理，光源充足，电源、检修场

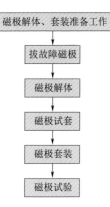

图 3.4 - 12　磁极解体及
套装检修流程

布置满足检修要求。

3. 故障磁极拔出

（1）确认故障磁极编号及位置。

（2）确认需起吊的上机架盖板，拆卸上机架盖板的接地线后吊开相应的上机架盖板。

（3）拆开发电机上下相应部位挡风板，螺栓应妥善保管并防止遗落在发电机内。

（4）拆卸磁极接头固定装置和磁极接头连接片，拆卸磁极阻尼接头连接片、磁极绕组接头拉紧螺栓、阻尼绕组接头拉杆以及它们的固定绝缘件。

（5）拆除磁极间隔环氧垫块及螺栓，拔出磁极键。

（6）将故障磁极相邻设备做好相关防护措施，防止拔磁极时碰撞相邻设备及异物掉入。

（7）拔磁极，拔出的磁极应放置指定检修区域且摆放可靠。

4. 磁极解体

（1）磁极的主要部件包括角部支撑板、角部绝缘托板、磁极线圈、磁极铁芯、磁极调整片，磁极相关部件介绍如图 3.4 - 13 所示。

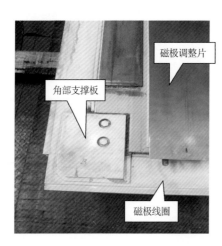
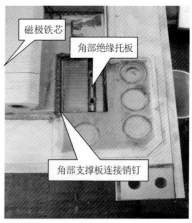

图 3.4 - 13　磁极相关部件介绍

（2）角部支撑板、角部绝缘托板、磁极线圈、磁极铁芯、磁极调整片相关位置以及方向做相应标记，防止回装时装错，解体前相应位置标记如图 3.4 - 14 所示。

（3）测量角部碟形弹簧压缩量。

（4）检查角部支撑板的高度是否高于磁极铁芯调整片的高度。

图 3.4 - 14　解体前相应位置标记

（5）检查磁极线圈与磁极铁芯轴向水平度。

（6）磁极铁芯鸽尾拉紧螺杆拆除，磁极铁芯鸽尾调整片取下。

（7）角部支撑板、角部绝缘托板拆除。

（8）铲除磁极线圈与磁极铁芯间口部绝缘密封绳，注意做好相关防护措施，防止损伤磁极线圈，口部绝缘密封绳拆除如图 3.4 - 15 所示。

图 3.4 - 15　口部绝缘密封绳拆除

　　（9）磁极吊装专用工具套在磁极铁芯鸽尾上，磁极吊装专用工具如图 3.4-16 所示，利用桥机将磁极吊至预先放置好的专用支撑上（6 个工字型支撑），利用铁芯自重使线圈与铁芯分离，若未分离，可用重物平压铁芯，使其分离，最终将磁极解体，磁极解体如图 3.4-17 所示。注意磁极线圈与铁芯间环氧垫板位置需在铁芯相应位置做好标识，线圈与铁芯分离时铁芯下方需用木方垫平。

图 3.4-16　磁极起吊

图 3.4-17　磁极解体

（10）磁极线圈与磁极铁芯间隙间塞板位置以及厚度标记以及塞板拆除。

（11）绝缘托板位置标记，绝缘托板检查，若绝缘托板已损坏将其更换为备用托板，绝缘托板检查如图 3.4 - 18 所示。

图 3.4 - 18　绝缘托板检查

（12）彻底清除磁极铁芯、磁极线圈、绝缘托板上的垢物。清理磁极线圈时注意保护磁极线圈匝间绝缘，若有条件，可在回装前进行匝间绝缘测试。若清理磁极线圈时需要将磁极线圈翻身，需用专用吊带套在线圈一侧，利用桥机缓慢起吊，使线圈翻身，应采取防止线圈晃动措施。磁极线圈翻身如图 3.4 - 19 所示。

图 3.4 - 19　磁极线圈翻身

（13）取下角部支撑板连接销钉，检查角部支撑板固定螺栓、角部支撑板连接销钉有无损坏，若已损坏则使用备品更换；将角部支撑板固定螺栓、角部支撑板连接销钉、角部支撑板连接销钉安装位置清理干净。

（14）将铁芯水平放置，根据磁极铁芯轴向水平度测量结果调整磁极铁芯轴向水平位置，调整的具体方法为可在磁极铁芯下方塞入木楔，通过调整木楔插入深度以调整磁极铁芯轴向水平度（要求磁极铁芯轴向水平度在 0.65mm 范围内）。

5. 磁极试套

（1）绝缘托板安装到位，绝缘托板安装图如图 3.4－20 所示。

绝缘托板

图 3.4－20　绝缘托板安装

（2）用两根吊带将清理好的磁极线圈平稳吊至铁芯上方，对正位置后将线圈平稳套在铁芯上。注意吊装过程中应尽量保证线圈呈水平状态，套装过程中应用薄环氧片插入线圈与铁芯之间防止触碰。磁极线圈落到位之后，调整磁极线圈位置，使得磁极线圈与磁极铁芯口部间隙均匀。磁极预装如图 3.4－21 所示。

（3）磁极线圈、磁极铁芯与绝缘托板间隙测量，并分段标记间隙大小，间隙大小标准为每 300mm 偏差不超过 1mm。

（4）磁极线圈与磁极铁芯分离。

图 3.4－21　磁极预装

6. 磁极套装

根据实测磁极线圈、磁极铁芯与绝缘托板间隙大小，在磁极铁芯表面以及绝缘托板表面加垫适当厚度 NOMEX 绝缘纸（加垫 NOMEX 绝缘纸厚度不超过测量间隙大小，偏差不超过 0.2mm），要求 NOMEX 绝缘纸折成 L 形，其水平向宽度与绝缘托板相同，竖直高度小于水平宽度，竖直高度由里至外递增，用专用双面胶带将其牢靠固定。磁极铁芯与绝缘托板间加垫如图 3.4－22所示。

图 3.4－22　磁极铁芯与绝缘托板间加垫

磁极线圈与绝缘托板加垫与磁极铁芯与绝缘托板加垫方法一样，根据间隙大小加垫相应厚薄的 NOMEX 绝缘纸，绝缘纸厚度根据间隙大小呈阶梯状递减。

（1）磁极铁芯与磁极线圈极身绝缘如图 3.4－23 所示，磁极线圈与磁极铁芯间隙用 0.25mm 厚 NOMEX 绝缘纸做极身绝缘，极身绝缘以驱动端或非驱动端中点位置附近作为起始位置，绕磁极铁芯环绕一圈，起点与终点搭接长度应在 100～150mm 范围内，极身绝缘用专用双面胶带牢靠固定。

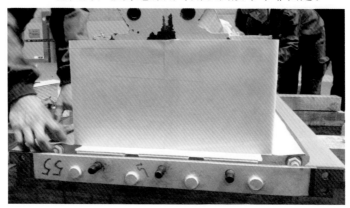

图 3.4－23　磁极铁芯与磁极线圈极身绝缘

（2）用 NOMEX 胶带（0.13mm×30mm）将相邻绝缘托板固定。相邻绝缘托板固定如图 3.4－24 所示。

图 3.4－24　相邻绝缘托板固定

（3）极身绝缘表面、绝缘托板表面或者绝缘托板上 NOMEX 绝缘纸表面刷润滑剂，便于磁极线圈套装以及调整磁极线圈位置。极身绝缘表面以及绝缘托板表面刷润滑剂如图 3.4－25 所示。

图 3.4 - 25　极身绝缘表面以及绝缘托板表面刷润滑剂

（4）用吊带将线圈平稳起吊后，用干净白布擦拭线圈上下、内外表面。将线圈吊至铁芯正上方后，在磁极线圈与磁极铁芯之间插入 0.5mm 厚环氧片，将磁极线圈缓慢套入磁极铁芯，套装过程应避免磁极线圈与磁极铁芯碰撞。磁极线圈到位之后，调整磁极线圈位置，使得磁极线圈与磁极铁芯间口部间隙均匀。磁极线圈与磁极铁芯间插入环氧片防护如图 3.4 - 26 所示。

图 3.4 - 26　磁极线圈与磁极铁芯间插入环氧片防护

（5）测量磁极线圈与绝缘托板、磁极铁芯与绝缘托板间缝隙大小，确认符合要求。检查绝缘托板是否装配到位，若未到位，用环氧板垫在绝缘托板外侧，用尼龙锤轻轻敲打环氧板外侧，直至绝缘托板装配到位。绝缘托板调整装配如图 3.4 - 27 所示。

图 3.4 - 27 调整绝缘托板使其装配到位

（6）用 500V 摇表测量磁极线圈与磁极铁芯之间绝缘电阻，绝缘电阻合格（大于 0.5MΩ）方可进行后续工作。

（7）选择与原装配尺寸相同的环氧玻璃布板，对环氧玻璃布板进行清扫，环氧玻璃布板不能用酒精布擦拭，因酒精对环氧胶有稀释作用，会影响其固化性能。准备与原装配尺寸相同厚度的涤纶毡，对涤纶毡进行裁剪，所需长度应在环氧玻璃布板高度两倍的基础上增加约 1cm，宽度应略大于环氧玻璃布板宽度。

（8）在磁极线圈与磁极铁芯间隙间原环氧玻璃布板安装位置，使用原厚度的涤纶毡加包原厚度环氧玻璃布板进行试塞，检查紧度是否符合要求，若偏松可适量调整环氧玻璃布板厚度以满足紧度要求。磁极线圈与磁极铁芯间隙以原厚度塞板试塞如图 3.4 - 28 所示。

图 3.4 - 28 磁极线圈与磁极铁芯间隙以原厚度塞板试塞

（9）调配适量胶，AY103 胶与固化剂 HY956 配比为 100：18，均匀搅拌 3～5min，配置的胶不宜过多，配胶时间需在规定范围内，过短胶不易混合均匀，过长胶易在未使用完便开始固化，造成浪费。

（10）将准备好的涤纶毡浸渍已配制好的环氧胶，稍微拧干后，根据每一个磁极铁芯与磁极线圈位置试塞结果包裹相应厚度环氧板，塞入磁极铁芯与磁极线圈相应位置，将涤纶毡高度超过环氧玻璃布板部分浸胶抹平。用干净白布将磁极线圈与磁极铁芯表面、角部支撑板连接销钉安装位置的环氧胶清理干净，注意不能用酒精等有机溶剂清理，以免影响胶的固化性能。

（11）常温固化 24h 后，用 500V 摇表测量线圈的绝缘电阻，绝缘电阻合格后方可进行后续工作。

（12）角部支撑板、碟形弹簧、角部绝缘托板、角部支撑板连接销钉、角部支撑板固定螺栓检查、清理、清洗，角部支撑板表面无铁锈，角部支撑板与角部绝缘托板表面无凸点、异物，若角部支撑板、角部绝缘托板已损坏则采用备品更换。角部绝缘板清理如图 3.4－29 所示。

图 3.4－29　角部绝缘板清理

（13）角部支撑板连接销钉、角部支撑板、碟形弹簧、角部绝缘托板预装如图 3.4－30 所示，检查角部支撑板固定螺栓与角部支撑板连接销钉配合度是否良好。

（14）拆卸角部支撑板、角部绝缘压板、碟形弹簧。

（15）将磁极线圈角部支撑板位置处磁极线圈与磁极铁芯极身绝缘 NO-MEX 绝缘纸高出磁极线圈部分剪掉，使极身绝缘与磁极线圈平齐。

（16）准备适当长度的 ϕ20mm 玻璃纤维绳及玻璃纤维套管各两根（玻璃纤

图 3.4 - 30　角部支撑板连接销钉、角部支撑板、碟簧、角部绝缘托板预装

维绳长度比磁极铁芯长度略长，玻璃纤维套管长度与磁极铁芯宽度相同），两根玻璃丝纤维绳末端用绝缘胶带扎紧，防止浸胶时玻璃纤维松散。玻璃丝纤维绳如图 3.4 - 31 所示。

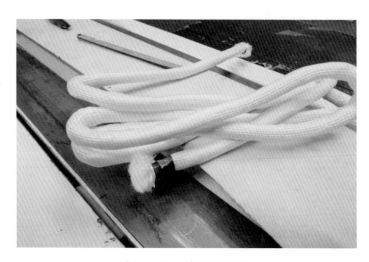

图 3.4 - 31　玻璃丝纤维绳

（17）配胶时 AY103 胶与固化剂 HY956 配比为 100：18，玻璃纤维绳及玻璃纤维套管浸胶后塞入磁极线圈与磁极铁芯口部间隙，确保磁极线圈与磁极铁

芯间口部间隙完全密封，在塞入间隙之前将角部绝缘托板位置处的玻璃丝纤维绳内玻璃丝纤维取出，只留下玻璃丝纤维套管。角部绝缘托板位置处玻璃丝纤维套管如图3.4-32所示。

图3.4-32　角部绝缘托板位置处为玻璃丝纤维套管

（18）角部绝缘托板、碟形弹簧、角部支撑板、角部支撑板固定螺栓回装，角部支撑板螺栓螺纹处需打螺纹锁固胶，调节角部支撑板固定螺栓紧度以调整碟形弹簧压缩量，碟形弹簧压缩量要求在0.5～3mm范围内。角部支撑板固定螺栓紧度及碟形弹簧压缩量调整如图3.4-33所示。

图3.4-33　调节角部支撑板固定螺栓紧度以调节碟形弹簧压缩量

（19）磁极线圈与磁极铁芯口部间隙密封绳表面涂刷一层 AY103 与 HY956 配制的环氧胶。

（20）在磁极线圈与磁极铁芯两短边间隙处密封绳表面垫一层塑料薄膜，用多块环氧板分别在轴向与径向呈 L 形压在未完全塞入缝隙中的玻璃丝纤维套管上，用工字形钢板压在环氧板上，直至玻璃丝纤维套管固化成型。玻璃丝纤维套管压紧前、玻璃丝纤维套管压紧过程中、玻璃丝纤维套管固化后分别如图 3.4－34～图 3.4－36 所示。

（21）用干净白布清理挤出的多余环氧胶，用塑料布盖住整个磁极，防止异物污染。

（22）待玻璃丝绳完全固化后（24h 后），对磁极进行电性能试验，其中包括绝缘电阻测试、匝间绝缘试验、交流阻抗试验、直流电阻试验、交流耐压试验。

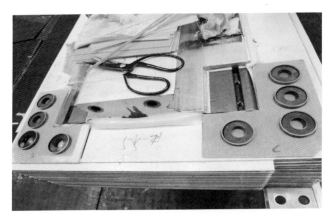

图 3.4－34　玻璃丝纤维套管未压紧前

图 3.4－35　玻璃丝纤维套管压紧过程中

图 3.4-36　玻璃丝纤维套管固化后

（23）磁极线圈、磁极铁芯与绝缘托板间隙填充道康宁密封胶，磁极线圈、磁极铁芯与绝缘托板间间隙完全密封。磁极线圈、磁极铁芯与绝缘托板间隙填充密封胶如图 3.4-37 所示。

图 3.4-37　磁极线圈、磁极铁芯与绝缘托板间隙填充密封胶

（24）待填充的胶固化之后（24h 后），对磁极整体补刷绝缘漆（面漆 DK222 与固化剂按 4∶1 比例配制），注意漆层应均匀，不得堆积或流淌，待漆干后，方可进行后续工作。

（25）磁极挂装，做好相关防护措施，防止碰到相邻磁极。

（26）阻尼接头连接片及支撑杆安装。接头连接面清洁无氧化，外观检查无损伤，无毛刺，所有螺丝均涂用 LOCTITE272 胶，紧固力矩 70N·m，连接后用 0.05mm 塞尺检查插入深度不应超过 5mm。

（27）磁极接头连接片和固定装置安装。要求接头连接面清洁无氧化，外观检查无损伤，无毛刺，所有螺丝均涂用 LOCTITE272 胶，紧固力矩 240N·m，连接后用 0.05mm 塞尺检查插入深度不应超过 5mm。

7. 磁极试验

由试验人员按照磁极检修规程对磁极进行线圈匝间绝缘、交流阻抗、直流阻抗及交流耐压试验。

五、转子大轴引线检修

检查转子引线表面绝缘有无损伤，有无对地产生放电痕迹。检查转子引线连接接头有无过热现象，绝缘套及绝缘垫有无过热、炭化、老化和损坏，接头螺栓是否紧固。如有过热，按如下步骤进行处理：

（1）拆除转子引线相应固定夹螺栓及过热连接头紧固螺栓，取下转子引线。

（2）处理接触面，注意不要损伤接触面镀银层。

（3）将处理好的引线固定在引线固定夹内，在引线接头连接好之前不要将固定夹螺栓拧紧。

（4）安装引线螺栓，在螺栓与螺帽的接触段涂 LOCTITE277 胶，然后立即用力距扳手将螺帽拧紧，力矩为 70N·m（紧固螺栓规格为 M12）。

（5）用 0.05mm 的塞尺检查接触面，塞尺塞入的深度不得超过 5mm。

（6）拧紧引线固定夹螺栓。

当大轴引线绝缘有损伤应及时处理，重新做绝缘。如有损伤按如下步骤进行处理：

（1）用工具剥除损伤的绝缘段，两边削成坡度状，斜坡的长度必须满足电压等级的要求。

（2）清理干净引线处理段。

（3）在待处理的引线段表面均匀涂刷一层环氧胶，再半叠绕包 3～4 层云母带，最后半叠绕包一层玻璃丝带，绕包过程中层间均需涂刷环氧胶。

（4）在包扎完绝缘带 48h 后在外表面涂刷一层绝缘漆。

六、转子清洗及喷漆

机组在长期运行中，发电机受到油、粉尘或其他物质的污染时，会导致发电机效率下降，影响转子的散热及绝缘，最终会引起转子故障。油污或混有多种粉尘的湿气沉积在线圈端部，会形成一层部分导电的膜，这种部分导电污物会在绝缘表面形成微电流，微电流分解绝缘材料的有机成分，形成电流通道，最终导致主绝缘失效。此外，遗留在发电机组内的金属物质，如果它们靠近线圈，就会在磁力或空气流动的作用下移动至线圈部位，随机组转动极易切穿绝缘引起短路，直接引起转子线圈故障。为了改善机组发电机的运行环境，机组大修时，应对转子磁极、转子磁轭、转子通风沟和转子支臂等部位进行常规清洗。

转子的清洁方法有喷吹法、喷洗法、溶剂擦拭法等，通常会多种方法结合使用。转子清洗时，可先采用 0.2～0.3MPa 清洁、干燥压缩空气进行吹扫，再用清洗剂从上而下喷洗磁极、磁轭表面及通风沟，最后用干净棉布擦拭干净。转子中心体等其他转子部件用棉布擦拭干净，转子磁极线圈清洗时不宜采取冲洗方式，应先用蘸有清洗剂的毛刷清洗，再用棉布及时擦拭干净。在转子吊入机坑后，应用吸尘器和面团将转子磁极上端面、定子机座上端面及机座横隔板清理干净。清洗过程中不能损伤绝缘引水管，擦拭干净后用塑料布做好防护。清洗后设备内的有害残液、残渣应清除干净，并应符合相应的标准。

转子喷漆必须在转子检修工作全部结束后，所有的螺栓已紧固情况下进行。喷漆前相应部位应彻底清扫，绝缘及铁芯表面不应有灰尘、油垢，然后用 0.7MPa 的清洁、干燥压缩空气吹扫。漆层厚度应均匀，不可出现滴淌、流挂现象。用塑料布覆盖喷漆表面，以免受灰尘污染。待漆干后，磁极按原编号标记。

七、转子圆度测量及调整

(一) 转子圆度的测量

转子圆度的测量分为机坑外测量和机坑内测量，其中，机坑外测量是在机组 A 修或 B 修过程中，转子吊出机坑后进行的测量，该测量使用转子测圆架；机坑内测量是在机组 C 修或者 D 修期间，不吊出转子的情况下进行的转子圆度测量，主要目的为不吊出转子时验证转子的圆度，或对转子局部圆度进行调整。

1. 机坑外转子圆度测量

机坑外转子圆度测量采用转子测圆架及百分表进行，具体步骤如下：

(1) 调整转子下法兰面水平不大于 0.05mm/m。

(2) 安装转子测圆架，调整测圆架主轴垂直度，使得测圆架旋转一周的跳动量不大于 0.20mm。

(3) 调整测圆架与转子中心体下法兰同心度不大于 0.05mm。

(4) 在磁极的中心线、上端、下端设三个测点。

(5) 测点的面积为 2×2（cm^2），测点范围应无高点并清除干净。

（6）测量过程中，测圆架转动应平稳均匀并始终按同一方向缓慢转动。

（7）每测完一个磁极，应把百分表测杆拉回，防止测杆被碰撞或损坏。

（8）每次测量应不少于两遍，并检查测圆架回转一周百分表在第一个磁极的读数是否回零。

2. 机坑内转子圆度测量

机坑内转子圆度测量主要在盘车阶段进行，其原理为在某个固定的位置测量定、转子空气间隙，通过空气间隙反映出转子的圆度。此时，空气间隙测量点相对定子不变，各磁极随着转子旋转至固定测量点时，利用空气间隙测量尺测出各磁极在该位置时的气隙，气隙值越大，说明转子在该磁极处的半径越小，气隙值越小，说明转子在该磁极处半径越大，从而反映出转子的圆度情况。机坑内转子圆度测量的过程如下：

（1）拆卸上下挡风板、上下导轴承及水导轴承。

（2）安装盘车装置。

（3）抱住下导四个方向共 8 块下导瓦，抱瓦间隙为 0.03～0.05mm。

（4）标记定子 $+Y$ 方向测点位置，选择 $+Y$ 方向附近的磁极，将该磁极的中心盘车至 $+Y$ 方向测点，并测量该磁极中心上、下端部 300mm 处的空气间隙值，以空气间隙作为转子圆度数据。

（5）在推力头 $+X$、$+Y$ 两个方向处架设百分表并调零位。

（6）盘车依次测量每个磁极中心与 $+Y$ 方向测点处空气间隙值，并读取相应位置时百分表数据。

（7）盘车过程中测量转子动态水平。转子动态水平小于 0.02mm/m，且盘车至 80 号磁极回到起始位置时，所测空气间隙与初始测量值偏差小于 0.10mm，百分表偏差小于 0.05mm 时上述测量数据有效。

（二）转子圆度调整处理

转子圆度调整处理分机坑外处理和机坑内处理。在机坑外，转子圆度调整可以通过打磨磁轭和增减磁极调整垫片的方式实现，但在机坑内，因无法对磁轭进行打磨，只能拔出磁极，通过改变磁极背后垫片的方式调整转子圆度。此处对机坑内转子磁极调整进行介绍。

以定子 $+Y$ 处为定点，通过盘车测量每个磁极上下部位的空气间隙值，通过对空气间隙值的计算导出转子上部、下部圆度和偏心，当某一处数据超标，则对该处圆度进行加垫或减垫处理，转子加垫示意图如图 3.4 - 38 所示。

转子圆度处理工艺流程如图 3.4 - 39 所示。

1. 盘车检查转子圆度、偏心

根据前述机坑内转子圆度测量方法进行转子圆度测量。在计算转子圆度 r

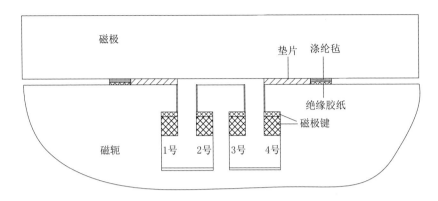

图 3.4-38 转子加垫示意图（注：数字为磁极键的顺序号）

和偏心值 e 时，要考虑推力头的蠕动量 Y_n，如果机组轴线已处理合格，那么计算圆度时不考虑推力头蠕动因素。计算公式如下：

$$\gamma = \delta_{\max} - \delta_{\min}$$

$$\delta = \delta_n + Y_n \quad (n = 1 \sim 80)$$

式中　δ——各测点处实际空气间隙，其大小为该处实测空气间隙 δ_n 与推力头蠕动量 Y_n 的矢量和。

偏心值 e 采用正交分解法进行计算，即

$$e = (2/n)\sqrt{\left(\sum R_i \sin\alpha_i\right)^2 \left(\sum R_i \cos\alpha_i\right)^2}$$

式中　e——转子的偏心值；

　　　n——转子半径的测点数；

　　　R_i——测点 i 处的半径测量值；

　　　α_i——测点 i 与 X 轴的夹角。

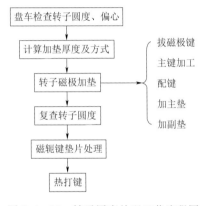

图 3.4-39 转子圆度处理工艺流程图

2. 计算加垫厚度及加垫方式

为了保证空气间隙值不受机组中心位置影响，每次测空气间隙前都要检查机组轴线是否合格，并测量转子动态水平。

根据空气间隙值分别计算转子上部和下部加垫厚度 $k_{n\text{上}}$ 和 $k_{n\text{下}}$，即 $k_{n\text{上}} = \delta_{n\text{上}} - \delta_{\min\text{上}}$，$k_{n\text{下}} = \delta_{n\text{下}} - \delta_{\min\text{下}}$。其中，$\delta_n$ 为第 n 个磁极处的空气间隙，$\delta_{\min}$ 为对应部位最小空气间隙值（本示例以最小空气间隙处磁极为基准进行加垫调整，在实际处理中，可根据原磁极圆度情况及调整标准要求选取合适的基准）。加垫时要考虑到转子对称区域加的质量是否均衡，加垫后，各磁极重量加上该处垫片的总重量应满足国标中关于转子磁极重量不平衡分布的要求。当上部和下

部加垫相差大于 1mm 以上时，进行阶梯加垫以实现平滑过渡；当加垫厚度大于 0.5mm 时，在磁极托板和磁轭之间加浸泡过 792 溶液的涤纶毡及绝缘胶纸，以防止磁极与磁轭之间有间隙。垫子长度由磁轭高度及加垫方式决定，宽度由磁极的铁芯宽度决定，材料与磁极铁芯材质一致。

3. 转子磁极加垫

（1）拔磁极键。拔键前先测量每个磁极空气间隙并记录，作为加垫后的参考。拔键时由于磁极在重力作用下发生倾斜，键被压紧，用小于空气间隙的木板插入空气间隙把磁极撬正，将键抽出，对拔出的磁极键进行编号并成对捆扎摆放。

（2）磁极键加工。将成对的主、副键两两匹配，并用 C 形夹均匀夹在长度合适的"工"字钢上，在确保键无变形和错边的情况下将两边点焊成一体，进行机械加工。加工尺寸根据加垫的多少进行计算。

（3）配键。配键之前，要计算键厚度，键厚度为磁极键设计厚度值与加垫厚度之差，阶梯加垫时，键的尺寸也随垫子厚度和长短变化。

取一副键做配键的标准用键，将主、副键放在合适的平台上，按键的最大厚度起配。用新磁极键配键时，主键小头应超出副键 80～100mm，用旧键配键时主键大头应超出副键 80～100mm，从而保证磁极键安装后上端伸出量在合格范围内。测量键厚度尺寸时先两头再中间，上下错动主键，尺寸不合适时进行再次加工直至合格。

（4）加主垫。按先长后短的顺序安装主垫片，长的靠近磁轭侧。加垫时可在磁极下部用千斤将磁极与磁轭顶开，把垫子从上部插入，使垫子平直并紧靠"T"尾，折边紧贴磁轭表面。垫子加好后，插入磁极键并打紧。键打紧后测量该处空气间隙值，如果超差，再根据测量值计算重新加垫。所有磁极加垫完成后，盘车检查轴线，定点测量空气间隙，计算转子圆度和偏心，对不合格的磁极进行再加垫处理，直到合格为止。

（5）加副垫。副垫由浸过 1：1 配比的 792 胶和 AB 胶溶液的涤纶毡和绝缘胶纸组成。拔掉磁极键，用千斤顶将磁极顶开，安装副垫，以上部以超出磁轭平面 150mm 左右为宜。将键斜面上抹上二硫化钼，用力先插入磁极键，用锤子交差打紧，打紧过程中，副垫会随着磁极键向下移动，应保证磁极键打紧后，副垫上端部不低于磁轭上平面。

（6）键的出头检查。所有的键打紧后，对磁极键端部伸出量进行检查，为了使键有足够的接触面积和打紧量，主、副键接触的长度达全长的 70% 以上，键的下端不应露出磁轭下平面。

4. 后续检查与处理

所有的键打完后，在机组轴线合格情况下复查转子圆度和偏心。

转子圆度复查合格后，对键上部露出的部分按要求切割，留 100～120mm 为宜，下部超出磁轭拉紧螺帽部分用气割。将副垫片露出的部分沿磁轭表面割除，主垫片折边与磁轭表面敲击严实。转子上部主垫片用氩弧焊分段焊在磁轭上，转子下部主垫片用 8mm×160mm×20mm 的铁板压住折边，用电焊分段焊在磁轭上。机组过速试验后，对所有的磁极键进行热打紧。

八、典型案例分析

（一）转子磁轭扭矩键整体上移处理

1. 缺陷描述

机组检修过程中，发现机组个别磁轭扭矩键出现整体向上发生位移 30mm 缺陷，如图 3.4-40 所示，经现场检查，磁轭扭矩键焊缝均无裂纹。

图 3.4-40　磁轭扭矩键整体上移

2. 原因分析

机组磁轭扭矩键的原焊接方式为：副键 1、副键 2 均在斜面配合侧（内侧）与主键焊接，副键 1、副键 2 与转子支架、磁轭冲片无焊接，如图 3.4-41 所示。磁轭在离心力及热胀冷缩作用下产生径向位移时摩擦面为副键 1 与转子支架接触面，当扭矩键主键有上移倾向时，由于副键 1、副键 2 的斜面配合面均与主键焊接在一起，相互间不存在位移产生，无法通过斜面进行有效楔紧，进而无法有效抑制扭矩键的整体上移。

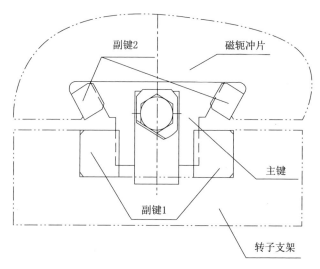

图 3.4-41　磁轭扭矩键装配示意图

3. 处理方式

经认真分析，在目前状况下将上移的扭矩键敲击回原处，不影响机组的正常运行。同时为有效防止出现再次出现扭矩键整体上移缺陷，在保持原有扭矩键主键及副键焊接方式不变的前提下，将上移的扭矩键恢复至原位，并将扭矩键主键与磁轭冲片进行焊接，如图 3.4-42 和图 3.4-43 所示。

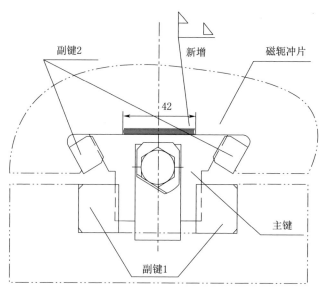

图 3.4-42　磁轭扭矩键焊接示意图（单位：mm）

图 3.4 - 43 现场磁轭扭矩键焊接

（二）阻尼绕组接头变形处理

1. 缺陷现象

在三峡电站水轮发电机转子检修过程中，发现阻尼环接头发生变形，下端阻尼环接头上翘，上端阻尼环接头下弯。下端阻尼环接头上翘如图 3.4 - 44 所示，上端阻尼环接头下弯如图 3.4 - 45 所示。

图 3.4 - 44　下端阻尼环接头上翘

图 3.4 - 45　上端阻尼环接头下弯

2. 分析处理情况

（1）原因分析。从缺陷现象看，阻尼环接头无过热迹象，可以排除过电流发热因素；阻尼环接头变形严重说明存在破坏性驱动力；变形的方向朝向轴向中部，说明破坏性驱动力的方向指向轴向中部。根据电磁场理论，可以初步判定这个作用力是阻尼环中的电流在极间漏磁场作用下产生的电动力。此力的大小取决于两个因素：阻尼环的电流，以及极间漏磁场的大小和方向。阻尼环接头发生变形原因很可能是机组在长期的运行过程中，发电机系统线路上出现多次单相、两相突然短路、非同期合闸等冲击。发电机受到冲击时，定子突增的冲击电流会在阻尼环中感应出很大的瞬时电流，在端环处的漏磁场也将陡增，两者的作用产生很大的轴向电动力。阻尼环连接处为悬臂结构，可承受一定的离心力作用，但对于冲击电磁力则刚性不足，容易发生变形。

（2）处理情况。在现有条件下直接取消阻尼环连接片，对机组的参数有一定影响，但采取一定措施后，有将影响控制在可接受范围内，相关工作需进一步分析研究，故暂按原状恢复处理。检修时对变形的阻尼接头校形处理措施，阻尼环接头校形如图 3.4 - 46 所示，处理方法为将阻尼环与磁极压板间的间隙垫实，制作校形专用工具将变形的阻尼接头校形至阻尼环接头与垫板表面垂直距离为 2～8mm（控制变形范围为 0～6mm），确保阻尼环连接片能正常安装，校形后对阻尼环表面进行着色探伤，检查无裂纹。校形后阻尼环连接片安装情况如图 3.4 - 47 所示。

图 3.4－46　阻尼环接头校形　　　图 3.4－47　校形后阻尼环连接片安装情况

第五节　定　子　检　修

定子主要检修项目包括定子机座外观检查、定子铁芯检修、齿压板检修、定位筋检修、拉紧螺杆检修、定子消防系统检修、定子圆度检查测量、定子绕组检修、纯水系统内段检查及处理、定子清洗及喷漆、定子线棒更换等内容。

一、定子机座外观检查

检查定子机座各连接螺栓应无松动，螺栓止动措施完好，结构焊缝与螺母点焊无开裂与脱焊，定子机座各部位应清洁无污迹、无遗留杂物，机座表面涂层应完好，如局部有损伤，应按部件原涂层的要求进行修补。

二、定子铁芯检修

检查定子铁芯压紧螺栓有无松动，上下压指及压板有无开裂错位，定子铁芯端部阶梯段、硅钢片有无过热、生锈松动或断裂，定子铁芯齿部及背部硅钢片有无松动、翘曲、变形现象；检查定子铁芯表面有无局部过热现象或连片现象，铁芯有无明显短路点，必要时做局部铁损试验检查确定；检查通风沟处有无杂物或堵塞，若有杂物或堵塞，需用高压空气处理干净；清洗定子铁芯表面及定子通风沟，对于不吊转子的检修，必要时应吊出部分磁极进行盘车检查定子内膛。

三、齿压板、定位筋及拉紧螺杆检修

检查齿压板应无松动，压指完好，无形变、无松动，压指焊缝无开裂无脱焊现象；检查齿压板调节螺栓应无松动，止动措施完好；检查定位筋应完好、背部无卡阻物，托板焊缝无开裂现象；检查拉紧螺杆、螺母无松动，无锈蚀现象，抽测拉紧螺杆伸长值及蝶形弹簧压缩量，应满足设计标准要求。

四、定子消防系统检修

检查定子消防管道及法兰处密封应完好，无渗漏状况。各法兰连接处螺栓紧固无松动，防松动措施完好，消防管路固定支撑焊缝处无开裂无脱焊，消防管道消防孔应畅通无堵塞。

五、定子圆度检查测量

机组检修期间，若空气间隙出现异常超标，可能与定子圆度有关，此时，需要对定子圆度进行测量检查，在机坑内测量定子圆度方法及步骤如下：

（1）拆卸上、下挡风板，拆卸前应做好编号及相对位置标记。

（2）安装盘车装置。

（3）拆卸上、下导轴承及水导轴承，抱住互为 90°四个方向共 8 块下导瓦，抱瓦间隙为 0.03～0.05mm。

（4）对磁极进行编号，将 1 号磁极中心位置盘车至＋Y 方向，测量该磁极中心上、下两端 300mm 处的空气间隙值；每次盘车过程中，应在推力头＋X、＋Y 两个方位架设百分表监视推力头摆度，推力头摆度应不超过 0.05mm，同时监视动态水平，转子动态水平应不大于 0.02mm/m。且盘车至 80 号磁极回复至起始位置时，所测空气间隙与初始测量值偏差小于 0.10mm，百分表偏差小于 0.05mm。上述测量数据有效。

（5）将其余磁极中心依次盘车经过＋Y 方位，可选择每转动 1 个或 2 个磁极时，测量一次 1 号磁极中心位置上、下端部 300mm 处空气间隙值，同时记录推力头处百分表摆度数据；当 1 号磁极中心位置再次盘车至＋Y 方位时，复测 1 号磁极中心位置上、下端部 300mm 处的空气间隙值，所测空气间隙与初次测量值偏差应小于 0.10mm。

取上述测量数据进行分析定子圆度，应符合机组安装时定子圆度相关技术标准。

六、定子绕组检修

（一）定子线棒检修

一般检修期间，由于定子线棒直线段处于槽内，无法直接通过外观进行检查，只能通过高压试验或槽电位试验进行判断有无故障或缺陷，故检修期间主要对定子线棒上、下端部进行检查。一般定子线棒常用检查项目主要包括：

（1）定子线棒的上、下端部有无电晕痕迹，绝缘表面应清洁，无过热及损伤，表面漆层应无裂纹、脱落及流挂现象。

（2）定子线棒电接头有无过热及开裂现象。

（3）定子线棒弯部（特别是垫块、端箍夹缝处）有无电晕放电痕迹，电晕粉末应当擦拭干净，并按防晕要求涂刷高阻半导体漆或绝缘漆。

（4）定子线棒弯部绝缘有无损伤老化；检查定子线棒端部的紧固、磨损情况，若存在松动、磨损情况应及时处理。多次或多处出现松动、磨损情况，应重新对发电机定子线棒端部进行整体绑扎；多次出现大范围松动、磨损情况，应对发电机定子线棒端部结构进行改造。

（5）线棒接头绝缘盒有无松动，开裂现象，绝缘盒与绕组接头有无放电痕迹。

（6）线棒端部、绝缘盒内表面、聚四氟乙烯软管接头有无漏水痕迹。

（7）定子线棒在上、下槽口处有无被硅钢片割伤或磨损绝缘现象。口部垫块绑扎有无松动现象。

如果以上检查有问题的，视具体情况进行更换或局部处理。对不吊转子检修，必要时应吊出部分磁极进行盘车检查定子内腔，并在开机前发电机内部应彻底清扫、检查，并检查发电机空气间隙。

（二）定子汇流环、过桥、引出线检修

汇流环是线棒端部与主中引出线的连接件，定子绕组通过线棒电接头间的连接、跨接线、汇流环和主中引出线，完成设计的定子接线方式。汇流环为自带绝缘层的中空铜环，用中频感应焊接方式通过接头将各段铜环组圆，汇流环焊接如图 3.4－48 所示。汇流环通过绝缘支撑部件固定。主引出线位于－Y 方向，三相各自通过八面体汇流，发电机汇流铜环和主引出线结构示意图如图 3.4－49 所示。

图 3.4－48　汇流环焊接

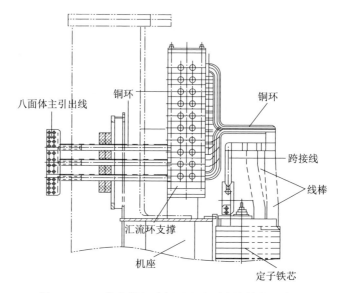

图 3.4 - 49　发电机汇流铜环和主引出线结构示意图

发电机每相主引出线在定子机座外侧与离相封闭母线连接，发电机端电流互感器安装于离相封闭母线罩内。发电机中性点采用差动保护，电流互感器布置在定子机座外侧支架上。发电机主引线和中性点引出线均装有可拆卸的铜连接接头，以便试验时与外部连接断开。

定子汇流铜环、过桥、引出线检查项目包括：

（1）过桥、汇流铜环及引出线绝缘有无损伤及电晕现象；玻璃丝纤维绳有无松动或断裂；端部垫块及端箍是否松动，端箍及各绝缘件应无绝缘损伤、老化，各部位绑扎牢固无位移。

（2）过桥、汇流铜环及引线支架绝缘有无损伤，过热现象，支架有无松动。

（三）槽楔检查及重打

1. 槽楔

槽楔是用于固定定子线棒直线段的主要部件，一般采用层压玻璃布板构成，三峡电站 ALSTOM 公司机组线棒固定方式如图 3.4 - 50 所示。槽楔一般分为主楔（也称外楔）和副楔（也称内楔），主楔两侧加工成鸽尾状，与铁芯的鸽尾配装，每节主楔还加工 3～4 个通风沟，比铁芯槽略窄。一种塑料制成的波纹板插在上下层槽楔之间，在线棒和下层槽楔之间有一层厚薄不一的垫条，通过检查波纹板的预压力就可决定要垫多厚的垫条。在每个槽里面一般装有一两个表面有孔的重要槽楔，通过该孔可以测量波纹板的压力，由此来判断槽楔是否松动，如图 3.4 - 51 所示。定子槽楔波纹板能够保证槽楔对长期运行的线棒有一个永久的压力作用。每个槽的端部槽楔需固定以防槽楔滑出，三峡电站机组端部槽楔固定方式有两种：一种是在每槽内的第一节、中间一节及最后一节槽楔安装时涂抹聚酯酰胺胶进行固定；另一种是在最上一节槽楔上端用无纬玻璃丝绳及适应毡与上层线棒绑在一起固定。

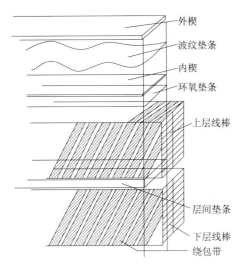

图 3.4-50　三峡电站 ALSTOM 公司机组
线棒固定方式

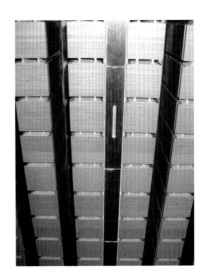

图 3.4-51　检测槽楔

2. 槽楔检查

首先应检查槽楔是否完整，有无断裂、突出铁芯、两槽楔间隙不大于2mm 等现象，定子线棒槽口处楔子有无跃起或脱落，楔子垫条有无上、下串动，槽楔是否凸出定子铁芯内圆；上部槽楔绑线及毛毡是否松动或断裂。

其次应检查槽楔松紧度是否符合要求。一般采用小铜锤敲击主楔上中下各部，通过听声判断槽楔松紧度是否合格。槽楔紧度判断应有经验丰富的人员进行，对紧度有异议时应有多人综合判断，敲击槽楔应用尺寸基本相同的铜锤，且敲击每节槽楔的部位及力量应基本一致。槽楔松紧度应满足上、下两端槽楔全紧，中间部位每节 3/4 长度应紧实。若检查发现上、下两端槽楔不全紧或中间部位连续每节槽楔 3/4 不紧实时，应进行槽楔重打。

3. 槽楔重打

若检查发现槽楔松紧度不符合要求，应对该槽的槽楔进行重打。

退出外楔、内楔、波纹垫条及垫条。注意不要损伤铁芯及线棒，退出的槽楔、波纹板及垫条要及时清出现场，检查并清扫线槽。退出的槽楔、波纹板及垫条有损伤时应进行更换，需用的槽楔、斜楔、垫条等均需在 60~80℃ 温度下烘干 24h 以上。

槽楔重打通常从最下一节开始，要求槽楔通风沟与铁芯通风沟沿转子旋转方向对齐。

在定子线棒上依次放上楔下垫条、副楔、波纹板、主楔，要求波纹板插入深度与主楔平齐，副楔用环氧板或专用工具打紧。当副楔与主楔平齐时，测量波纹板压缩量应在 85% 左右，并用小铜锤敲击主楔上、中、下各部听声音，以此为标准敲击其余槽楔，判断槽楔松紧度是否合格。

在打槽楔过程中应满足以下要求及质量标准：

（1）楔下垫条应垫得紧实、均匀、不重叠。

（2）不应损伤铁芯及线棒。

（3）槽楔上的通风沟与铁芯通风沟的方向一致，中心应对齐，偏差不大于 3mm。

（4）上、下相邻两节楔子间隙不大于 2mm。

（5）槽楔伸出槽口的长度相互高差不大于 3mm。

（6）槽楔打入后，最下两节及最上两节槽楔要求应全紧，其余各节槽楔要求 3/4 紧。

（7）在铲去多余垫条时，注意不应铲坏线棒绝缘。

（8）对于端部槽楔采用涂抹聚酯酰胺胶固定的机组，最下两层、最中间层和最上一层斜楔打入前，应涂抹适量的环氧聚酰胺粘胶。

（9）槽楔不得突出铁芯。

（四）定子线棒端部电晕处理

发电机定子线圈电晕是定子绕组高压线圈表面某些部位由于电场分布不均匀，局部场强过高，导致周围空气电离，引起的放电。电晕为发电机内局部放电一种形式。电晕本身放电强度不高，但其热效应、电效应及其化学效应持续作用，将降低绝缘材料的绝缘性能。因此，当定子线棒发生电晕时，应对其进行重点关注，必要时进行现场处理。下面以三峡电站某机组为例介绍一种线棒端部电晕处理案例。

1. 电晕现象

三峡电站某机组部分定子线棒出槽口位置及附近有白色粉末堆积，其中大部分发生在出槽口与铁芯压指平行处，经厂家技术人员确认，该区域为线棒端部高低阻搭接区域。电晕现象如图 3.4-52 所示。

2. 防晕结构介绍

该机组线棒端部防晕结构如图 3.4-53 所示。

3. 原因分析

根据电晕发生的部位及定子端部结构，分析可能的原因有以下几种：

（1）防晕结构。根据电晕线棒数量比例分析，不排除由于在线棒制造过程

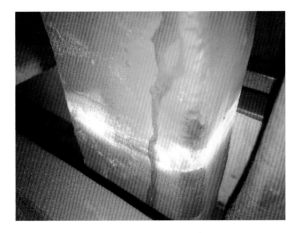

图 3.4-52　电晕现象

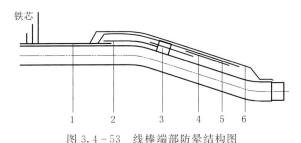

图 3.4-53　线棒端部防晕结构图

1—低电阻防晕层；2—第一级高电阻防晕层；3—第二级高电阻防晕层；

4—第三级高电阻防晕层；5—防晕保护层；6—覆盖漆

中防晕处理存在分散性导致个别线棒防晕带不连续，表面防污染能力不足，致使线棒在长期运行后出现电晕现象。

（2）定子绕组端部表面污染物。机组在运行过程中，定子腔内部存在粉尘和油雾，随着运行时间的延长，定子腔内部的粉尘和油雾逐渐形成油泥，附着在定子线棒端部表面。由于附着在定子线棒端部表面的油泥等污物的作用，影响线棒端部表面的电位分布，使得局部表面的电位梯度变大。当局部表面的电位梯度大于表面空气的放电电压时，产生局部电晕现象。

（3）定子绕组端部通风结构。定子绕组端部结构如图 3.4-54 所示。根据定子绕组端部结构图可知，定子绕组端部不处于风道，散热效果较差。由于运行过程中定子腔内部的粉尘、油雾形成的油泥吸附在定子绕组端部，造成端部脏污。受长期高温作用，加速脏污油泥碳化，导致原防晕结构受损，定子绕组端部出现电晕现象。

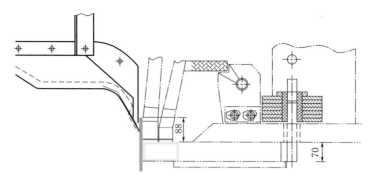

图 3.4 - 54　定子绕组端部结构图（单位：mm）

红色—线棒低阻出槽长度；黄色—压指；绿色—围屏；蓝色—挡风板

4. 处理方案

在原防晕结构基础上，重新刷包线棒端部防晕带，保证低阻区和铁芯搭接良好。定子线棒防晕加强处理示意图如图 3.4 - 55 所示。

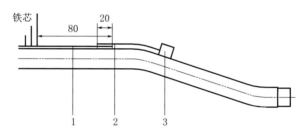

图 3.4 - 55　定子线棒防晕加强处理示意图（单位：mm）

1—涂刷或刷包室温固化低电阻防晕漆；2—涂刷或刷包室温固化高电阻防晕漆；
3—定子线棒端部第一道绑绳（从铁芯向绝缘盒方向）

电晕处理施工过程主要包括电晕部位清理、低阻区处理、高阻区处理、高阻防护带绕包、起晕试验、红瓷漆涂刷等。

（1）电晕部位清理。对所需处理线棒绝缘表面（从出槽口部位至第一道绑绳之间），将因电晕产生的"白斑、黑斑、黑线"等清理干净。检查电晕部位所在线棒的出槽口低阻防晕区域（包含伸出槽口的导电槽衬）是否被红瓷漆完全覆盖，若完全覆盖，则需对该定子线棒出槽口附近的铁芯表面涂层用砂纸进行砂磨直至露出金属表面。定子线棒槽口外的槽衬纸是否与线棒脱开，若出现脱开，用剪刀或裁纸刀将脱开的槽衬纸剪除，操作过程中注意不要损伤线棒绝缘，电晕部位清理后情况如图 3.4 - 56 所示。

（2）低阻区处理。

1）低阻区处理前的防护。低阻区处理前需做好相关防护，避免低阻漆涂刷或绕包时污染非低阻区，阻区处理前的防护如图 3.4 - 57 所示。

图 3.4 - 56　电晕部位清理后情况

图 3.4 - 57　阻区处理前的防护

对转子磁极线圈表面使用塑料布遮盖，避免低阻防晕漆滴落并污染磁极线圈，转子防护如图 3.4 - 58 所示。

2）低阻漆涂刷或刷包。根据需处理部位的操作空间实际情况，选择涂刷或刷包低阻防晕漆，原则上应优先选择刷包结构。

低阻防晕漆刷包方式为先绕包一层自制低阻防晕带，再涂刷一层低阻防晕漆。低阻防晕带采用低阻防晕漆充分渗透无碱玻璃纤维带而成，绕包低阻带及涂刷的低阻漆需与铁芯搭接良好，低阻漆涂刷如图 3.4 - 59 所示。

图 3.4 - 58　转子防护

图 3.4 - 59　低阻漆涂刷

实际处理时，往往因操作空间太小而无法完全涂刷图 3.4 - 55 中 1 所示范围，此时应保证在图 3.4 - 55 中（20±5）mm 范围（高低阻搭接部位）的线棒四个面均涂刷低阻防晕漆，如图 3.4 - 59 所示。线棒其余低阻处理部位的两个大面必须涂刷完全，两个小面则尽量进行涂刷。

低阻防晕漆若少量黏附在定子绕组非预期处理部位，需待处该黏附的低阻防晕漆固化后，使用砂磨的方式移除该低阻防晕漆。

一般低阻防晕漆的固化时间不小于 24h，固化期间应对修复的线棒进行防尘防护措施。

（3）高阻区处理。

1）高阻区处理前的防护。高阻区处理前也应做好相关防护，避免高阻漆涂刷或绕包时污染非高阻区，高阻区处理前的防护如图 3.4-60 所示。

2）高阻防晕漆刷包或涂刷。根据需处理部位的操作空间实际情况，选择涂刷或刷包高阻防晕漆，原则上应优先选择刷包结构，高阻防晕漆刷包如图 3.4-61 所示。

图 3.4-60　高阻区处理前的防护　　　　图 3.4-61　高阻防晕漆刷包

高阻防晕漆若少量黏附在定子绕组非预期处理部位，可在高阻防晕漆固化前，使用白棉布（禁止使用棉纱）蘸适量无水酒精清洁，也可以等待该处黏附的高阻防晕漆固化后，使用砂磨的方式移除该高阻防晕漆。

高阻防晕漆刷包或涂刷完成后，一般需在室温下晾干 24h 及以上（当环境温度不低于 20℃时）或室温下晾干 48h 及以上（当环境温度低于 20℃时）方能进行下道工序（包含移除纸黏带）。固化期间应对修复的线棒进行防尘防护措施。

（4）高阻保护带绕包。高阻保护带绕包前采用与高阻防晕漆处理相同的防护方式进行防护。

在高阻区处理区域范围内绕包涂刷了环氧胶的保护带，采用 1/2 叠绕方式绕包 1 层。

环氧胶若少量黏附在定子绕组非预期处理部位，可在环氧胶固化前，使用白棉布（禁止使用棉纱）蘸适量无水酒精清洁。

（5）起晕试验。在 $1.1U_n$ 试验电压下，端部应无明显晕带和连续的金黄色亮点。

（6）红瓷漆涂刷。起晕试验合格后，在线棒端部处理表面涂刷 1 层聚酯晾干红瓷漆，并室温下晾干 24h 及以上。红瓷漆涂刷如图 3.4-62 所示。

图 3.4-62　红瓷漆涂刷

七、纯水系统内段检查及处理

（一）纯水系统简介

三峡电站定子绕组水冷机组每根定子线棒内设有 6 股空心铜导体或空心不锈钢导体，发电机运行时空心导体通入纯水对发电机定子绕组进行冷却，即为定子纯水系统。纯水系统包括了纯水的循环系统、冷却系统及纯水的处理系统，同时也包括了纯水系统内的监控装置。纯水系统由以下各部分组成：

1. 纯水系统内段（PWSI）

纯水系统内段包括纯水系统的位于发电机室内的所有部件，如定子绕组、汇水环管、绝缘引水管，定子绕组进水阀门及绕组出水阀为纯水内段与外段的分界点，绝缘引水管如图 3.4-63 所示。

2. 纯水系统外段（PWSE）

纯水系统外段包括发电机室及定子绕组进水阀和绕组出水阀以外的部件，

图 3.4 - 63　绝缘引水管

如定子绕组旁通、水泵、冷却器、机械过滤器、离子交换器及膨胀水箱，纯水装置相关设备如图 3.4 - 64 所示。

图 3.4 - 64　纯水装置实物图

（二）纯水系统内段检查

纯水系统内段检查主要项目包括：检查机坑内纯水进出环管一点接地是否良好；环管连接部位是否有漏水痕迹，连接螺栓有无松动；环管支架焊缝是否开裂，固定螺栓有无松动；绝缘引水管接头有无漏水痕迹，螺纹套有无松动，绝缘引水管有无严重变形或放电、烧痕现象；绝缘引水管与纯水进出环管连接螺丝绑扎带是否松脱或断裂；纯水支路 RTD 是否松动，线路是否完好。

若检查发现纯水系统内段存在漏水现象，应拆卸漏水点进行进一步检查，必要时更换绝缘引水管或其他相关处理。下面对某机组发电机出口水接头漏水缺陷处理进行介绍。

（三）发电机出口水接头漏水缺陷

1. 缺陷描述

三峡电站某机组发电机出口处各支路的引出线穿过金具头后在金具头背面通过铜管连接。

纯水系统试验时，发现 A 相出口处两处水接头根部与铜环焊接处各有一渗漏点，其中一处渗漏点渗水较快，在纯水系统启动瞬间及压力达到 1.2MPa（12bar）时呈水柱喷出，发电机出口水接头漏水如图 3.4-65所示。

图 3.4-65　发电机出口水接头漏水

2. 处理方案

采用乙炔-氧气焊重新焊接出口处水接头，由于该处水接头与铜环焊接为不锈钢与铜两种不同材质的焊接，对焊接工艺要求高，现场处理时出口金具头处空间狭小，且焊料融化后受重力往下流，很容易留下砂眼。一般需拆除出口金具头，吊出在平整位置放置水平，再将不锈钢水接头与铜环焊开，对不锈钢水接头与铜环进行打磨，去除原焊料后重新进行焊接。处理过程如图 3.4-66～图 3.4-68 所示。清理焊渣后再回装铜管水接头，回装后如图 3.4-69 所示。

一般在吊入机组前，需单独对出口金具头水路进行水压试验检漏，若仍有漏点需重新打磨焊接，直至试验合格。水压试验合格后，铜环内部用纯水进行冲洗，将遗留在铜环内壁的杂物清洗干净。最后再吊入机组安装，与系统一起进行水压试验。

图 3.4 - 66　铜环打磨

图 3.4 - 67　不锈钢水接头打磨

图 3.4 - 68　水接头重新焊接后

图 3.4 - 69　铜管接头回装后

八、定子清洗及喷漆

(一) 定子清洗

定子清洗应满足以下工艺要求:

(1) 用清洗剂清洗定子机座、定子铁芯、定子绕组、汇流铜环等部位。并连接厂房工业用气,通过气阀调节合适的气压,用清洁、干燥压缩空气对设备进行清扫。定子通风沟冲洗如图 3.4 - 70 所示。

(2) 清洗完成后各部位表面应无脏污残留,绝缘表面应光洁,绑扎带缝隙间应无污垢。

(二) 定子喷漆

1. 需对发电机定子进行喷漆的原则

(1) 发电机线棒及汇流环管绝缘漆层损坏。

（2）发电机部分或全部槽楔更换。

（3）发电机线棒更换或局部铁芯叠片处理。

（4）发电机 A 修时，喷漆部位包括线棒上下端部、定子铁芯内膛、汇流环等（定子线棒端部喷漆如图 3.4－71 所示）；定子局部处理时，若其余部位油漆完好，只需对处理部位进行喷漆处理。

图 3.4－70　定子通风沟冲洗　　　　　图 3.4－71　定子线棒端部喷漆

2. 定子喷漆工艺及标准

（1）喷漆前相应部位应彻底清扫，绝缘及铁芯表面不应有灰尘、油垢。

（2）漆层厚度应均匀，不可出现滴淌、流挂现象。

（3）用塑料布覆盖定子喷漆表面，以免受灰尘污染。

九、定子线棒更换

（一）定子线棒更换原则

三峡电站机组定子线棒出现下列情况之一时应当更换：

（1）运行中击穿的线棒，其击穿点在槽内或槽口附近者。

（2）预防性试验时线棒被击穿，其击穿部位同上者。

（3）线棒距槽口附近主绝缘损伤深度超过定子线棒主绝缘厚度 18％以上者。

（4）线棒防晕层严重损伤者。

（5）接头股线损伤其导体截面减少达 15％以上者。

（6）线棒水接头与铜空心导管之间的焊接开裂或损坏漏水者，或者线棒水接头不锈钢水箱或不锈钢空心管以及两者之间焊接部位开裂或损坏漏水，或者线棒电液接头开裂或损坏泄漏蒸发冷却介质者。

（7）铜空心导管内部结垢堵死或腐蚀漏水，或者铜空心导管内部结垢堵死或腐蚀泄漏蒸发冷却介质者。

（二）定子线棒更换施工工艺

三峡电站机组各机型线棒更换工艺大体相似，只是在线棒槽衬结构上有区别。定子线棒更换工艺流程图如图 3.4-72 所示。

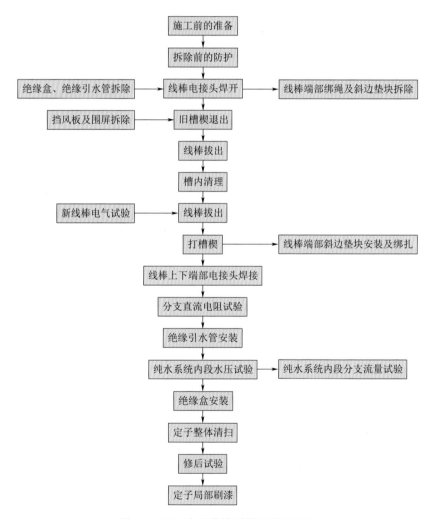

图 3.4-72 定子线棒更换工艺流程图

1. 准备工作

施工前应做好相应的准备工作，施工用电源、水源、气源应具备，工具、材料、试验设备等要到位。

需用的槽楔、斜楔、垫条、斜边垫块及线棒等均需提前进行烘干，对要使用的胶进行配比试验，对焊接用的中频焊机进行检修及试运行。检查新线棒表面应无损伤或其他缺陷，并对要更换的新线棒进行安装前高压试验。若更换的线棒槽有层间 RTD，应对 RTD 做相关电气试验。

2. 退绝缘盒

拆除绝缘盒前应做好必要的防护措施，以免环氧碎渣飞溅。拆除绝缘盒固定件，取下绝缘盒。

3. 拆除聚四氟乙烯软管

关闭纯水系统膨胀水箱进出口阀门及主回路阀门。用专用扳手等工具松开聚四氟乙烯软管螺丝，拆除聚四氟乙烯软管，对拆解部件（包括软管及其密封件、紧固件）进行妥善保存。用特制堵头封堵聚四氟乙烯软管及相关线棒。

4. 焊接电接头

焊接电接头前用防火布做好必要的防护措施，防止焊接过程中焊料滴落损伤线棒。在线棒端部做好防过热措施，以避免在焊接过程中损伤线棒绝缘。用中频焊机对处理的电接头并头块进行加热，当并头块间的焊料开始熔化时，将电接头分开。注意避免电接头熔化以及损伤线棒电接头。电接头焊开后，清理干净焊渣。

5. 拆除斜边垫块及端部垫块

割除斜边垫块与中间支撑环、端箍固定的绑扎带，取出斜边环氧垫块及适形材料；如有端部垫块，应割除绑绳后取出。为了防止损伤临近的定子线棒绝缘，切割必须平行线棒进行。为了防止损伤临近定子线棒的 R 弯部防晕层，斜边垫块应分成两半后取出。

6. 退槽楔

退出外楔、内楔、波纹垫条及垫条。注意不要损伤铁芯及线棒，退出的槽楔及垫条要及时清出现场，检查并清扫线槽。

7. 拔线棒

拔出上层线棒。在整个过程中，线棒上下端部用力要均匀，使线棒从槽中能够平行移出，避免线棒变形。取出层间垫条，注意小心不要损伤电缆及RTD。如果只是更换上层线棒，必要时，可取出中间垫条或层间 RTD 仔细检查下层线棒外表面绝缘是否受到机械损伤。拆除相应部位的中间支撑环，按取上层线棒的方法取出下层线棒。

取出损坏线棒后，应注意保护故障点，并做好记录，以便分析。在拔线棒的整个过程中，应保证拔出的非故障线棒完好无损，且不要损伤铁芯。

清扫线槽、槽楔沟及通风沟。检查铁芯压指、通风沟、线棒绝缘、铁芯叠片是否有损伤，并进行相应处理，如铁芯叠片有连片或凸出，应根据具体情况及时处理，并进行局部喷绝缘漆。

8. 嵌入下层线棒

嵌入所有需嵌线槽的槽底垫条，并用粘胶带在上压板上对其进行固定，以防止槽底垫条上下窜动。垫条上、下端露出定子铁芯部分的长度不大于5mm。

三峡电站机组线棒均是通过半导体硅脂复合物与定子槽接触，利用半导体硅脂复合物的弹性使之与定子槽结合紧密来降低槽电位，其槽衬布置一般有以下两种：

（1）U形包裹方式。配置适量的半导体物质漆或半导体腻子。在线棒涂漆专用平台上放上半导体聚酯带，用带齿的刮刀涂刷一层半导体漆或半导体腻子，涂漆要保证均匀。

将备用线棒宽面放在涂刷有半导体漆或半导体腻子的半导体聚酯带上，用与线棒窄面尺寸相同的环氧刮板沿着线棒窄面将半导质漆或半导体腻子刮除掉，打开专用平台的压紧平板，将半导体聚酯带包裹在线棒上，线棒槽衬刷包如图3.4-73所示。

（2）半导体聚酯带绕包方式。擦扫线棒，并选取5个点做直线段线棒宽度、厚度的数据量取和记录，对线棒所对应的铁芯槽也做槽宽、槽深的测量和记录，并根据线棒和对应铁芯槽量取的数据之差调整硅胶敷料器的涂层厚度。在下线过程中如果发现线棒在定子槽中太松或太紧，可调大或调小硅胶敷料器的涂层厚度以使线棒与定子槽的松紧度适宜。

将聚酯半导体纸带安放在硅胶敷料器上。用记号笔标记聚酯半导体带绕包位置，把所要嵌入的线棒放在带有软衬底材料的工作平台上，截取涂有半导体胶的聚酯半导体带，按照图示进行绕包线棒。绕包的过程中用力要均匀，以免胶流出；绕包带匝间距离应保证为1～3mm，如图3.4-74所示。

图3.4-73 线棒槽衬刷包

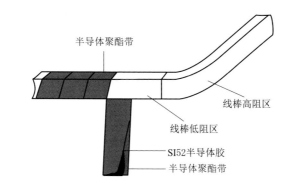

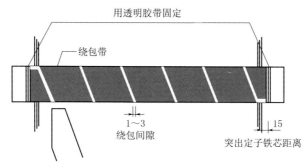

半导体聚酯带

线棒高阻区

线棒低阻区

SI52半导体胶

半导体聚酯带

用透明胶带固定

绕包带

1~3
绕包间隙

15

突出定子铁芯距离

图 3.4-74　线棒槽衬绕包（单位：mm）

　　线棒槽衬布置好后，用吊具将线棒吊至相应槽的槽口附近，目测初步调整线棒的高度。然后将平行线棒推入槽中，如图 3.4-75 所示。线棒一旦导入槽中，不得再将其在轴向移动。在吊装过程中，避免线棒碰到其他部位，以免损伤绝缘。

　　重新检测线棒的高度，必要时再进行调整。用压紧工具将嵌入的线棒固定牢固，固定点应不少于 5 处，将铁芯上保护胶带及过量挤出的半导体胶去除，如图 3.4-76 所示。

　　取下吊具，准备下一根线棒的安装。直到所有须更换的下层线棒安装完毕。保持线棒在槽内的压紧状态，至线棒紧固后方能取下压紧木楔。

图 3.4-75　线棒嵌入槽内

图 3.4 - 76　线棒固定

9. 下层线棒绑扎固定

用模板在下层线棒上标出线棒斜边垫块的轴向位置。根据下层线棒间的斜边实际距离，通过削薄环氧垫块和增加适形材料的方法来调节斜边环氧垫块的厚度。要求斜边环氧垫块安装得不要太紧，以免挤压线棒产生应力。

将调整好的斜边垫块及适形材料取下进行处理（将适形材料浸渍环氧树脂胶），将浸渍好的适形材料包裹在斜边垫块的外面，安装在相应位置并调整。

用浸渍室温固化胶的玻璃丝纤维带包扎斜边垫块，采取半叠压绕包的方式固定斜边垫块，包扎完成后要求斜边垫块无裸露、绑扎带绑扎紧固、美观、无尖角毛刺，如图 3.4 - 77 所示。对更换的下层线棒进行彻底清扫。

图 3.4 - 77　斜边垫块绑扎

10. 下层线棒干燥

干燥完成后对更换的下层线棒进行高压试验。

11. 嵌入上层线棒

按嵌下层线棒的工艺嵌入上层线棒。并调整上层线棒，使上下层线棒的电接头径向及轴向对接尺寸偏差分别在 3mm 和 4mm 范围内。

12. 槽楔装配

按槽楔重打工艺进行槽楔装配。

13. 上层线棒绑扎固定

按下层线棒绑扎、固定的程序、工艺绑扎固定上层线棒。

14. 上层线棒干燥

干燥完成后对更换的上层线棒进行高压试验。

15. 线棒电接头焊接

电接头焊接之前做好防护措施，避免打磨电接头时金属粉末掉落在发电机内，以及防止焊接时焊液损坏线棒绝缘、焊渣遗留在发电机内。

检查处理线棒电接头，使之清洁、平坦、无油脂及氧化层，以达到焊接要求。检查上下层线棒电接头接触情况，如线棒电接头间隙过大，对其进行整形。调整线棒上下端电接头，使其对正，使线棒上下端电接头的最大允许的轴向偏差及最大允许的轴向偏差符合要求。

控制加热时间不能过长，焊接时，为了避免热量积聚，每一个电接头焊完后应待完全自然冷却后再焊下一个电接头，焊接顺序为从上向下，如此往复直至焊接完毕。在焊接过程中，不要打开线棒上下端部的保护盖，以免空心导线内部氧化。

清理在电接头上由加热产生的氧化物及焊瘤。对焊接缝及表面进行外观检查和处理，要求外观光滑、平整、饱满、无气孔裂纹。去掉尖角与毛刺及多余焊料，不得损伤电接头及线棒绝缘。必要时可用测直流电阻或涡流探测检查。如检查不符合要求，应补焊。

16. 聚四氟乙烯软管安装

准备好四氟乙烯软管、密封件及其紧固件，用专用工装将其连接紧固，安装过程中注意不要损伤连接处螺纹。

17. 气密试验（必要时）

此试验只有在线棒中纯水全部排出后方可进行。关闭纯水系统内段纯水进出口总阀，在纯水系统内段管道内充入干燥的空气或氮气，压力为 5.0bar（1bar＝0.1MPa）。保持 5.0bar 的压力，试验持续时间不小于 24h。每小时记录一次数值，包括压力值和环境温度。如果后 12h 的压力降不大于 0.2％，认为气密试验通过。若压力降不小于 0.2％，应找出漏点并处理直至合格，必要时可充入 50％氢气和 50％干燥空气至 5.0bar，并用氢气检漏仪检测漏点，处理至合格为止。

18. 水压试验

打开纯水系统膨胀水箱进出阀门及主回路阀门。启动纯水系统运行 2h 后，打开所有排气阀进行排气。停纯水系统，关闭纯水系统膨胀水箱进出阀门。接好液压泵管路，加压检查纯水内循环系统是否有渗水痕迹。

将纯水内循环系统加压至 10bar，检查纯水系统内段各接头部位是否有渗漏现象。若无渗漏，将纯水内循环系统加压至 12bar，保压 30min，若水压无明显变化且检查纯水内循环系统未发现渗漏现象，水压试验通过。若发现渗漏现象或水压变化较大，应找出水压变化原因，处理后再进行水压试验。

19. 流量试验

启动纯水系统，记录纯水系统主回路流量，并计算出单个支路的流量。将流量测量装置依次安放在每个纯水支路中进行测量，要求各支路流量与平均流量的偏差不大于±10％即满足要求。

20. 绝缘盒安装

准备好绝缘盒及所需的固定件，按要求安装绝缘盒。安装绝缘盒时用力需均匀，保证其与相邻绝缘盒径向、周向、轴向应整齐一致，并满足绝缘盒之间间隙与圆度的要求，如图 3.4－78 所示。

图 3.4－78　绝缘盒安装

十、典型案例分析

(一) 改造原因

水轮发电机由于极数多，定子通常只能选择分数槽绕组。分数槽绕组的特点是负载时定子绕组电流会产生一系列分数次谐波磁场，与主波磁场相互作用从而产生 100Hz 电磁激振力，当定子（对应力波振型）的固有频率接近 100Hz 激振频率时，就会引起共振。分析表明，分数次谐波磁场当极对数接近主波极对数的且反转时，易与主波相互作用产生力波节点对数较小，可能引起较大的振动。三峡某机型发电机改造前每相每极槽数为分数槽，经分析定子绕组将会产生 20 对极（即 1/2 次）和 50 对极（即 5/4 次）的分数次反转磁势（磁场）谐波，与主波磁场相互作用分别产生 20 对节点和 10 对节点激振的电磁力波，从而引起 100Hz 电磁振动。

为消除该机型机组 100Hz 高频振动，彻底消除机组运行震动过大的隐患，决定改动原方案接线方式，由"10+7"大小相带布置改为"12+5"的大小相带布置，将引起电磁振动的 50 对极谐波幅值削弱。此外，对机组相关机械部分进行了转子圆度检查与调整、机组轴线检查与调整。

(二) 定子接线改造

定子接线改造实施是在转子将不吊出机坑的情况下完成的。为便于定子改接线工作的开展，在转子圆周上对称开 5 个工作面，每个面需拔出磁极 4 个。

1. 定子接线改造范围

定子接线改造实施过程中，线棒不变仅交换引线线棒位置，同时铜环及冷却水联管做相应改变，其具体改造范围主要包括定子线圈、并头块、跨接线、铜环引线、绝缘引水管、绝缘支撑、纯水管路、主引出线等。

为了尽量利用现有线圈，同时为了解决上层线棒穿过跨接线的问题，对上层线棒直线部分进行加长，加长的上层线棒需拔出，更换新线棒。同时该处对应的下层线棒电接头还需做 180° 的换向处理，用于新跨接线、引出线的连接。另外原接线中与跨接线、引出线相连的接头，应全部锯开，一部分用于新跨接线、引出线的连接；另一部分应将上、下层线棒，通过 η 形并头块焊接起来。整个改造中不拔除下层线棒。

铜环、主引出线与线棒连接出口位置大部分已改变，需重新调整铜环及重新更改引出线方式，用于避开跨接线及相应的支撑板。

定子纯水各分支水路发生变化，原先的纯水环管将拆除不用，重新制作并安装定子纯水环管。

2. 施工过程

定子改接线施工流程图如图 3.4-79 所示。

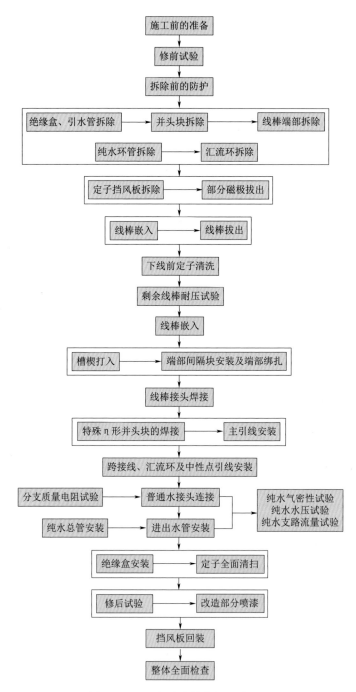

图 3.4 - 79 定子改接线施工流程图

（1）改造前试验。在断开发电机出口及中性点引线后开展定子接线改造前高压试验，在机组设备拆除前进行整体水压试验，可以及早发现纯水系统漏水缺陷，以及时处理，保证施工工期。

（2）拆除阶段。按照线棒更换施工工艺中的相关要求拆除相关绝缘盒、软管、线棒端部间隔垫块、槽楔、并头块、线棒等。

1）纯水环管拆除。由于进、出汇流管需全部更换，因此与汇流管相连接的纯水软管需全部拆除。拆除纯水环管时，对相关 RTD、纯水环管的固定件应保管好以备回装。拆除过程中对相关设备做好防护。

2）铜环拆除。将与线棒连接的主、中性点引出线铜环在适当的部位进行割除，直线段铜环需再利用。现场施工严格按照确定的切割点拆除直线段铜环。拆除铜环固定绝缘支撑板。

（3）安装阶段。

1）按照线棒更换施工工艺中的相关要求安装新线棒。

2）铜环安装、接头焊接。铜环在安装前必须对所有铜环进行酸洗检查合格后方可进行安装。汇流环为双环环绕，其安装应从下而上逐层进行。铜环安装前按图纸布置铜环绝缘支撑，绝缘支撑固定角铁需点焊固定。三相主引线装置安装定位完毕。铜环安装以三相主引线定位位置向末端开始布置安装。

各焊接铜环接头待焊面需进行打磨，清除掉氧化层，且连接部位平整，焊接采用中频感应焊。铜环焊接前铜管加入银焊片对齐后，用自制的拉紧工具使焊接面贴紧，满足间隙要求，并做好其他部位的防护。焊接完后，焊缝无缺陷，焊料填充无气孔、无裂纹，表面光洁平整。并清理焊渣及氧化层。如铜环或引线绝缘有烧伤现象，应剥除并重新包扎绝缘。削好接头原绝缘坡口，清洁干净后在接头裸铜上先刷一层固化胶，保证云母带与铜材紧密接触、无气孔，然后用云母带半叠绕包，最外层半叠包一层玻璃丝带。要求每层刷胶均匀、半叠包紧实、无鼓包，新旧绝缘搭接段过渡圆滑、无突变现象。绝缘包扎好后，清理干净表面毛刺及多余树脂，抹光滑表面。清理干净包扎绝缘处附近及其他部位的树脂。铜环边安装定位后边和绝缘支撑进行临时固定校形，待整条分支全部安装定位后和绝缘支撑永久固定绑扎。

3）纯水环管、连接管安装。安装前用包装带标示出绕组纯水回路进、出水端线棒所在的线槽，并粘贴于线棒上、下两端部。在机坑侧墙上，利用原支撑架将待装汇流管连接调整至合适位置。在支架上装配冷却水供、排水环管，完成环管之间的法兰连接和密封，再将环管固定牢固。并保证每节环管有两个支架支撑。冷却水进、出水环管安装过程中，可用 1m 角尺紧靠相邻管节之间的连接法兰对应线槽处的铁芯内表面进行定位。进出水纯水环管安装完成后，整体对地绝缘应符合要求。

4）绝缘引水管安装。按照线棒更换施工工艺中的相关要求安装绝缘引水管，纯水支路流量试验合格后根据实际水位进行适量补注水。再次开启增压泵水系统启动运行，并进行定期排气，同时降低水系统导电率。

5）按照线棒更换施工工艺中的相关要求安装绝缘盒。验收合格后进行整体清理及检查工作，必要时对定子进行干燥。

（三）改造效果

定子接线改造属于标准大小相带的排列改变，只改变不同谐波幅值大小，不会引起谐波成分增减，所以不会带来电磁副作用。

线棒交换位置时，仅铜环及冷却水联管改变，其余不变，不影响通风主要结构，对发电机通风基本无影响。电磁负荷变化很小，引起损耗增加很小，对空冷系统冷却能力基本无影响。汇流铜环长度略有增加，因长度改变引起的损耗增加极少，对纯水冷却系统的冷却能力几乎无影响。线棒水支路跨接线增长，对水阻影响很小。铜环连接改变，不同支路流量有一定影响，调整节流孔则使其平衡，所以对绕组冷却影响较小，绕组温度变化很小。

定子接线改造后，从根源上基本消除了100Hz高频振动和相应噪声源头，机组振动噪声得到较大改善。机组投运以来运行平稳，振动和噪声都很小。

第六节 推导轴承检修

推导轴承检修主要包括推导轴承检修、推力轴承缺陷分析及处理等内容。

一、推导轴承检修

推导轴承检修主要包括油槽密封盖检修、下导轴承检修、推力头镜板检修、推力轴承检修、油系统及冷却系统检修、推导油槽进排油管路检修等内容。

（一）油槽密封盖检修

油槽密封盖是推力轴承油路循环的重要组成部分，密封盖的清洁度是油质的重要保障。

油槽密封盖检修时，接触式密封盖需要清理干净无油污及杂质；法兰面检查无毛刺和损伤，根据情况可选择打磨处理；弹性密封检查无损伤及失效，可根据情况选择更换处理。接触式密封盖具有改善油雾的作用，金属式密封盖已逐渐改造成接触式密封盖。

油雾吸收管路应清扫干净，检查其有无磨损、裂缝和变形，如有以上现象，回装时应截取并更换为新的油雾吸收管路。

（二）下导轴承检修

下导轴承承担了由于磁场不规则性和残留的机械不平衡产生的径向力。

下导轴承检修时，需检查下导瓦状况，详细记录瓦的磨损部位、范围。下导瓦背面的垫块与下导瓦瓦背接触应紧密，其紧固螺钉应无松动。垫块表面应光洁、无麻点和斑坑，对锈蚀和毛刺，用金相砂纸和天然油石打磨，若无法修复，需更换垫块；下导瓦抗重螺栓、抗重螺母与下导瓦抗重环之间应接触紧密，安装可靠，抗重螺栓应进行无损探伤，若有缺陷，需要对其进行更换。下导瓦抗重螺栓球头应光洁、无麻点和斑坑，对锈蚀和毛刺，用金相砂纸和天然油石打磨，若无法修复，需更换抗重螺栓。

对下导瓦划痕、毛刺等受损区域用天然油石进行修磨，对表面受损严重的，可运用激光修复技术对其熔覆处理或对其更换。下导轴承应按要求清洗干净，瓦表面不允许有任何毛刺等异物，防止杂质落入油槽，影响油质。

（三）推力头镜板检修

推力头镜板与机组转子连接，随机组转动，主要作用是将机组转动部分重量以及水推力传递到推力瓦上，并为下导轴承提供轴领表面。推力头镜板检修主要包括维护保养及镜板研磨等内容。

1. 推力头和转子连接螺栓、销钉检修

检查销钉，对锈蚀及毛刺用金相砂纸打磨处理，并涂抹防锈油保护；对于灌注液态金属胶的销钉，液态金属胶属于可燃物体，销套和销子同时拔出来以后，使用焊枪高温加热销钉和销套，液态金属胶燃烧完以后，即可分开，对分开以后销钉和销套要用清洗剂清洗干净，并涂抹防锈油保护。销钉和连接螺栓需要无损检测合格后才能使用，连接螺栓每次 A 修需要进行更换。

2. 推力头镜板检修

推力头镜板吊出机坑后，安放到架设好的支墩上面，对镜板和推力头进行检查。检查镜板有无啃噬、锈蚀、划痕、毛刺等现象，并用粗糙度仪检查镜板平面的粗糙度，大于 Ra0.4μm 时，镜板需要研磨处理。用 0.02mm 塞尺检查推力头和镜板之间的间隙，应无间隙。用力矩扳手检查推力头和镜板之间的连接螺栓，符合力矩要求。对于薄镜板结构，根据检查情况，可进行结构优化，如增加连接螺栓、加装骑缝销、新增密封条等。

3. 镜板研磨

镜板研磨需要使用镜板专用研磨机。三峡电站弹簧束式机组镜板厚度140mm，外圆有吊攀孔，镜板翻身后，镜板面朝上，研磨盘朝下，实现下压式研磨，如图 3.4－80 所示。镜板用无水乙醇清洗，用绢布或绸布擦干，镜板吊出后应放在专用研磨机的支架上（各支架要根据测量值调至水平，误差不超过 0.20mm，然后垫上浸透透平油的羊毛毡），机械研磨速度调整为 7～10r/min（中途停磨时间不得超过 20min），研磨液用 1kg 三氧化二铬兑 10L 煤油（用绸布过滤），充分搅拌，镜板研磨后粗糙度不大于 Ra0.4μm。

图 3.4 - 80　三峡弹簧束式机组镜板研磨

三峡电站支柱螺栓式机组的镜板厚度只有 80mm，且外圆没有吊攀孔，镜板不能单独翻身，采用镜板面朝下，研磨盘朝上，实现上托式研磨，如图 3.4 - 81 所示。其他研磨工艺与弹簧束式机组基本相同。

图 3.4 - 81　三峡电站支柱螺栓式机组镜板研磨装置

4. 推力头镜板维护保养

用脱脂棉蘸溶剂汽油去除整个镜板面上的透平油及油污，确保无任何污迹残留；用脱脂棉蘸 A460 置换性防锈油擦洗镜板及推力头外环表面，要求各区域均匀擦洗；再用干脱脂棉擦干镜板及推力头外环表面，清洗完毕后应严禁用手触摸镜板的任何部位；接着用脱脂棉蘸 W2000 冷涂型防锈脂，依次均匀地涂抹在镜板面及推力头外环表面的各个部位，在涂好防锈脂的镜板面及推力头外环表面粘贴气相防锈纸一层；在镜板面已粘好的气相防锈纸表面再涂一层 W2000 冷涂型防锈脂，再粘贴一层气相防锈纸，防锈纸应与上一层纸边错开，如图 3.4－82 所示。

图 3.4－82　推力头镜板保养

（四）推力轴承检修

推力轴承检修主要包括推力轴承检查和推力轴承抽瓦等内容。

1. 推力轴承检查

下机架吊出机坑后，需要吊出全部推力瓦，以便对推力瓦进行检查和保养。推力瓦吊出后，检查基础环，基础环表面应光洁无高点、毛刺、严重划痕等缺陷，基础环径向应无变形，如存在高点、毛刺，用天然油石或者金相砂纸进行修磨。基础环回装时不可敲击销钉，且基础环与下机架连接螺栓用力矩扳手按照设计值进行紧固。

检查间隔块，间隔块紧固螺钉应无松动，间隔块与推力瓦之间间隙应满足设计要求，用 0.05mm 塞尺检查间隔块与推力基础环之间间隙，塞入深度应小于5mm，否则应拆除间隔块，对间隔块进行修磨后按照设计力矩值进行装配。

检查弹簧束，弹簧束应清扫干净，无油污，无破损，无锈蚀、歪斜现象，如图 3.4－83 所示。测量弹簧束厚度，与设计值进行对比，对磨损严重或失效的弹簧束进行更换。

图 3.4 - 83　弹簧束检查

检查推力瓦，记录瓦的磨损部位、范围及深度，瓦面应无密集气孔、裂纹、硬点和脱壳等缺陷，对局部硬点必须剔出，坑孔边缘应修刮成坡弧，不得有脱壳现象（三峡电站至今未发现此缺陷），对磨损严重的应更换新推力瓦。推力瓦瓦背应无高点、毛刺等缺陷，可用天然油石进行处理。高压油油沟应无毛刺、污物，高压油油孔应通畅、无堵塞。

2. 推力轴承抽瓦

若机组进行 B 级及以下检修，转子未吊出的情况下，需要抽取 1～2 块推力瓦对瓦面进行检查，检查方法主要是抽瓦检查。

抽瓦检查时，使用抽瓦工具将推力瓦抽出，如图 3.4 - 84 所示。抽瓦时，将推力油槽内透平油抽至集油槽，确保油槽内透平油油位低于油窗下沿。搭设抽瓦排架，拆卸油窗侧密封盖板。顶转子，确保转子顶起高度不超过 12mm，达到顶起高度后投入制动器锁定。用擦机布将油槽内积油清扫干净，并封堵油槽内管道及孔洞，防止异物掉入。拆除推力瓦测温电阻，松开高压油减载管路与推力瓦相连的软管接头并包好，确认转动支撑环无阻碍。拆卸推力瓦挂钩、支撑环固定螺栓及销钉，在支撑环下方对称的三个方位分别放置一个 50t 液压千斤顶，用千斤顶将支撑环均匀顶起 5～8mm，注意观察推力瓦面到镜板的距离，以至少留 4mm 间隙为准，严禁推力瓦面与镜板接触。

在支撑环下方靠近千斤顶的位置对称放置 6 个专用滚轮，缓慢撤除千斤顶，使支撑环均匀落在滚轮上。使用专用拨杆和手拉葫芦，均匀对称拉动支撑环以俯视逆时针旋转，待计划检查的推力瓦转动到正对窗口时停止转动。将拆

图 3.4 - 84　抽瓦检查

卸推力瓦的瓦架专用工具放到需要抽出检查的推力瓦前方，并将高度调整到与该瓦底面水平，将瓦抽出放在瓦架上，拖出油槽进行检查处理。抽瓦前注意去除瓦架滚轮上的毛刺和高点，必要时需缠绕绝缘胶带后再使用，以保护推力瓦背面不被划伤。推力瓦检查处理合格后，清理推力油槽，验收合格后，按拆卸的逆过程回装推力瓦。

（五）油系统及冷却系统检修

1. 油循环系统检修

机组检修时，系统里的油应排干净，更换油质合格、干净的透平油。检查系统管路无渗漏，密封无老化，否则更换系统管路密封。对管路锈蚀严重，有砂眼的情况，可进行管路改造，更换成不锈钢材质。

检查油循环泵和电机应无异响，运行正常。对过滤器的滤芯应清洗干净，失效或破损的应进行更换。

2. 推导冷却系统检修

推导冷却系统检查应无渗漏，密封无老化，否则更换系统管路密封。对过滤器的滤芯应清洗干净，失效或破损的应进行更换。对管路锈蚀严重，有砂眼的情况或碳钢材质的，可进行管路改造，更换成不锈钢材质。

油冷却器应拆解端盖，更换密封，组装后进行耐压试验，检查无渗漏后才能投入使用。对冷却效果不佳或铜管壁厚较薄的油冷器，可进行改造处理。

（六）推导油槽进排油管路检修

管路检查应无裂纹、砂眼等缺陷，必要时进行探伤处理；管路检查应无渗漏，若管路发现漏油现象，需在管路中油排完后焊接处理，清理干净并探伤合格后，再充油检查；管路阀门应动作灵活，开关可靠，否则进行更换处理。

二、推力轴承缺陷分析及处理

（一）推力瓦钨金层脱落处理

推力瓦长期运行后，表面钨金存在脱落的现象，为确保机组的安全可靠运行，需对推力瓦进行全面检查并修复。

1. 检查

若出现推力瓦钨金受损的情况，建议对全部推力瓦瓦面进行超声波探伤，探头采用单晶片或双晶片，探头直径 10～30mm，频率 2～5MHz，尽量采用分辨率高的探头（参照标准：ISO4386-1），检查是否有其他隐藏缺陷存在。

2. 修复

对已经受损的推力瓦，用酒精对受损的推力瓦进行清洗，清洗后根据瓦面受损情况，将需要补焊和修磨研刮的推力瓦进行分类。

对推力瓦表面划伤不需要进行补焊的推力瓦，用细砂纸进行轻微砂修处理，将其砂修平滑；对比较深的划痕，可用刮刀或扁铲将毛刺刮去，同时对划痕进行修磨、研刮，直至平滑，最后用刀口尺检查推力瓦平面不得有高点。

对需要补焊缺陷的推力瓦，采用刮刀或扁铲清除肉眼所发现缺陷，直至见到完好的钨金为止。补焊前用弱酸（如硼酸、草酸等）清理需焊补的表面，消除表面氧化层，再用无水乙醇清洗。用电加热板或电烙铁对待焊区域及附近 10mm 范围内预热，温度不小于 80℃，采用手工电烙铁进行焊接，补焊时将锡基焊料缓慢逐步熔入缺陷内，保证焊补材料与轴瓦表面的钨金接触面为热融合，焊肉应比原瓦平面略高。熔焊后不得产生夹渣、脱壳等缺陷，在 100mm×100mm 范围内，允许不超过 8 个，直径小于 1mm、深度小于 0.5mm 的小气孔。待熔焊料冷却后，对熔焊处进行打磨、抛光处理，保证表面粗糙度及尺寸达到图纸要求，并用刀口尺检查瓦面，不允许有高点。

3. 探伤

对修复位置进行 PT 探伤，应无夹渣、裂纹、脱壳等缺陷，否则重新进行修复。

（二）油冷却器更换

当推力油冷却器发现渗漏等情况下，转子不吊出机坑，可以利用机组盘车的方式，进行推力油冷却器更换。

1. 施工准备

加工并安装专用护罩，保护好下风洞出口处的定子线圈接头及纯水管路；将 6 个新油冷却器吊至风洞外围摆放有序，外观验收合格；根据推导油冷却器法兰尺寸加工堵板，对 6 个新换型的推导油冷却器水路、油路进行压力试验（试验采用工业用气进行打压，压力为 0.7MPa，要求 30min 无压降）；压力试验合格后，在冷却器内加注合格的 46 号透平油进行循环清洗过滤 4h，油质化验合格后，将冷却器内的油排尽准备吊装。

分别在每个油冷却器安装位置的上方焊接好 2 个吊点，所有吊点要尽量的贴近转子下表面，以便尽量增加冷却器的提升高度；将进入下风洞口的栏杆进行拆除，并在下风洞进人孔上方搭设专用起吊工装，形成吊点，以便冷却器的吊运；全关推导油槽冷却器的进、出水总阀和油阀，排空旧油冷却器内的油和水。

2. 施工步骤

将旧冷却器的所有连接管路全部拆开，保护好各管路的管口，利用转子上的吊耳将 6 个旧冷却器同时吊起；利用葫芦、轨道将离风洞出口最近的一组冷却器放下并转移出风洞。将清洗及打压合格的新的一组冷却器吊入风洞内，并将冷却器挂在转子下面的吊点上，做好固定及防护措施。

启动高压油减载装置，进行人工盘车，使转子顺时针旋转 120°，将下一组冷却器转至风洞出口的位置，直到将所有的旧冷却器运出，将新的冷却器运入并固定；当所有冷却器进入安装位置后，将新冷却器分别落下，冷却器与支架固定牢固，对冷却器的油、水管路进行恢复。根据管路位置，重新固定管路支撑，恢复拆卸的推导进、出水管路保温层。

对整个冷却系统进行充油和充水试验，检验无渗漏；启动推导外循环装置并将推导油槽油位整定合格。

将转子上的吊点进行刨除后打磨，并对吊点位置进行 PT 探伤，合格后，对转子打磨部位进行补漆。对拆卸的推导附件进行恢复。

第七节　下机架检修

下机架是水轮发电机的重要组成部件之一，将机组转动部分的重量及水推力等传递到基础上。下机架检修主要包括地脚螺栓及销钉检修以及下机架检查维护等内容。

一、下机架地脚螺栓及销钉检修

对拔出的销钉要进行检查，看有无拉伤、变形或者毛刺现象，可用细砂纸打磨，对于破坏性拆卸的销钉，需进行更换。地脚螺栓和销钉应按要求对其进行无损检测。

二、下机架检查维护

下机架吊出机坑后，需要对下机架的连接螺栓及法兰面进行检查维护。
检查组合螺栓、螺帽是否松动，支臂和中心体之间是否发生相对移动。检查法兰面是否有毛刺、锈蚀、高点等现象，根据情况选择打磨处理，处理后用刀口尺检查其平面度。

在机组回装时，要测量支臂轴向地脚法兰面和基础之间的间隙，所有支臂地脚法兰面与基础的间隙均应不大于 0.05mm。

下机架的结构焊缝应检查无裂纹，必要时进行探伤检查。下机架 A 修时，需进行防腐刷漆；所有紧固件应检查无松动，无损检查合格。

第八节　发电机通风冷却系统检修

发电机通风冷却系统检修主要包含挡风板检修、空气冷却器检修及冷却系统管路检修。

一、挡风板检修

拆卸前应检查定转子挡风板螺栓有无松动或断裂等异常情况，测量转子上挡风板固定部分与转动部分之间的间隙是否合格，并做好记录，对于异常情况，在回装阶段应加以调整。

如图 3.4-85 所示，拆卸挡风板时螺栓、垫片全部回收，无一颗遗漏，并做好遮盖工作，无物品掉入定子、转子间隙内；拆卸的挡风板应做好位置编号，检查挡风板外观，本体应无裂纹，无异常变形，如有异常应进行处理或更换，挡风板的各支撑梁应稳固可靠无松动，梁上螺栓连接部位紧固、止动措施完好，梁上焊接部位焊缝完好无开裂、无脱焊现象。

图 3.4-85　转子挡风板拆卸检查

挡风板装复前仔细检查转子、定子各处间隙，应无任何物品及渣滓遗留，回装时做好定、转子间隙遮盖工作，挡风板间隙调整合格后，上紧连接螺栓并涂抹 277 螺纹锁固胶，防止螺栓松动脱落。

二、空气冷却器检修

由于空气冷却器进出水管设置有阀门，因此可通过关闭空气冷却器进出口的阀门实现单独检修而不影响机组的正常运行。下面就空气冷却器的检修做一个具体的介绍。

（一）空气冷却器的分解

空气冷却器分解前应做好编号和配合记号，拆除上下水箱盖，并进行除锈、防腐刷漆的处理。检查各不锈钢管有无渗漏，并对渗漏的不锈钢管进行修复。如不锈钢管与承接管道胀合不好，可以补胀，补胀次数不能超过两次；还可以在管内壁涂以环氧树脂以达到密封的效果。若不锈钢管渗漏严重，需将不锈钢管更换。渗漏不锈钢管超过总数的 1/3 则应进行整体更换。需要说明的是，如在机组运行时，不锈钢管有轻微渗漏现象，可以对漏水钢管进行封堵，不影响空冷器的冷却效果，在机组停机检修时再进行空冷器的不锈钢管的渗漏处理。

（二）空气冷却器的清洗

空气冷却器过脏会严重影响其传热效率，需要放在碱水溶液中进行清洗。在将各排不锈钢管疏通后，采用铁丝缠布在不锈钢管内来回擦拭的方法，将污水及脏污清洗干净。空气冷却器不锈钢管外表面及凸式铝片上的油污、灰尘，可用已配好的艾斯清洗剂装入高压喷壶中冲射清扫，然后再用清洁冷水反复冲洗。冲洗时，工作人员注意戴上橡胶手套、口罩、护目镜，穿好胶鞋、雨衣等防护用品。

（三）空气冷却器的组装

对单个拆卸清扫合格的空气冷却器进行组装，端盖密封的结合缝处连接好，端盖水箱隔离密封压正，端盖压紧时对称拧紧螺栓。装复好后对空气冷却器进行压力试验。为了使空气冷却器在充水时，能将内部的残余空气全部排尽，排气丝堵应位于上方，并将空气冷却器横向直立放置，试验压力为 1.5 倍额定工作压力，但最低压力不得小于 0.4MPa，保持 10min，无渗漏及裂纹等异常现象。如空气冷却器检查合格，则对空气冷却器进行装复，空气冷却器结合面与定子机座之间应加羊毛毡密封，并留出螺丝孔，羊毛毡用胶水固定，用螺栓将空气冷却器与定子机座连接固定，外部水管法兰加橡皮密封垫后，对称拧紧螺丝。装复后空气冷却器系统整体进行严密性耐压试验时，试验压力为 1.25 倍实际工作压力，保持 30min，无渗漏现象。

三、冷却系统管路检修

机组开机前应对空气冷却系统进行整体通水试验，检查各管路及接头应无渗漏，如接头处有渗漏，则更换接头密封，如管路有渗漏可对渗漏部位进行补焊及探伤。

四、典型案例分析

三峡右岸电站部分机组空气冷却器上、下水箱盖板处，多次出现了漏水现象，经分析有两个原因，一是空气冷却器水箱端盖用料较薄（上端盖法兰面厚约 8mm，下端盖法兰面厚约 7mm），导致上、下水箱端盖法兰存在波浪变形；二是密封结构不合理（端盖法兰与空气冷却器本体之间的）。平板密封仅位于螺栓孔内侧，螺栓孔外侧无密封。为解决此问题，对此种结构机组水箱端盖进行了处理，将上水箱端盖更换为厚法兰（15mm），并增加加强筋，如图 3.4-86 所示；对下水箱端盖背部焊接一层不锈钢钢板进行加强，如图 3.4-87 所示；将水箱端盖密封更换为穿过螺栓孔的平板密封。经处理后的空气冷却器运行状况良好，未发生漏水。

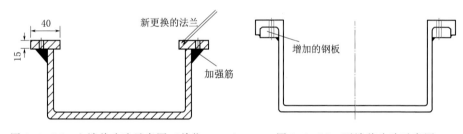

图 3.4-86　上端盖改造示意图（单位：mm）　　图 3.4-87　下端盖改造示意图

第九节　制动系统检修

制动系统检修主要包含制动系统的检查与试验、制动器检查处理及试验、管路检查及处理等。

一、制动柜内设备检修

（1）拆除并清扫过滤网，如有破损应更换，滤盒中的油迹清理干净。

（2）电磁制动阀分解清扫，检查橡皮圈是否完好，孔道是否畅通；装复后，阀口应严密、动作应灵活正确。

（3）拆除分解各手动阀，检查有无损坏，阀口应关闭严密，盘根应适量。

（4）所有零部件管道应清扫干净，无油污积存。制动柜各电磁阀和手动阀应动作灵活，关闭严密。

二、制动器及管路检修

(一) 制动器闸板检修

如果闸板面均匀磨损达 10mm 以上，或未达 10mm 但四周有大块剥落，则闸板应更换。更换制动器闸板只需将制动器复归弹簧拆下即可。闸板与托盘通过复归弹簧固定，其底部有销子进行定位。闸瓦与闸瓦托盘采用内六角螺丝固定，拆卸后，换上备用闸板再回装。

(二) 制动器密封更换

制动器串气漏气，多半是由于密封老化的问题，因此出现串气漏气现象后，一般会对制动器的密封进行更换。三峡机组的制动器密封采用 O 形密封圈，密封更换需将制动器整体拆卸。

在检修过程中，经常遇见的是制动器串气漏气，因此拆卸制动器是不可避免的。三峡机组的制动器拆卸很简单，制动器拆卸的第一步是将制动器闸板拆除，然后将制动托板拆除，将活塞从缸体中拔出。拔出活塞之前，将锁紧螺母旋下，并对制动器活塞与缸体之间的配合做好相应的记号。缸体拔出来之后即可进行各项检修工作，如图 3.4-88 所示。回装过程与拆卸过程相反。其中回装时，缸体与活塞密封采用过盈配合方式，将活塞压入缸体中需对活塞进行打击。在打击过程中，不能伤及锁紧螺母的丝扣。或者将锁紧螺母先旋入活塞上。制动器闸板的安装方向要正确。

(a)

(b)

图 3.4-88 制动器检修

(a) 制动器活塞拆卸；(b) 制动器本体分解检查

（三）制动器管路检修

制动系统的管路、高压三通及法兰要求能够承受 25MPa 的运行压力，如图 3.4-89 所示。根据机械设计有关规定考虑安全系数，确定设计压力等级，选用合适的管路及三通。在进行压力试验中，对制动器及管路检查，应无任何渗漏现象。

图 3.4-89　制动器单个动作试验

三、制动器动作试验

制动系统试验包含通气试验及通油试验：

（1）手、自动给气试验。气复归式机组工作压力能保持在 0.5～0.7MPa，弹簧复归式机组工作压力能保持在 0.6～0.8MPa，各管路接头、阀门、制动器等均无漏风，制动器活塞各腔不串气，活塞起落灵活，总气源压力与制动器保持压力之差不大于 0.1MPa。

（2）制动器整体油压试验。用顶转子油泵顶起转子，高度一般为 3～5mm，保持 10min，制动器与管路接头均无渗漏油现象，油压撤除后，将管路中的残留油排干净，三通阀门切换为机组运行状态。

四、粉尘吸收装置检修

（1）拆卸粉尘收集室、收集管、收集外罩并清扫，对收集器风扇、电机、过滤器进行检查并清扫。

（2）检查收集室门密封，如有破损要更换。

（3）装复时粉尘收集罩与制动器连接牢固通畅，收集管无漏风现象。

（4）整个吸收系统恢复后，进行系统试验，投 0.7MPa 制动用气顶起风闸，检查粉尘吸收装置能否同时启动。泄掉气压、制动器复归后，经过一段时间延时后，粉尘收集系统能自动关闭。

五、典型案例分析

（一）现状概述及改造原因

随着运行时间增长，故障逐渐增多，已有制动器缸体发生拉伤，停机制动过程中多次出现制动器发卡现象，由于制动器复位不灵活或不能复位造成无法开机或开机延迟现象，无法满足三峡电厂开停机 100％ 成功率及自动化管理的要求。另外，制动器内密封已开始老化，顶转子过程中常有油污逸出，同时，由于原系统管路很细并且为串联结构，导致风闸顶起过程中有偏顶现象。因此，需对三峡左岸 VGS 联营体机组制动风闸进行整体换型改造。

（二）改进方案

将 VGS 联营体机组原有弹簧复归制动器更换为国内生产的气复归制动器；在原有制动器管路安装部位增设一条气复归管路，并且将管路直径由 DN10mm 改为 DN20mm；制动器粉尘吸收装置主体不变，将原共同使用的大集尘罩改为每个制动器独立的随动式小集尘罩，并分别连接独立的管路，汇合到原吸尘装置主机上；更换制动系统控制柜。

1. 制动器整体换型更换

三峡左岸电站 VGS 联营体原有制动器采用的是自重＋内压缩弹簧复位结构，油和气混合共用一腔一根管路，活塞直径 305mm，制动气压为 7.5kg/cm²，顶起油压为 215kg/cm²，油气混合状态单向充压、减压形式，楔块锁定结构。

整体换型后的制动器保持外形及总高度不变，安装位置不变，地脚安装不变、大小不变，闸板面积不变。将弹簧复位改为气压复位方式，如图 3.4 - 90 所示，制动器内增加复位腔，使复位力由原 190kg 增加到了 2800kg（约为原复位力的 14.7 倍），确保回落的可靠性。保留了克服制动倾倒力矩的导向结构；优化了自适应制动环波浪形的制动闸板万向调节机构。改造后的制动器取消了原有楔块锁定结构，增加了使用方便的大螺母式机械锁定结构。增加了活塞直径至 315mm，与国标相适应，以便于密封件的选型及更换，活塞直径加大后，可降低顶转子时的工作压力 7.3％。

2. 制动系统管路更换

三峡左岸电站 VGS 联营体发电机制动器采用油和气混合共用一腔一根管路，制动器之间通过环管连接，每段环管长约 30m，其制动环管管内径为 10mm。由于 VGS 联营体制动器采用自重＋弹簧复位方式，根据 VGS 联营体提供的弹簧零件图，进行复位力计算，工作时产生的复位力约为 190kg，按此

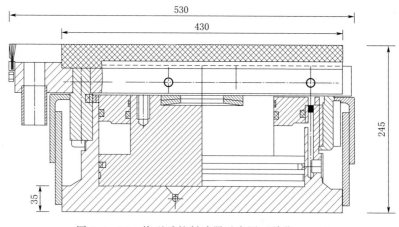

图 3.4－90 换型后的制动器示意图（单位：mm）

管径、长度及 190kg 复位力数据计算，在理想状态下，将油从制动器中完全排出大约需要 35min 以上，无法满足顶转子后至制动器归零位进入到可以开机状态的工作时间要求。因此将制动环管通径加大，使得油路更加通畅，从而有效缩短油排出的时间。并且由于改造后的制动风闸采用气复归方式，因而需增设一路复归气管路。改造后的制动系统为一条进油/进气管路，和一条复位进气管路，共两条管路。管路环管为焊接式，采用高压法兰分段进入制动器，支管采用不锈钢软管，压力等级分别为 31.5MPa 和 16MPa，管路直径由 10mm 改为 20mm。

3. 制动控制系统改进

三峡左岸电站 VGS 联营体发电机制动控制部分整体换型，如图 3.4－91 所示，换型后的制动控制部分采用一个三位五通的电磁阀实现操控自动化。中控只要给出制动或复位命令的开关信号即可实现制动腔进气、复位腔排气，或复位腔进气、制动腔排气的工作过程。

现地的手动操作可通过制动柜上的手动操作阀灵活进行。

换型后的制动控制柜安装在 VGS 联营体机组原有控制柜的安装部位。

4. 制动粉尘吸收装置改进

现使用的 VGS 联营体制动器采用 3 个制动器为一组，紧密相连，每两个制动器之间的间距是 90mm。每组制动器共同采用一个集尘罩，在集尘罩的末端（按机组转动方向顺时针）连接一个共同的管道，拟将集尘罩内一组制动器的灰尘收集后，通过这根管路吸走。现有集尘罩比较占用空间，相对封闭的罩子对制动器的维护和观察形成一定阻碍，并且现有形式集尘的效果不明显。制动粉尘吸收装置改造是在原一组制动器的安装位置、尺寸不变的前提下，原吸

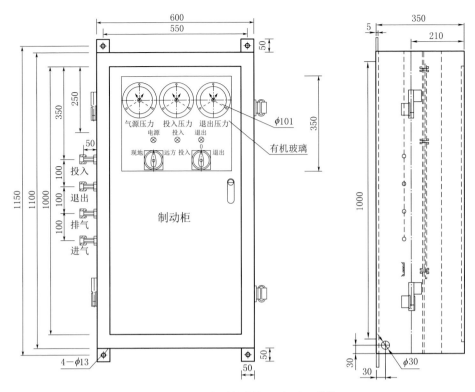

图 3.4-91　改造后制动控制柜示意图（单位：mm）

尘装置主机保持不变，只对吸尘管路进行改造，利用制动器之间的间距空间，将原共同使用的大集尘罩改为每个制动器独立的随动式小集尘罩。并分别连接独立的管路，汇合到原有吸尘装置主机上，使每个制动器个体形成可完成集尘、回收的独立工作体。

（三）改造效果

改造后，制动器动作灵活，粉尘吸收效果良好，无法开机或开机延迟现象已消除，风闸顶起过程中的偏顶现象已消除。

第十节　高压油减载系统检修

高压油减载系统检修主要包括高压油系统单向阀正向出油试验，高压油系统单向阀正、反向耐压试验，管路及阀门检查试验，过滤器检查及处理等。

一、单向阀及油槽内部管路检修

高压油过滤器应拆卸、分解，并清扫或更换滤芯。检查推力瓦单向阀，对单向阀进行正、反向打压试验及正向出油试验。

（一）单向阀正向出油试验

单向阀正向出油试验示意图如图 3.4-92 所示，试验步骤如下：

（1）检查油泵内液压油油质状况。

（2）检查油泵与管路是否存在异常情况。

（3）连接油泵与管路，排油检查油质情况。

（4）按照图示进行管路及相关设备连接。

（5）开启油泵观察单向阀出油是否均匀。

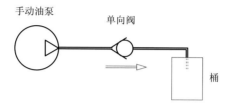

图 3.4-92　单向阀正向出油试验示意图

（二）单向阀正向耐压试验

单向阀正向耐压试验示意图如图 3.4-93 所示，试验步骤如下：

（1）检查手动油泵内液压油油质。

（2）检查手动油泵与管路是否存在异常情况。

（3）连接手动油泵与管路，排油检查油质情况。

（4）清扫单向阀及相关试验管路至无油污。

（5）按照图示进行管路及相关设备连接，并在单向阀与相关试验管路下部铺设白纸观察是否有渗漏情况。

（6）打油泵，充油并排气，泵油压力至 15MPa，保压 10min。

（7）观察单向阀及相关试验管路是否存在渗油情况。

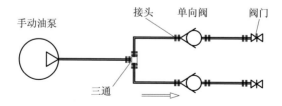

图 3.4-93　单向阀正向耐压试验示意图

（三）单向阀反向耐压试验

单向阀反向耐压试验示意图如图 3.4-94 所示，试验步骤如下：

（1）检查手动油泵内液压油油质。

（2）检查手动油泵与管路是否存在异常情况。

（3）连接手动油泵与管路，排油检查油质情况。

（4）清扫单向阀及相关试验管路至无油污。

（5）按照图示进行管路及相关设备连接，并在单向阀与相关试验管路下部铺设白纸观察渗漏情况。

（6）打油泵压力至 35MPa，保压 30min。

（7）观察单向阀及相关试验管路是否存在渗油情况以及压力降不能超过 0.15MPa。

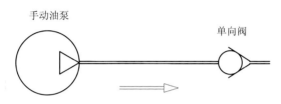

图 3.4-94 单向阀反向耐压试验示意图

二、高压油减载系统附件检修

（一）过滤器检修

分解高压油减载系统过滤器，对过滤器滤芯进行检查，要求滤芯完整，表面及内部无杂物、异物遗留。如若此滤芯无法进行清洗工作或者滤芯有损坏迹象，需对滤芯进行更换。

（二）油泵电机检修

分别启动两台油泵，检查电机及油泵运行是否正常，运行过程中是否有异响；通过联轴器观察孔对联轴器及缓冲垫进行检查，联轴器应完整，缓冲垫无破损，否则应进行更换。

（三）外围管路检修

对外围管路阀门、法兰及接头进行检查并更换密封，阀门若有损坏应进行更换；检修完成后在高压油减载系统整体试验时检查管路、阀门、法兰及接头，各部位应无渗漏，如有渗漏需对相应位置进行处理。

三、高压油减载系统整体试验

（一）高压油减载系统出油试验

在推力头落下之前，调节推力瓦的油流量，使从瓦面油室中喷出的高度一致（均为 30～35mm），否则对单向阀进行更换，如图 3.4-95 所示。

图 3.4-95　高压油减载系统流量试验

（二）高压油减载系统压力调整

三峡机组高压油减载系统运行压力值为 11～13MPa。在试验过程中要求系统总管、环管、支管及三通均无渗漏，如有渗漏应对管路或密封进行更换。在推力油槽排油前分别启动两台油泵，检查油泵应能正常运转。在运转时注意观察电机电压、电流是否正常，检查管路各接头不得渗漏。检查系统压力表（所有压力表需按相关规定进行校验）有指示及压力是否正常，否则调整溢流阀，使其压力达到额定值。

四、典型案例分析

（一）改造原因

在 ALSTOM 公司机组检修过程中发现推力瓦单向阀存在密封圈老化破损的现象，为防止单向阀故障引起设备事故，需对 ALSTOM 公司机组推力瓦单向阀更换。

（二）改造方式

原 ALSTOM 公司单向阀结构简单，密封圈随着阀芯上下移动，如图 3.4-96 所示，单向阀拆卸以后发现大部分橡胶密封圈老化发脆，有部分单向阀密封圈已经破损。VGS 联营体机组推力瓦单向阀橡胶密封圈固定于阀体内，不随阀芯移动，如图 3.4-97 所示，相对于 ALSTOM 公司单向阀作用更为可靠。经讨论分析，决定将所有 ALSTOM 公司机组推力瓦单向阀更换为 VGS 联营体机组推力瓦单向阀，以消除 ALSTOM 公司机组安全运行隐患。

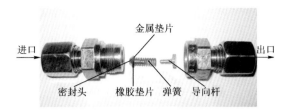

图 3.4 - 96 ALSTOM 公司机组推力瓦单向阀结构

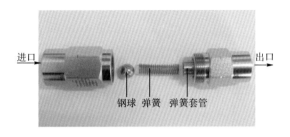

图 3.4 - 97 VGS 联营体机组推力瓦单向阀结构

（三）改造效果

经过单向阀改造后，高压油减载系统提高了安全可靠性，新单向阀密封效果良好，在橡胶密封圈寿命时间内，可以保证其不发生泄漏。

第五章

调速系统检修

水轮发电机组调速器是水电站自动化中最重要的设备之一，它控制机组的正常开停机、空载、并网、增减负荷和事故停机等每一个环节，其工作性能的好坏直接影响机组能否正常运行。在机组运行较长时间后，需要对调速系统各部件的可靠性进行检查。本章主要对三峡电站 VGS 联营体机组调速系统机械部分的检修及其注意事项进行介绍，包括接力器检修、压油装置检修、调速系统机械液压元件检修等。

第一节　接力器检修

接力器检修的主要项目是更换前后端盖密封、前后活塞杆动密封，检查处理缸体、活塞、活塞杆等部件的磨损、拉伤，清理各部件的油污、杂质，进行接力器耐压试验等。

一、接力器解体检查

接力器吊出后，对接力器进行解体检查，主要内容包括：杆头拆卸、前端盖拆卸、后端盖拆卸、活塞拔出、密封件更换等。

接力器解体后，仔细检查活塞、活塞环、活塞缸、铜套、各螺纹面以及密封面、配合面等磨损情况，对发现的划痕、毛刺、锈蚀等缺陷及时用油石、金相砂纸打磨处理。检查活塞环弹性是否良好无变形，否则应更换。检查活塞杆镀铬层有无大面积的脱落或锈蚀，如有应返厂重新加工处理。

检查处理完毕后，用白布蘸清洗剂将各分解部件擦洗干净。然后用外径千分尺分别测量活塞杆、活塞以及连板销外径，用内径千分尺测量接力器缸体、连板销孔内径。注意每组测量应至少选择三处截面，每一截面间隔90°测量两次求平均值，以减少误差，各测量数据应符合设计要求。

接力器解体、检查、处理、清扫完成后，开始组装，接力器组装顺序与拆卸相反。组装时，需对前后端盖密封、活塞杆密封进行更换，组装完成后需对接力器进行打压试验。

接力器打压试验时，从开、关腔法兰口将接力器注满油，然后将开、关腔法兰用堵板配合螺栓封死，开、关腔法兰连接电动液压泵的打压油管，按照3.2MPa、6.3MPa、7.9MPa、9.45MPa等级缓慢升压，在6.3MPa和7.9MPa的静压下各保持30min，在9.45MPa压力下保压1h，检查接力器各密封及焊缝处应无渗油。

二、接力器杆头拆装工艺优化

三峡机组接力器尺寸较大，推拉杆与杆头采用螺纹连接，由于杆头为不锈钢材质且重量较大（约1.6t），接力器处于卧式状态下拆装，如图3.5-1所示，杆头旋转时跳动较大，容易损伤推拉杆螺纹，致使杆头与推拉杆发生粘牙。

三峡某机组接力器在拆卸推拉杆杆头时，曾出现粘牙现象，如图3.5-2所示，后对其进行破坏性拆除，更换新杆头。

图 3.5-1　传统方法拆卸杆头

图 3.5-2　活塞杆螺纹粘牙

　　考虑到推拉杆由接力器前后端盖内的轴套定位，推拉杆旋转时的周向跳动较小，因此，采用保持杆头固定旋转推拉杆的方式进行杆头回装，如图 3.5-3 所示。此方法可减小发生粘牙的可能性，但如果在杆头与接力器水平未调整合格的情况下，也难以保证螺纹不受损伤，存在磨损活塞环密封和接力器缸体内壁的可能。

为保证接力器杆头安全拆装，避免设备损伤，检修人员设计了专用工具装置，如图3.5-4所示，该装置由活塞杆定位支架、移动小车、可调心导环和旋转助力环及加力杆等组成。将装置置于接力器下方，通过调整实现旋转轴线与接力器活塞杆轴线始终保持同轴线，并使装置与杆头紧密贴合，缓慢旋转助力环将杆头旋出，如图3.5-5所示。该装置的使用有效规避接力器杆头粘牙风险，很大程度上降低了人员作业风险。

图3.5-3　旋转活塞杆装配杆头

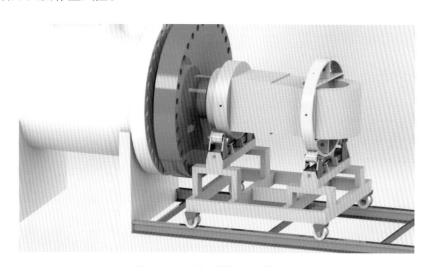

图3.5-4　接力器杆头拆装工具

三、接力器推拉杆密封优化

三峡电站接力器推拉杆密封形式可分为剖分式和整体式两种，材质有聚醚聚氨酯和PVC两种。通过对不同结构和材质推拉杆密封的使用情况进行对比分析，多层V形剖分组合式密封安装方便、可靠性高，唇形整体式密封安装难度较大、可靠性低，聚氨酯材质密封耐磨性较好。

在安装多层 V 形剖分组合密封时，须注意每一层的方向应正确，如图 3.5-6 所示，相邻两层接触可靠且之间无异物，相邻两层密封的剖分断面应错开一定角度，一般为 90°～120°，安装后检查外观无破损。

图 3.5-5　接力器杆头拆卸　　　　　图 3.5-6　接力器推拉杆密封安装

第二节　压油装置检修

压油装置检修主要项目是油泵出口阀组解体检查、滤油器滤芯检查清扫、压力容器检查清扫、集油槽检查清扫、油管路清扫等。

一、油泵出口阀组检修

油泵出口阀组包括安全阀、卸载阀和逆止阀，检修时对其解体检查。

（一）安全阀检修

拆除安全阀调整螺母的保护罩，注意记录调节螺母高度。将调节螺母上旋到压紧弹簧无弹力（注意调节螺母不能全部拆除，否则安全阀阀芯将落入集油槽）位置。拆除阀体的固定螺栓、调节螺母、弹簧压盖、弹簧等部件，取出安全阀阀芯。

检查弹簧应无变形、无裂纹、无锈蚀，且弹性系数符合图纸要求，否则应更换弹簧。检查阀芯应完好无划痕，棱边无损伤，节流孔畅通，阀芯出口面与阀体衬套出口的密封线完好，否则应用金相砂纸或油石进行研磨处理。处理完成后，用清洗剂清洗各部件，擦拭干净。

检查清洗完毕后，在阀芯圆周上涂透平油，开始组装。将阀芯从衬套底部装入，装上弹簧及弹簧压盖，拧上安全阀的调节螺母，调节螺母调到分解前的位置。压油装置试验时，检查安全阀动作值应准确，无异响。

（二）卸载阀检修

拆除调整螺杆保护罩，注意记录调节螺杆长度。拆除调节螺杆、密封法兰、位置传感器等附件，取出卸载阀芯。

检查阀芯应完好，周向无划痕，轴向无贯穿划痕，否则应用金相砂纸或油石进行研磨处理。处理后，阀芯在阀体内能灵活运动，并测量阀芯与衬套的配合间隙，间隙符合标准。出口面与阀体衬套出口的密封线完好，否则应用金相砂纸或油石进行研磨处理，无法处理时应进行更换。处理完成后，用清洗剂清洗各部件，擦拭干净。

检查清洗完毕后，在阀芯圆周上涂透平油，开始组装。将阀芯从侧面装入阀体，到位后再回装卸载阀芯位移传感器，注意更换密封，并保证传感器触头与阀芯接触良好。然后安装组合阀侧法兰，安装调节螺母及背帽。注意调节螺母应旋至解体前位置。压油装置试验时，卸载阀修后试验时，检查卸载时间应满足设计要求。

（三）逆止阀检修

将逆止阀与管路分离，拆除逆止阀壳体，取出阀芯，分解压板、弹簧、阀塞等部件。

检查弹簧应无变形、无裂纹，否则应更换。阀塞应无严重磨损，逆止阀密封线良好，壳体密封部位应完好无缺，若出口不严应研磨处理。

将阀体、阀塞及管路口清理干净后，在阀塞上涂透平油，按照相反的顺序组装。组装后，阀塞动作灵活，无憋劲现象。更换逆止阀壳体密封圈，对称拧紧逆止阀出口管路螺栓，保证试验时无渗漏。

二、滤油器检修

调速系统滤油器包括液压系统控制回路过滤器、油泵进口滤油器、油泵出口滤油器以及集油槽滤油机，滤油器（机）检修主要目的是对其滤芯进行清洗与更换。

拆卸前，确认液压系统控制回路过滤器内无压力，并在其滤筒下方放好接油工具，排出滤筒内的余油。拆除滤筒，取出滤芯，检查滤芯应无破损和变形，然后用清洗剂浸泡清洗滤芯，滤芯清洗干净，阴干后可继续使用。如果滤芯出现严重的变形、锈蚀、破损或无法清理干净时，应进行更换，如图 3.5 - 7 和图 3.5 - 8 所示。

油泵进口滤油器、油泵出口滤油器以及集油槽滤油机滤芯的检查、清扫流程与液压系统控制回路过滤器类似。

图 3.5-7　滤芯清洗前

图 3.5-8　滤芯清洗后

三、压力容器检查清扫

压力容器包括压力油罐和压力气罐，主要检修目的是对罐体进行外观检查，对内部进行清扫。

首先，打开罐体进人门。将吊带固定在罐体顶部，挂上葫芦，配合钢丝绳，挂好压油（气）罐进人门，把门的自重转换至葫芦上，然后用力矩扳手松开进人门把紧螺母。拆卸最后一根螺杆时注意进人门的受力转换，防止进人门摆动和金属密封圈滑落，造成人员和设备伤害。拆卸过程中应记录每个螺栓的拆卸力矩。如有条件，可做一个具有承载能力的可移动式龙门吊，便于进人门的拆装。

进人门打开后，不要立即进入，需用专业气体浓度测量仪检测罐体内部氧气浓度，氧气浓度满足标准后，即可进入罐体内部。清扫人员进入前，确认衣服口袋内无任何工具、材料等物体。进入到罐体内部后，先用海绵或干净白布把底部排油孔堵住，防止清扫过程中有异物进入排油管内。压油（气）罐清扫过程中，保证内部低压直流照明可靠，定期对内部氧气浓度进行检测，并派专人在进人门入口处进行监护。

按照相关标准对压油（气）罐焊缝进行探伤检查，如发现缺陷，应做相应处理，并再次进行探伤检查。

压油（气）罐内部清扫结束后，检查确认罐体内部无异物，再将进人门密封面清理干净，更换密封圈，安装进人门，如图 3.5-9 和图 3.5-10 所示。

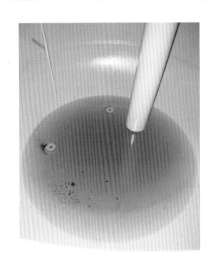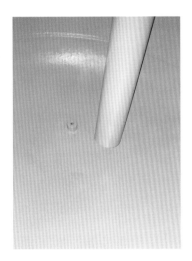

图 3.5-9　油罐清扫前　　　　　　　　图 3.5-10　油罐清扫后

四、集油槽清扫检查

拆卸集油槽进人门螺栓，打开进人门后不要立即进入，需用专业气体浓度测量仪检测内部氧气浓度，氧气浓度满足要求后，即可进入。集油槽清扫过程中，保证内部低压直流照明可靠，定期对内部氧气浓度进行检测，并派专人在进人门入口处进行监护。

进入集油槽后，先用海绵或干净白布封堵各管口，然后清理集油槽内残油和杂质，最后用面团粘一遍，如图 3.5-11 和图 3.5-12 所示。检查集油槽内干净无异物后，取出封堵管口用的海绵或白布，关闭进人门。

图 3.5-11　集油槽清扫前　　　　　图 3.5-12　集油槽清扫后

五、油管路的清扫检查

检修过程中如遇到有缺陷，或是妨碍其他工作的油管，应进行拆卸清洗等工作。

分解主油管路前，应排尽管内存油，把要拆的油管用葫芦吊住，相邻管路进行固定。拆卸时应做好拆装标记，拆卸暴露的管口和油孔用白布包好或封堵。放置油管应平稳妥当，不能使之受压和蹩劲，避免在清扫过程中翻动。

油管拆下后，对法兰接头焊缝等处应进行 PT 探伤检查，保证无裂痕、沙眼等异常。处理完成后用高压水蒸气对管路进行清理，清扫干净管内的油污和死角处的杂质，然后用高压工业气冲刷管路，清除管路内水分。

清理完成后回装，回装时应更换法兰密封，对称均匀把紧螺栓，保证试验时无渗漏。

第三节　调速系统机械液压元件检修

调速系统机械液压元件主要由主配压阀、隔离阀、分段关闭阀、分段关闭控制阀、过速行程阀以及过速切换阀等组成。

一、主配压阀检修

首先拆除主配压阀位置节点保护罩和位置传感器等附属设备，然后拆卸上端盖，将主配阀芯及衬套拔出，拔出过程中注意调整中心，不得与衬套或阀体碰撞。如起吊过程中出现发卡现象，严禁强行起吊拉伤阀芯和衬套，应用铜棒轻微敲击，或反复起落，找准平衡，保证阀芯及衬套起吊中保持水平。

检查阀芯、衬套配合面磨损情况，如有锈蚀或磨损，应用油石进行研磨处理。检查棱角应完好，密封线应严密完整。测量主配压阀遮程，测量阀芯与衬套配合间隙，各测量参数应符合图纸设计标准。

检查处理完成后，用清洗剂清洗衬套及阀芯，然后用干净的绸布或高级白布（无棉绒）擦拭干净。将衬套上涂透平油，更换密封，对准中心，靠自重缓慢落入阀体内，如发生卡涩现象，严禁强行振击使其下落，应用铜棒轻微打击衬套顶面，或反复起落衬套，找准中心，缓慢下落至原位。然后按同样步骤回装阀芯，阀芯回装后在衬套内应活动灵活，无卡涩现象。安装主配压阀行程限制环。将密封圈套在端盖上，将端盖放平，端盖与壳体之间间隙满足要求，对称拧紧螺栓，拧紧螺栓时不停地转动阀芯，防止螺栓紧偏，阀芯卡涩，回装完毕后阀芯仍能灵活转动，抬起阀芯能靠自重落下。安装密封圈和端盖板。安装位置传感器触头和位置传感器。

二、隔离阀检修

首先拆下隔离阀操作油源油管，拆除隔离阀位置传感器，然后拆除端盖，取出隔离阀阀芯。检查阀芯、衬套磨损情况，配合面应无毛刺、锈蚀，否则应用金相砂纸、天然油石等打磨处理。检查隔离阀位置传感器弹簧应平直、无裂纹。轴承转动灵活，无掉珠，传感器阀芯无毛刺、锈蚀、高点，否则应用金相砂纸、天然油石等打磨处理。检查处理完成后，用清洗剂清洗阀芯、衬套及端盖。

清洗完毕后，更换阀芯周向密封，回装阀芯。在阀芯和衬套上涂上一层透平油，阀芯在衬套内推拉、旋转360°应无卡涩现象。更换新的端盖密封，回装端盖，对称拧紧端盖螺栓。最后回装隔离阀位置传感器、操作油管。

注意检修完成后应用专用螺杆将隔离阀阀芯固定在开的位置，以方便系统升压。待压油罐油面打至正常油面后，拆除专用螺杆，恢复隔离阀油管路。

三、分段关闭阀检修

（一）分段关闭主阀拆装检修

拆卸分段关闭阀固定螺栓，将其放置于空旷位置，拧下调节螺栓的保护罩，记录调节螺栓的高度，卸下端盖。将阀芯拔出，放在毛毡上。

仔细检查阀芯、衬套，应无锈蚀、毛刺，否则应用金相砂纸、天然油石等打磨处理。尖角应完好，密封线应严密完整。检查处理完成后，用清洗剂清洗阀芯、衬套及端盖。

清洗完毕后，回装阀芯。将阀芯圆周涂上透平油，放入阀体内，推拉、旋转 360°应无忽轻忽重的感觉。将端盖的密封槽涂凡士林，更换端盖密封，回装端盖，对称拧紧螺栓。然后将分段关闭阀移至主配压阀旁回装，更换法兰密封，用四个螺栓固定，最后分别更换快速关闭腔和慢速关闭腔的回油管法兰密封，回装回油管。

（二）分段关闭切换阀检修

将分段关闭切换阀进行解体，检查阀芯应无锈蚀、毛刺，否则应用金相砂布、天然油石等打磨处理。尖角应完好。检查弹簧应平直且弹性系数符合图纸要求，否则更换。检查处理完成后，用清洗剂清洗阀芯与阀体。

清洗完毕后，回装阀芯。将阀芯周向涂上透平油，将弹簧、阀芯放入阀体内，推拉、旋转 360°应无忽轻忽重感。将端盖的密封槽涂凡士林，更换新的密封圈，与阀体连接并紧固。安装阀芯上的滚珠轴承并固定，用手按动阀芯应具有良好的弹性。最后将切换阀回装到基础板上，恢复油管路。

四、机械过速保护装置检修

（一）过速行程阀的检修

拆除过速行程阀的油管路，记录脱扣器与离心探测器之间的精确距离，拆除行程阀支架，把行程阀取下，放至检修平台。行程阀拆卸后需对其动作值进行校验，合格后方可回装，如图 3.5 - 13 所示。

图 3.5 - 13　脱扣器与离心探测器间隙测量

（二）过速停机切换阀的检修

拆除过速停机切换阀的油管路，拆除切换阀底座，把切换阀取下，放至检修平台。拆开切换阀侧端盖，取出切换阀阀芯。

检查活塞应无锈蚀、毛刺，否则应用金相砂布、天然油石等打磨处理。尖角应完好。检查处理完成后，用清洗剂清洗活塞与阀体。

清洗完毕后，回装活塞。将活塞周向涂上透平油，将活塞放入阀体内，推拉、旋转360°应无忽轻忽重感。将端盖的密封槽涂凡士林，更换新的密封圈，与阀体连接并紧固。最后将切换阀回装到底板上，恢复油管路。

（三）配重块及固定钢带的拆卸与回装

拆卸前应用记号笔记录钢带安装高度，对钢带各部分进行编号，方便回装。回装时应按标记高度进行安装，可采用透明塑料管对钢带水平进行监视，以满足要求。

第六章

机组回装

本章以三峡电站 VGS 联营体机组为例介绍水轮发电机组的回装流程。三峡电站水轮发电机组回装阶段主要包括转轮吊装、活动导叶吊装、顶盖吊装、主轴回装、主轴密封回装、调速器设备及导叶操作机构回装、下机架吊装、转子吊装、上机架吊装、修后盘车、水导轴承回装、推导轴承回装、上导轴承回装、中心补气系统回装等工作。本章节介绍机组回装阶段主要工序标准及要求，并以图文形式简述机组回装的详细过程。

第一节　机组回装阶段检查及测量

三峡机组回装阶段，从转轮吊装至机组开机，对于不同工序设置不同标准质检点要求，以进行质量控制，见表3.6-1。

表 3.6-1　　　　　　机组回装阶段主要检测项目及要求

序号	主要工序	检测项目及要求
1	主轴与转轮回装	（1）转轮及叶片表面缺陷处理完成，满足运行要求。 （2）测量并调整转轮水平、上止漏环间隙、下止漏环间隙，满足安装要求。 （3）测量主轴与转轮联轴螺栓拉伸值、主轴上法兰面水平、主轴垂直度，满足安装要求
2	导水机构回装	（1）检查座环、导流板无裂纹，部件表面防腐满足运行要求。 （2）检查导叶端面金属密封无磨损，弹性橡胶密封无破损、弹性良好，满足安装要求。 （3）检查顶盖、底环与座环处密封无渗漏，满足安装要求。 （4）检查活动导叶轴套无严重磨损，与轴径配合尺寸满足安装要求。 （5）检查导叶止推环无严重磨损，测量止推环间隙满足安装要求。 （6）检查连杆销、偏心销及剪断销检查无裂纹，偏心销锁定键无松动。 （7）测量活动导叶立面间隙及端面间隙满足安装要求。 （8）测量接力器前后端盖间隙、后端盖紧固螺栓伸长值、接力器全行程满足安装要求。 （9）测量控制环与顶盖径向、轴向间隙满足安装要求
3	水导轴承回装	（1）检查主轴轴领和水导轴承瓦表面无划痕、毛刺、锈蚀、高点等缺陷，满足安装要求。 （2）测量水导轴承中心、水导瓦与主轴单边间隙满足设计要求。 （3）检查水导油槽清扫干净、无杂质，润滑油满足油质标准。 （4）水导轴承油冷却器按设计要求进行耐压试验，无渗漏
4	主轴密封回装	（1）检修密封回装后按要求做充气试验，无泄漏。 （2）检查工作密封弹簧无裂纹、弹性良好，抗磨环无严重磨损。 （3）测量密封块磨损量满足设计要求。 （4）主轴密封供水泵运行正常，过滤器无堵塞，逆止阀止逆效果良好，管道畅通，无渗漏现象
5	补气系统回装	（1）补气阀动作灵活，阀盘不漏水，密封腔无泄漏。 （2）补气管密封按设计要求做打压试验，无渗漏。 （3）补气管摆度满足设计要求
6	下机架回装	测量下机架水平及高程，满足安装要求

序号	主要工序	检测项目及要求
7	推导轴承回装	（1）检查镜板镜面无划痕、高点、锈蚀等缺陷，表面粗糙度满足设计要求。 （2）检查推力头与镜板结合面无划痕、毛刺、锈蚀、高点等缺陷。 （3）检查推力瓦及下导瓦表面无硬点、明显划痕或脱壳现象，高压油压力满足设计要求。 （4）推力油冷却器按设计要求进行单个耐压试验及严密性试验，无渗漏。 （5）测量下导瓦与推力头间隙，满足设计要求
8	转子回装	（1）检查转子构件各螺栓无松动，结构焊缝和螺母焊缝无开焊，制动环无松动，制动环表面无裂纹、毛刺，满足运行要求。 （2）测量定转子间隙、转子圆度，满足设计要求。 （3）检查磁极无异状、无损伤，磁极键无松动、无开焊。 （4）测量转子与主轴连接螺栓拉伸值，满足设计要求。 （5）检查磁极接头软连接铜片无断裂，连接螺杆无松动，磁极接头无过热现象，磁极接头软连接无损坏、松动，磁极绕组绝缘压板无异常，磁极绕组及接头部位清洁。 （6）检查阻尼环无断裂痕迹，阻尼条无松动，阻尼环软连接片无断裂、松动、连接螺杆紧固，阻尼环及接头部位清洁。 （7）检查转子引线无磨卡，固定支持件牢固，转子引线及相关部位清洁干净。 （8）转子清洗及喷漆后验收合格
9	定子检查	（1）检查定子机座螺栓紧固，销钉及基础螺丝无松动，结构焊缝与螺母焊缝无开焊。 （2）检查铁芯无烧伤、过热、生锈、松动，定子绕组齿部分硅钢片无松动。 （3）检查定位筋无裂纹、背部无卡阻物，托板焊缝无开裂现象，铁芯拉紧螺杆、螺母无松动且拉伸值满足设计要求。 （4）检查齿压板压指焊缝无脱焊。 （5）检查定子线棒的上、下端部无电晕痕迹，绝缘表面清洁，无过热及损伤，表面漆层无裂纹、脱落及流挂现象。 （6）检查绕组电接头无过热及开裂现象。 （7）检查跨线、汇流铜环及引出线绝缘无损伤及电晕现象，玻璃丝纤维绳无松动或断裂。 （8）检查跨线、汇流铜环及引线支架绝缘无损伤，过热现象，支架不松动。 （9）检查线棒弯部（特别是垫块、端箍夹缝处）无电晕放电痕迹。 （10）检查线棒弯部绝缘无损伤老化，玻璃丝绑带无松动和断裂现象，端部垫块及端箍无松动。 （11）检查绕组接头绝缘盒无松动，开裂现象，绝缘盒与绕组接头无放电痕迹。 （12）检查线棒端部、绝缘盒内表面、聚四氟乙烯软管接头无漏水痕迹。

序号	主要工序	检测项目及要求
9	定子检查	（13）检查定子线棒在上、下槽口处无被硅钢片割伤或磨损绝缘现象，口部垫块绑扎无松动现象。 （14）检查槽楔合格，无松动。 （15）定子清洗及喷漆后验收合格
10	上机架回装	测量上机架水平及高程，满足安装要求
11	上导轴承回装	（1）上导轴承油冷却器按设计要求进行耐压试验，无渗漏。 （2）检查上端轴轴领和上导瓦表面无划痕、毛刺、锈蚀、高点等缺陷。 （3）测量上导轴承中心、上导瓦与上端轴间隙，满足设计要求
12	机组盘车	通过盘车测量并调整机组轴线、水平及中心，满足运行要求。测量上导绝对摆度、中心补气管绝对摆度、下导绝对摆度、水导绝对摆度、镜板水平、空气间隙偏差、空气围带间隙、转轮止漏环间隙
13	滑环系统回装	（1）检查刷架、刷握及绝缘支柱完好，刷握外观干净无破损、无过热变色，与电刷接触面光滑、无毛刺、无碳泥，刷握布置整齐，固定牢靠。 （2）检查励磁电缆引线及接头无过热现象，绝缘良好，接头连接紧固，绝缘电阻不小于 0.5MΩ。 （3）检查集电环表面无变色、过热现象，接触面无麻点或凹沟，集电环的上下环之间的绝缘件无脏污、外观完好，无变色、过热现象
14	机组升压试验	（1）检查调速系统各管路、阀门，无渗漏。 （2）校核卸载阀动作压力、安全阀动作压力、油泵输油量、机械过速离心飞摆动作值、导叶主配压阀紧急关机分段投入点、过速停机分段投入点、锁定装置投入拔出时间、接力器压紧行程，均满足设计要求
15	修后电气试验	合格

第二节　机组回装工艺

本节以图文结合的形式详细分解机组回装整体过程，按照三峡电站机组实际回装流程介绍各主要部件回装工艺、方法以及注意事项，对于回装过程中的重点环节、关键数据将详细讲述。

一、转轮回装

该部分主要介绍转轮回装过程中转轮水平、中心及高程调整。

转轮检修完成后，安装转轮吊具，吊装转轮。吊装过程中，在转轮下止漏环处均布 8 块铜楔子板，参考修前楔子板高度标记来调整转轮中心，当某处间隙过小时，用锤子敲击该位置楔子板，使转轮往对称方向移动，以保证间隙值满足设计要求。同时，在基础环上对称放置 8 对铜楔子板，楔子板的水平偏差应小于 0.5mm/m。楔子板的厚度应参考拆卸阶段受力转换时的标记，楔子板的搭接长度不小于楔子板长度的 2/3。当转轮落到布置于基础环上的楔子板时，将 8 对铜楔子板打紧使转轮受力均匀。转轮完全落下后，在转轮上冠法兰面使用合像水平仪测量转轮水平，使用水平尺测量安装高程，并与修前高程进行对比。通过敲击基础环上的楔子板调整转轮水平、高程。转轮回装高程偏差 $-2\sim0$mm，水平小于 0.02mm/m，下止漏环处转轮间隙值对称方向偏差不大于 0.15mm，如图 3.6-1 和图 3.6-2 所示。

图 3.6-1　转轮吊装

图 3.6-2　转轮水平测量

二、导水机构回装

该部分主要介绍导叶、顶盖及导叶操作机构的回装工艺。

（一）导叶回装

导叶安装前清扫轴颈及下轴套，并将导叶中轴套下端面密封安装在导叶轴颈上，安装导叶吊具，按编号顺序回装导叶，注意导叶进出水边安放正确，安放角度与拆卸前尽量保持一致。

（二）顶盖回装

顶盖回装前将 8 个导向杆按圆周对称方向装入座环螺孔中，清理密封槽并正确安装座环与顶盖密封条，在座环表面均匀涂抹一层白厚漆，配合密封条起到更好的密封效果。安装顶盖吊具和吊带，调整桥机吊钩与顶盖几何中心线重合，将吊绳固定在顶盖上对称垂直的 4 个方向，检查顶盖水平度应满足起吊要求。顶盖表面清理干净后，根据修前拆卸标记将顶盖吊入机坑，当顶盖距离座环 200mm 时，提前放入定位柱销并打紧。顶盖安装到位后，用液压扳手对称预紧 4 个方向的顶盖螺栓共 20 颗，并做好预紧螺栓标记。顶盖螺栓安装到位后，中部光滑部位高出垫片上端面垂直距离不大于 10mm。顶盖座环排水孔处的长螺杆应至少旋入 80mm 以上方为合格。顶盖螺栓预紧完毕后，对称拉紧其余螺栓，最后将预紧的 20 颗螺栓按设计预紧值进行紧固。

安装 8 根顶盖平压管，清扫平压管法兰面，更换橡胶密封条，组合面涂抹 587 密封胶。螺栓对称预紧，安装完成后用 0.05mm 塞尺检查不能通过。

（三）导叶操作机构回装

根据修前标记吊装 24 个拐臂，安装前清扫导叶轴颈及拐臂孔洞，并涂抹透平油，倒角部分涂抹凡士林。原位安装止推环、连板、端盖板及提升螺栓。导叶吊装如图 3.6 - 3 所示，顶盖吊装如图 3.6 - 4 所示。

图 3.6 - 3　导叶吊装

图 3.6 - 4 顶盖吊装

三、主轴回装

主轴吊装前，主轴和转轮连接法兰面应清扫干净，无毛刺、高点，安装法兰面密封条，如图 3.6 - 5 所示。连接螺栓放入主轴螺孔内与主轴一起吊入机坑。安装主轴吊具，吊装主轴，如图 3.6 - 6 所示。主轴与转轮法兰合缝过程中注意检查，确认缝隙内无异物，合缝后拉紧联轴螺栓，测量并记录螺栓拉伸值，满足设计要求。按照修前标记回装连接螺栓保护罩，拆除转轮上冠锥形体内检修小平台。

图 3.6 - 5 法兰面密封条安装

图 3.6 - 6 主轴吊装

四、下机架的回装

水车室导水机构各部件、调速系统管路、接力器、主轴密封、水导轴承等部件全部吊入机坑后，方可进行下机架回装工作。回装前，下机架基础板调整键块应按修前位置安装到位。

回装时，在下机架支臂和径向基础间插入木条并来回移动，避免下机架支臂和径向基础在起吊时发生碰撞。当下机架支臂和基础法兰面接触时，安装下机架地脚销钉、螺栓。确认销钉和螺栓全部安装到位，且下机架水平、高程复测合格，拆除下机架专用吊绳，如图 3.6-7 所示。

图 3.6-7　下机架吊装

下机架水平调整可通过下机架调整键或者法兰面加调整垫片的方式进行，如图 3.6-8 所示。

五、推导轴承回装

推力瓦等推力轴承部件随下机架一起吊入机坑。

（一）推力头镜板回装

推导轴承回装前，清扫推力头、镜板及推力瓦，使用无水乙醇和绸布清洗镜板表面和推力瓦表面。推力头和镜板采用整体吊装方式，吊装时调整推力头

图 3.6-8　下机架调整垫片

水平，做好镜板、推力头和挡油圈之间的防护措施，避免推力头、镜板和挡油圈发生碰撞。镜板与推力瓦接触前，开启高压油减载装置，在推力瓦和镜板之间建立油膜，避免镜板镜面和推力瓦上表面之间产生干摩擦。

（二）下导轴承回装

下导轴承回装前应按要求清洗各部件，检查瓦表面及轴领应符合技术要求。按编号吊装下导瓦，用抗重螺栓对称抱紧 4 块或 8 块下导瓦，机组检修盘车合格后，抱瓦并调整下导瓦间隙。回装油雾吸收装置管路、油槽密封环、下导挡油板、周向隔板、RTD 等附属部件，清扫推导油槽，回装油槽盖板，如图 3.6-9 和图 3.6-10 所示。

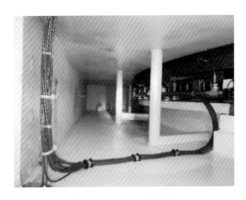

图 3.6-9　油槽清扫

图 3.6-10　推导轴承各部件吊入

六、转子安装

安装转子吊具，转子起吊安全措施与修前转子拆卸时一致。按修前标记方位起吊转子，如图 3.6-11 所示，落至定子上部 500mm 左右时，应仔细调整转子与定子机坑同心，然后缓慢下落进入机坑内，四周安排专人持木板条上、下移动，转子下落过程中，所有木条均能自由抽动，避免定转子接触。转子与推力头连接法兰相距约 20mm 时启动高压油减载系统，安装推力头与转子径向销钉，此时检查下端轴上法兰面与转子下法兰面间距及制动环与制动器间距，根据转子、下端轴修前方位标记调整转子方位，根据推力头、转子修前方位标记调整推力头。落转子至推力头上，紧固转子与推力头、下端轴连接螺栓，测量并记录各螺栓拉伸值。

图 3.6-11　转子吊装

七、上端轴回装

上端轴回装时，上端轴与上机架须整体吊装。上端轴吊装到位后，先用50%拉伸力拉紧互为90°的四颗联轴螺栓，待轴线调整合格后，再按照设计要求对称拉伸全部联轴螺栓。

八、上机架及上导轴承回装

（一）上机架回装

VGS联营体机组上机架拆卸时与上端轴整体起吊，回装时也采用整体吊装的方式。

回装前在每个支臂处搭设脚手架，对销孔进行处理并涂抹透平油，上机架吊入机坑后，每个支臂处专人进行微调节，确保每个支臂的销套进入销孔。所有销套进入销孔后，安装地脚螺栓，所有螺栓涂抹螺纹锁固剂止动，全部螺栓预紧后测量上机架的水平和高程，上机架水平应满足要求，上机架高程与上端轴端面高程差在标准范围内。若水平高程不满足，可通过上机架支臂上的调整螺栓将上机架基本调平，如图3.6-12所示。根据修前标记原位回装方键、方键压板，最后回装上机架盖板、机头罩。

（二）上导轴承回装

上机架吊装后按照修前标记回装上导瓦及其他部件。机组轴线及中心调整完成后，首先按照设计要求调整上导瓦间隙，如图 3.6 - 13 所示；然后回装上导轴承各管路、电线，清扫上导油槽，根据修前标记原位回装油雾吸收装置及油槽密封盖，密封盖及油雾吸收装置安装完成后应测量其与主轴的间隙，满足设计要求。

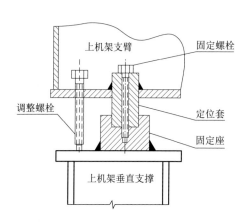

图 3.6 - 12　上机架水平调整示意图

图 3.6 - 13　上导轴承瓦间隙调整

九、水导轴承回装

顶盖、主轴回装后，安装内挡油桶与下油盆内侧、下油盆外侧与顶盖侧之间的橡胶密封条，组装内挡油桶与下油盆。内挡油桶与下油盆组好后进行煤油渗漏试验，煤油高度至少淹没连接板，检查各密封面无渗漏现象。回装水导瓦托环、连接板、下迷宫环，按照设计要求调整下迷宫环与主轴间隙。按照修前标记吊装水导瓦，回装水导间隙调整装置，待修后盘车机组轴线合格之后按照设计要求调整水导瓦间隙，计算并加工调整套管，如图 3.6 - 14 所示。回装水导挡油板、铜板、循环油管等，更换所有密封垫清扫水导油槽，回装水导油槽盖与上迷宫环，按照设计要求调整迷宫环与主轴间隙。

十、主轴密封安装

（一）检修密封回装

空气围带回装前做 0.10MPa 充气试验，保压 30min 无泄漏。先将围带底座回装，空气围带放入底座内，围带盖放置上方后预紧 8 颗螺栓，做 0.40MPa 充气试验，保压 30min 无泄漏。试验合格后，打紧围带盖螺栓，工作密封回装完成后，回装供排气管路，管路及管路连接处密封良好无漏气现象。

（二）工作密封回装

根据实际检查情况更换密封块，调整密封块与抗磨板间隙，密封块各组合面无明显错牙，通过在密封块与浮动环之间加垫铜皮的方法调整间隙较大的区域，如图 3.6-15 所示。密封块与抗磨板间隙调整后用 0.05mm 塞尺检查合格，局部容许有不超过 0.10mm 的间隙但总长不应超过 20mm。

图 3.6-14　水导轴承瓦间隙调整

图 3.6-15　密封块与抗磨板间隙调整

主轴密封箱在厂房大厅组圆，整体吊入机坑回装，密封箱与检修密封盖之间垫好木方。待盘车合格后再打紧密封箱与检修密封座连接螺栓。回装导向环，安装浮动环与导向环之间密封圈，导向环密封接触处可涂抹适量凡士林，避免密封圈破损。回装水箱时，水箱组圆后使用手拉葫芦将水箱提起一定高度，安装水箱与密封箱之间密封圈，将水箱落下，打紧水箱与密封箱连接螺栓。回装外围供水环管及主供水管时，进行水封浮动试验，工作水压下，测量浮动环四个方向浮动量，浮动环浮动量应满足设计要求。同时检查各供水软管及外围环管，无漏水现象。

十一、补气系统安装

清扫密封端盖各安装面，装入密封条，按修前标记原位回装密封盖，装入密封盖与补气管之间的密封圈，起吊中段补气管，缓缓嵌入大轴密封盖特殊法兰内，下落至密封盖时，注意密封圈是否打卷或挤出密封槽，紧固中段补气管法兰连接螺栓。安装蝶阀及特殊法兰，装入密封条，紧固螺栓，全开蝶阀并机械锁定。装入中段补气管的特殊法兰管口密封条，吊装上段补气管，如图 3.6-16 所示。在下段延伸段补气管法兰槽口内放入密封条，回装下段补气管。在上段补气管上端及下段延伸段补气管下端分别装上打压试验盖，做补气管密封充水打压试验。充水压力为 0.6MPa，保压 4h 即为合格。

图 3.6 - 16　中心补气管吊装

机组盘车后，调整补气管绝对摆度满足要求，否则根据数据对上段补气管进行调整，直至满足要求后机械锁定补气管连接螺栓。原位吊入阀罩，吊装已组装完成的补气阀，紧固补气阀连接螺栓，安装阀罩端盖，回装进气管和排水管。

图 3.6 - 17　转子引线
（上端轴段）回装

十二、转子引线（上端轴段）回装

按拆卸时的标记回装各段引线和环氧固定块，所有紧固螺栓需涂抹适量乐泰 277 螺纹锁固胶，螺栓拧紧后，全部螺栓按照标准校验力矩，如图 3.6 - 17 所示。

十三、滑环装置回装

滑环装置回装前，分别测量（用 500V 兆欧表）滑环装置各部件对地绝缘电阻值，并做好记录。滑环装置包含集电环、刷架、励磁电缆、碳粉吸收装置风机，如图 3.6 - 18 所示。

十四、发电机出口及中性点引线恢复

复引前应再次检查、清洁各接触面，并注意避免损伤连接片的镀银面。

按拆卸时的标记回装各连接片，所有螺栓紧固后，检查弹、平垫是否齐

图 3.6 – 18 滑环装置回装

全、正确，螺栓出丝情况，并校验紧固螺栓力矩（110N·m）。检查完毕后，清扫工作区域，清点核对器具材料数量，防止有遗留物。发电机出口引线恢复如图 3.6 – 19 所示，发电机中性点引线恢复如图 3.6 – 20 所示。

图 3.6 – 19 发电机出口引线恢复

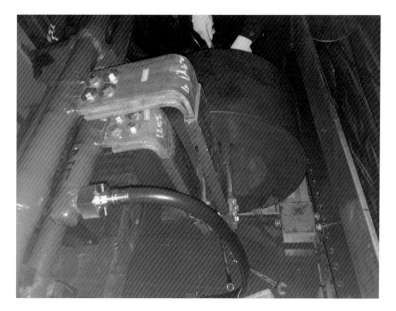

图 3.6-20　发电机中性点引线恢复

十五、修后盘车与轴线调整

VGS 联营体机组推导轴承结构属于弹性支撑结构，受力时能自动调节平衡单块瓦每个部位的受力。机组修后盘车与修前盘车方法一致，修后盘车时测量并记录各部件摆度值，根据测量数据计算机组回装后各部件轴线同心度，调整机组轴线及旋转中心线，提升机组运行质量。

（一）轴系测量调整

根据转子、下导、上导、水导、集电环及补气管摆度测量记录分别计算转子、上导、水导相对下导 X、Y 方位偏心值、摆度及方位角。轴线摆度检查调整的同时，盘车检查镜板动态水平度和主轴垂直度，借以分析轴线状态。VGS 联营体机组上端轴与转子、下端轴与转子、下端轴与水轮机主轴、水轮机主轴与转轮、转子与推力头均有销钉或销套定位，基本无法直接进行调整。

当水导和上导超标较小时，可根据摆度计算数据在螺栓拉伸值容许范围内改变相应方向的联轴螺栓伸长值及拉伸顺序进行微量调整。当水导或上导摆度超标较大，且方位及数值均相近时，取出推力头与转子定位销钉，根据计算结果平移推力头。当水导和上导摆度通过平移推力头无法同时调整合格时，则需先取出推力头与转子定位销钉，通过平移推力头调整水导摆度合格并配钻定位销，然后计算上端轴平移量，取出上端轴定位销，根据计算值平移上端轴，上导摆度检查调整合格后重新配钻定位销。注意平移推力头可能使转子摆度增大，调整前需要先经过计算，确认调整后转子摆度也在公差范围内。

补气管无定位销定位，可以根据盘车计算结果利用液压千斤顶等工具分别直接对补气管和集电环进行平移即可。

（二）机组中心测量调整

轴系中，定子与转子空气间隙的均匀度及转轮与底环、顶盖间隙的均匀度对机组运行时的电磁力、水力不平衡有较大的影响，因此轴线中心测量调整以定子与转子及转轮与底环、顶盖的同心度为基准。因转子、转轮存在摆度，静态的间隙测量不能真实反映机组运行时的间隙均匀度，因此采用动态旋转中心测量方法。

1. 旋转中心测量

固定一个磁极旋转至＋Y位置（0°起始位置），从＋Y开始按圆周等分，在水轮机底环止漏环、顶盖止漏环处标示8个测点（上下止漏环测量部位保持一致），在机组0°、180°、360°时分别用塞尺和楔块测量各处间隙。在推力头处用内径千分尺测量同一高度上推力头与瓦架＋X、＋Y、－X、－Y四个正方位距离。

旋转转动部分，在0°、180°、360°时停止，关闭高压油减载装置，测量转轮上下止漏环间隙，测量空气间隙，计算转子相对定子的偏心、转轮中心与底环、顶盖的偏心值，绘制偏心分布图。

2. 旋转中心调整

投入高压油减载装置，根据计算结果，以底环和顶盖中心连线为基准，兼顾空气间隙、推力内挡油筒油封间隙和空气围带座间隙，用下导瓦径向移动转动部分，将转动部件推到最佳中心位置。

第四篇
机组试验及评价

机组试验包括机械试验、电气试验与启动试验，其中启动试验根据 DL/T 817—2014《立式水轮发电机检修技术规程》并结合 A 修、B 修的实际情况确定。各试验主要项目见表 4.0-1。

表 4.0-1 机组试验主要项目

机械试验	调速系统试验
	辅助设备试验
电气试验	转子试验
	定子试验
启动试验	轴承瓦温温升试验
	机组过速试验
	调速器空载特性试验
	发电机升流试验
	发电机升压试验
	发电机空载特性试验
	发电机稳态三相短路特性试验
	机组假同期试验
	调速器负载扰动试验
	机组变负荷及甩负荷试验
	调速器建模及一次调频试验

本篇介绍了机组试验的试验方式、数据分析与注意事项，并对机组修后的各项参数、性能与缺陷处理后的运行状况进行了评价。

第一章
机组机械试验

机组检修过程中需要进行各项机械试验，确保机组各机械设备工作正常，满足开机稳定运行条件。试验内容主要包括调速系统试验与机组辅助设备试验。

第一节　调速系统试验

调速系统试验分为修前试验与修后试验，试验目的是检验调速系统各部件的工作状态，并测量相应参数，保证机组能够满足运行时的动态调节与事故状态下的紧急停机要求。调速系统试验一般在蜗壳无水状态下进行，试验前需检查确认调速系统各部位无漏点，试验过程中导水机构动作部件处应无人工作，且无妨碍导水机构动作的物件。

一、修前试验

（一）压油泵输油速率试验

1. 试验目的

测定压油泵输油速率，判断其是否满足调速系统用油需求。

2. 试验条件

系统压力为 6.1MPa 左右，油泵出口阀开启，各油泵处于"停止"状态。

3. 试验方法

依次手动启动各油泵，首先记录压力在 6.1～6.3MPa 时压油罐油位上升100mm 所需时间 T（s），然后按下式计算压油泵的输油速率：

$$Q = \frac{7.85 D^2}{10^5 T} \quad (\text{L/s})$$

式中　D——压油罐的内径，mm。

4. 注意事项

试验过程中应注意观察油泵启动与运行过程是否平稳，对于振动或噪声较大的油泵，应在检修过程中进行解体检查或轴线调整。

（二）主配压阀紧急停机试验

1. 试验目的

检查导叶主配压阀紧急停机时间与分段关闭规律是否符合要求。

2. 试验条件

上下游检修门已落，蜗壳、尾水管盘形阀已开启，调速系统工作正常，锁定装置已拔出，导水机构转动部分无妨碍物件，调速系统管道中气体已排尽。

3. 试验方法

用电液伺服阀将导叶全开，手动启动压油泵将油压升至 6.3MPa 后将压油泵切停，动作紧急停机电磁阀使导叶全关，试验时利用在线监测系统录波记录整个试验过程。分析波形数据，记录紧急停机导叶各段关闭时间与拐点，并绘制出相应曲线。

三峡机组分段关闭规律为三段关闭,主配压阀紧急停机曲线如图 4.1-1 所示。

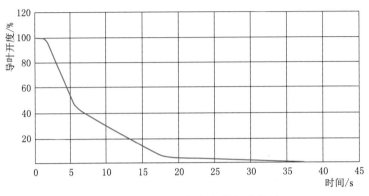

图 4.1-1　主配压阀紧急停机曲线图

(三) 事故配压阀事故停机试验

1. 试验目的

检查事故配压阀动作是否正常、停机时间是否符合要求。

2. 试验条件

上下游检修门已落,蜗壳、尾水管盘形阀已开启,调速系统工作正常,锁定装置已拔出,导水机构转动部分无妨碍物件,调速系统管道中气体已排尽。

3. 试验方法

用电液伺服阀将导叶全开,手动启动压油泵将油压升至 6.3MPa 后将压油泵切停,动作机械过速脱扣器使导叶全关,试验时利用在线监测系统录波记录整个试验过程。分析波形数据,记录事故停机导叶关闭时间并绘制相应曲线。

事故配压阀事故停机与主配压阀紧急停机一样均为三段关闭。

(四) 接力器压紧行程测量

1. 试验目的

检查接力器压紧行程是否满足要求,是否需要进行相应调整。

2. 试验条件

调速系统工作正常,锁定装置已拔出,导水机构转动部分无妨碍物件。

3. 试验方法

(1) 全关导叶并投入紧急停机电磁阀,对左、右岸接力器活塞杆分别做标记,记录活塞杆伸出长度分别为 X_1、X_2。

(2) 将压油泵全部切停,全关主供油阀、隔离阀、事故供油阀,使用接力器关腔测压孔将接力器压力撤至 0.2MPa 以下，按照原先标记测量活塞杆伸出长度 Y_1、Y_2。

（3）左岸接力器压紧行程 $S_1 = X_1 - Y_1$，右岸接力器压紧行程 $S_2 = Y_2 - X_2$，综合接力器压紧行程 $S = (S_1 + S_2)/2$。

4. 注意事项

如使用接力器关腔测压孔撤压时，压力始终无法降至 0.2MPa 以下且测压孔中持续有压力油流出，说明主供油管路存在阀门未关严或存在内漏，油路未完全切断，此时应对各阀门状态进行检查。

（五）接力器锁定装置动作试验

1. 试验目的

检查锁定装置动作是否正常，复归、投入时间是否符合要求。

2. 试验条件

调速系统工作正常，导叶全关。

3. 试验方法

导叶全关后，投入锁定电磁阀，测量锁定装置从开始动作到完全投入的时间；复归锁定电磁阀，测量锁定装置从开始动作到完全复归的时间。

二、修后试验

修后试验的目的是检验调速系统各机械液压部件的工作性能是否满足机组动态调节与事故停机的要求。修后试验内容包括压油泵出口阀组动作试验、压油泵输油速率试验、导叶开度限制和开度指示器校核试验、TR10 电液伺服阀调整试验、主配压阀紧急停机试验、事故配压阀事故停机试验、接力器压紧行程测量、接力器锁定装置动作试验。

（一）压油泵出口阀组动作试验

1. 试验目的

检查压油泵出口阀组（安全阀、卸载阀、逆止阀）动作灵活性，并测量安全阀与卸载阀动作值。

2. 试验条件

调速系统已升压且工作正常，全关压油泵出口阀，在压油泵出口侧安装压力表，压油泵切现地手动操作。

3. 试验方法

手动启动 1 号油泵，油泵开始卸载，记录卸载压力，将油泵切换到"加载"，安全阀动作，记录安全阀动作压力，停止压油泵，观察电机停止时是否存在倒转现象，如发生倒转，应检查逆止阀密封情况、弹簧刚度与阀芯是否存在发卡。将各动作压力值与标准值进行比较，如存在异常，需进行相应调整。重复以上方法依次进行其余几台油泵的试验。

4.调整方法

（1）安全阀调整。安全阀动作压力标准值为 6.4～6.7MPa，调整时将压油泵切停，取下安全阀护罩，旋转调节螺杆。如安全阀动作压力过大，则旋松调节螺杆，反之则旋紧调节螺杆。调整完后将调节螺杆背紧并重新试验，直至动作压力合格。

（2）卸载阀调整。与安全阀动作压力调整类似，通过旋转调节螺杆进行调节，动作值偏大时逆时针旋转，动作值偏小时顺时针旋转，卸载压力标准值为 0.6～1.0MPa。

（二）压油泵输油速率试验

1.试验目的

测定压油泵输油速率，判断其是否满足调速系统用油需求。

2.试验条件

系统压力为 6.1MPa 左右，油泵出口阀开启，各油泵处于"停止"状态。

3.试验方法

同修前试验。

（三）导叶开度限制和开度指示器校核试验

1.试验目的

检查导叶是否能全开、全关，导叶开度限制和开度指示与接力器行程是否一致。

2.试验条件

调速系统处于正常工作状态。

3.试验方法

调速器置"电手动"位置，依次使用电液伺服阀操作导叶至 25％、50％、75％、100％开度，分别检查导叶开度限制和开度指示与接力器行程是否一致，最大误差应小于接力器全行程的 1％。如误差大于接力器全行程的 1％，检查并调整主配压阀位置传感器、接力器位置传感器、开度指示器等元件，并重新试验，直至满足要求。

（四）TR10 电液伺服阀调整试验

1.试验目的

检查并调整电液伺服阀中间位置及灵敏度，保证电液伺服阀线圈失电时能保持关闭趋势，使主配压阀自动控制导叶全关，确保机组安全。

2.试验条件

阀体处于正常供油状态。

3. 试验方法

用手触摸阀体，应感到有明显的颤动，此时液压轮喷油且旋转正常，如无颤动现象，说明阀芯可能出现发卡，需解体进行检查，直至液压轮可带动阀芯正常旋转。接着调整电液伺服阀中间位置，将电液伺服阀线圈通电，并将其电压设置为2V，旋转电液伺服阀上调节螺丝，使电液伺服阀衬套移动，直至电液伺服阀阀芯处于中间位置（即接力器不再发生移动），此时电液伺服阀的中位电压为2V，失电时阀芯自动获得关闭趋势。

（五）主配压阀紧急停机试验

1. 试验目的

检查导叶主配压阀紧急停机时间与分段关闭规律是否符合要求。

2. 试验条件

上下游检修门已落，蜗壳、尾水管盘形阀已开启，调速系统工作正常，锁定装置已拔出，导水机构转动部分无妨碍物件，调速系统管道中气体已排尽。

3. 试验方法

同修前试验。

4. 调整方法

（1）分段关闭拐点调整。调整与接力器推拉杆连接的分段关闭控制阀导轨的位置，即可改变相对应的分段关闭拐点值。

（2）一段关闭时间调整。旋转主配阀上关机时间调节螺杆，改变紧急停机时主配阀芯的窗口开度，即可调整一段关闭时间。

（3）二段关闭时间调整。旋转分段关闭阀上的调节螺杆，改变二段关闭时分段关闭阀油口开度，即可调整二段关闭时间。

（4）三段关闭时间调整。调整三段关闭节流孔的大小，即可实现三段关闭时间的调整。

5. 注意事项

分段关闭拐点调整后应注意检查导轨的水平，分段关闭控制阀阀行程开关压缩量为4~5mm，导轨面水平跳动应小于1.2mm，保证导轨随推拉杆移动时切换阀行程开关始终能够被有效压缩。试验过程中如分段关闭拐点异常应先观察分段关闭控制阀压力开关的投入与导叶关闭速度的改变是否同步，如导叶关闭速度的改变明显滞后于分段关闭控制阀压力开关的投入，则需检查分段关闭主阀是否存在异常。

（六）事故配压阀事故停机试验

1. 试验目的

检查事故配压阀动作是否正常、停机时间是否符合要求。

2. 试验条件

上下游检修门已落，蜗壳、尾水管盘形阀已开启，调速系统工作正常，锁定装置已拔出，导水机构转动部分无妨碍物件，调速系统管道中气体已排尽。

3. 试验方法

同修前试验。

4. 调整方法

（1）分段关闭拐点调整。调整与接力器推拉杆连接的分段关闭控制导轨的位置，即可改变相对应的分段关闭拐点值。

（2）一段关闭时间调整。旋转事故配压阀上的调节螺杆，即可改变一段关闭时间。

（3）二段关闭时间调整。旋转分段关闭阀上的调节螺杆，即可改变二段关闭时间。

（4）三段关闭时间调整。调整三段关闭节流孔的大小，即可改变三段关闭时间。

（七）接力器压紧行程测量

1. 试验目的

检查接力器压紧行程是否满足要求，是否需要进行相应调整。

2. 试验条件

调速系统工作正常，锁定装置已拔出，导水机构转动部分无妨碍物件。

3. 试验方法

同修前试验。

4. 调整方法

VGS联营体、东电机组通过旋转活塞与杆头并重新打定位销，改变推拉杆有效长度的方式实现；ALSTOM公司、哈电机组通过改变压紧行程调整垫圈厚度的方式实现。压紧行程是否需要调整与调整量应综合考虑标准值、导叶立面间隙、机组停机是否蠕动与停机漏水量后确定，AB修过程中一般调整较少。

（八）接力器锁定装置动作试验

1. 试验目的

检查锁定装置动作是否正常，复归、投入时间是否符合要求。

2. 试验条件

调速系统工作正常，导叶全关。

3. 试验方法

同修前试验。

第二节 辅助设备试验

为保证机组正常运行，开机前需对油冷却器、空冷器、制动系统、高压油系统等辅助设备进行试验并消除缺陷，具体试验项目及标准见表4.1-1。

表 4.1-1　　　　　　　　机组辅助设备试验项目及标准

序号	试 验 项 目	试 验 标 准
1	上导油冷器及其管路严密性耐压试验	对管路及上导油冷器进行正反向充水试验，无渗漏现象
2	推导油冷器及其管路严密性耐压试验	对管路及推导油冷器进行正反向充水试验，无渗漏现象
3	水导油冷器及其管路严密性耐压试验	对管路及推导油冷器进行正反向充水试验，无渗漏现象
4	推导油泵启动试验	推导充油后，两台油泵，一台工作，一台备用，10min切换一次，检查管路无漏油，油泵、电机工作正常
5	水导油泵启动试验	水导充油后，两台油泵，一台工作，一台备用，10min切换一次，检查管路无漏油，油泵、电机工作正常
6	制动系统动作试验	手、自动给气试验，工作压力能保持 0.5～0.7MPa，各管路接头、阀门、制动器等均无漏风，制动器活塞各腔不串气，活塞起落灵活，总气源压力与制动器保持压力之差不大于0.1MPa。制动器整体油压试验：用顶转子油泵将转子顶起 3～5mm，保持 10min，制动器与管路接头均无渗漏油现象，油压撤除后，将管路中的残留油排干净，三通阀门切换为机组运行状态
7	高压减载系统管路整体试验	系统运行压力值：11～13MPa；系统总管、环管、支管及三通均无渗漏
8	空气冷却器及其系统严密性耐压试验	对管路及空冷器进行正反向充水试验，无渗漏现象
9	主轴密封供水管路充水试验	主轴密封供水管路充水，检查各管路接头无泄漏

第一章 机组机械试验

321

第二章
机组电气试验

发电机在运行过程中，会不断收到振动、发热、电晕、化学腐蚀及各种机械力的作用，造成各个部件都会逐渐老化。为了发现发电机的缺陷及检验检修质量，在发电机检修前、检修后进行预防性试验是十分必要的。发电机电气试验分为转子试验和定子试验。

第一节 转 子 试 验

发电机转子电气回路主要由磁极、磁极连接引线、集电环、电刷、刷架、励磁引线等部件组成。在长期的运行过程中，可能因为受潮、脏污、磨损、劣化变质、电动力及机械应力作用等原因导致转子绕组绝缘性能降低或接头过热等缺陷的发生，威胁发电机的安全稳定运行。因此，在发电机 A、B 修过程中应进行一系列电气试验以检查转子各部件的绝缘状况及连接质量是否符合要求。

发电机转子绕组电气试验项目见表 4.2－1。

表 4.2－1   发电机转子绕组电气试验项目

序号	试验项目	试 验 标 准	说 明
1	转子绕组的绝缘电阻	（1）绝缘电阻在室温时一般不小于 $0.5M\Omega$。 （2）在工地组装的转子，单个磁极挂装前、后及集电环、引线、刷架的绝缘电阻不小于 $5M\Omega$	（1）采用 1000V 的兆欧表。 （2）工地组装的转子在吊入机坑前采用 2500V 的兆欧表。 （3）单个磁极、集电环、引线和刷架的绝缘电阻只在工地组装过程中进行
2	转子绕组的直流电阻及磁极接头电阻测量	（1）绕组的直流电阻与初次（交接或大修）所测结果比较，其差别一般不超过 2%。 （2）接头电阻同次测量的各接头值相差一般不超过 20%	（1）在冷态下测量，绕组表面温度与周围环境温度之差应不大于 3K。 （2）接头电阻测量时通入电流 200A。 （3）超过 20% 的应进行处理
3	转子绕组的交流阻抗和功率损耗	（1）在相同试验条件下与历年数值比较，不应有显著变化。 （2）在机坑内，单个磁极交流阻抗最大值比最小值一般不超过 1.3 倍；在机坑外单个磁极交流阻抗最大值比最小值一般不超过 1.2 倍	（1）试验电压不超过额定励磁电压。 （2）应对每一个磁极进行测量。 （3）磁极挂装前和挂装后应分别进行测量
4	转子绕组交流耐压试验	（1）A、B 修时，试验电压为 2000V。 （2）在工地组装的转子，耐压标准如下：单个磁极挂装前为 $10U_f + 1500V$；集电环、引线、刷架为 $10U_f + 1000V$；转子绕组为 $10U_f$	（1）试验电压以静电电压表的读数为准。 （2）现场组装的转子在全部组装完吊入机坑前进行，转子吊入后或机组升压前，一般不再进行此试验。 （3）U_f 为发电机转子额定励磁电压，单位：V

一、转子绕组绝缘电阻试验

（一）试验目的

对转子绕组进行绝缘电阻试验，可以有效检查出受潮、脏污、老化等整体贯穿性绝缘缺陷，是判断转子绝缘性能必不可少的试验项目。

（二）试验方法

试验前，发电机转子应在静止状态下，退出集电环上全部电刷，转子磁轭接地良好。试验时，先将正负集电环短路接地放电，然后将兆欧表的火线（L端子）接于转子集电环上，地线（E端子）与大地连接，输出1000V电压进行测试，记录1min时绝缘电阻值。试验完毕，应对转子绕组进行充分放电。

（三）试验结果分析

转子绕组整体绝缘电阻值在室温时一般不小于0.5MΩ。

单个磁极绝缘电阻测量。磁极是发电机转子绕组的重要组成部件，在机组转子安装及需要更换磁极的检修过程中，都需对挂装前、后的新磁极进行绝缘电阻试验，其值不小于5MΩ。

当测得的转子整体绝缘过低时，应仔细检查磁极线圈与铁芯之间是否有碳粉或其他金属碎屑物，磁极线圈是否受潮，以及转子滑环、刷架是否存在绝缘薄弱的情况。

二、转子绕组的直流电阻及磁极接头电阻测量

（一）试验目的

转子绕组在长期的运行过程中如果发生磁极接头上压紧螺栓松动的情况，就会导致接触电阻过大，造成接头部位导体过热，严重时破坏转子磁极绝缘影响发电机正常运行。通过转子绕组的直流电阻及磁极接头电阻测量，可以有效发现磁极线圈匝间严重的短路及磁极接头接触电阻劣化等缺陷。

（二）试验方法

试验时采用直流弧焊机作为试验电源，将直流弧焊机的"＋""－"极电流输出分别接到转子绕组两极，通入200A电流。通入电流的试验电缆必须有足够的截面积保证在试验过程中不产生影响结果的发热。将高精度数字万用表调到直流电压挡，使万用表"＋""－"表针分别接触单个转子磁极接头两端，读取直流电压并根据欧姆定律计算出磁极接头电阻值。依顺序测量所有磁极接头电阻，并在转子磁极总引线两端测量转子绕组整体直流电阻。

测量单个磁极直流电阻，使用直流电阻测试仪在磁极挂装前测量每个磁极的直流电阻，测量值不应有显著差别。磁极挂装并连接完成后应测量转子绕组总的直流电阻。

（三）试验要点

（1）试验应在发电机冷态下进行，测量时绕组表面温度与周围空气温度之差应在±3℃的范围内。

（2）转子绕组整体直流电阻采用直流压降法进行测量，所用电压表及电流表精度应不低于0.5级，量程选择应使表计的指针处在2/3的刻度左右。

（3）绕组通过电流以不超过额定电流的20%为宜，测量应迅速，以免由于绕组发热而影响测量的准确度。

（四）试验结果分析

转子绕组的直流电阻与初次（交接或大修）所测结果比较，其差别一般不超过2%，若差值在−2%以下，则可能有磁极匝间短路；若差值在+2%以上，则可能是磁极接头开焊或接触不良；同次测量的磁极接头电阻值互相比较相差一般不超过20%。

三、转子绕组的交流阻抗和功率损耗

（一）试验目的

转子绕组由于制造工艺不良或者运行中电、热、机械等综合应力的作用，会使绕组产生变形、位移，造成匝间短路故障。当匝间短路严重时，会使转子电流显著增大，绕组温度升高，限制发电机无功输出，或者引起机组剧烈振动，甚至被迫停机。如果转子磁极出现匝间短路，磁极有效匝数就会减小，电流明显增加，在短路电流强烈的去磁作用下，交流阻抗就会大大减小，功率损耗也会显著增大。因此，通过测量转子绕组磁极交流阻抗和功率损耗，并与历史测量数据及相互之间比较，能够灵敏判断磁极是否存在匝间短路故障。

（二）试验方法

试验时，用调压器等加压设备将交流电压由集电环处加压，使所有磁极线圈均通入电流，然后用电压表测量转子整体绕组及单个磁极线圈上的压降，根据测得的电流及电压利用欧姆定律计算出交流阻抗，功率损耗可直接由低功率因数瓦特表读出。转子绕组交流阻抗和功率损耗测量接线如图4.2−1所示。

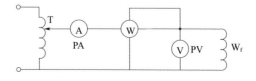

图 4.2−1 转子绕组交流阻抗和功率损耗测量接线图

T—调压器；PA—电流表；W—低功率因数瓦特表；PV—电压表；W$_f$—转子绕组

（三）试验要点

（1）测量时转子应处于静止状态，如果转子已吊入定子腔内，则定子回路应断开。

（2）交流阻抗和功率损耗与转子绕组本身所处位置密切相关，因此试验应在相同的状态（指静态、动态，腔内、腔外，护环和槽楔本体的结合状态）下测量比较才有意义。

（3）试验电压一般不应超过转子的额定电压。

（四）试验结果分析

（1）在相同试验条件下与历年数值比较，不应有显著变化；在机坑内，单个磁极交流阻抗最大值比最小值一般不超过 1.3 倍；在机坑外单个磁极交流阻抗最大值比最小值一般不超过 1.2 倍。

（2）如果单个磁极的交流阻抗值偏小很多，就说明该磁极线圈有匝间短路的可能。

为了排除腔内试验时受到定子损耗、转子剩磁、试验电压波形等因素的影响，对疑似匝间短路的磁极线圈，可以进一步通过匝间分布电压比较法、脉冲波形比较法等试验方法确认故障的真实性。正常磁极和故障磁极的冲击耐压脉冲波形如图 4.2-2 和图 4.2-3 所示，可以看出故障磁极脉冲波形衰减周期明显减小。

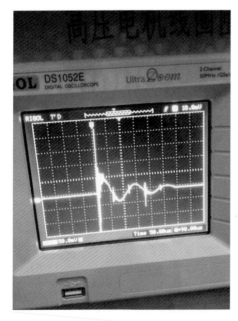 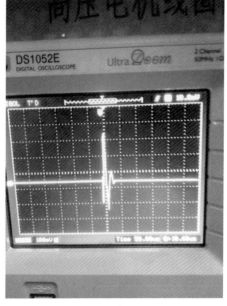

图 4.2-2　正常磁极匝间冲击耐压脉冲波形　　图 4.2-3　故障磁极匝间冲击耐压脉冲波形

四、转子绕组交流耐压试验

(一) 试验目的

转子绕组交流耐压试验电压较高,能够更加直观有效地检查出因受潮、脏污、绝缘老化、外力破坏等原因造成的绝缘缺陷。

(二) 试验方法

试验时,发电机转子应在静止状态下,退出集电环上全部电刷,转子磁轭接地良好。将转子磁极线圈首尾端短接后接至试验变压器高压输出端,从零电压开始升压,在升至75%试验电压后再以每秒2%的速率继续升压至100%试验电压,保持1min。耐压完毕,迅速降压至零后断开试验电源。

(三) 试验要点

(1) 试验前、后绝缘电阻应无明显变化,否则应查明原因并排除故障。

(2) 试验前转子绕组已充分放电。

(3) 试验时必须从零电压开始,不可冲击合闸。

(四) 试验结果分析

交流耐压试验过程中应无击穿响声、断续放电声、冒烟、焦臭、闪弧、燃烧等异常现象,否则应查明原因并排除故障。

若查明不合格原因确实来自绕组本身,则判定为耐压试验不合格;若因空气温、湿度或表面脏污等因素引起表面闪络、放电,则应在经过清洁、干燥等措施排除干扰源后再行耐压试验。

当转子绕组发生一点接地时,由于未构成电流通路,对发电机不会造成直接危害,发电机仍能运行,但此运行状态并不安全,转子绕组对地电压会升高,一点接地故障容易发展成为两点接地故障。一旦发生两点接地故障,流过故障点的短路电流会大幅增加,严重时会导致转子绕组及励磁回路过热而损坏,同时两点接地会破坏发电机转子磁场的对称性,可能引起机组强烈振动和大轴磁化。因此,当转子绕组发生一点接地故障时,应及时查找故障点,消除故障,使机组恢复正常运行。常用的转子一点接地故障查找试验方法有以下几种:

1. 直流压降法

当故障点为金属性接地时,可用直流压降法查找,直流压降法原理如图4.2-4所示。发电机转子绕组是由若干个磁极串联组成,每个磁极阻值基本相等,用转子绕组总电阻除以磁极个数,就是单个磁极的电阻值。通过测量转子绕组的正极对地或负极对地的电压值或电阻值,以及占整个磁极电压值或电阻值的比例,就能根据公式 $N = \dfrac{U_1}{U_1 + U_2} \times 2p$(N 为接地磁极序号;p 为磁极对数)计算出接地点的具体位置。

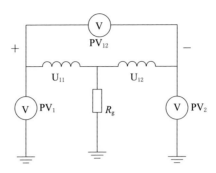

图 4.2 - 4　直流压降法

2. 交流法

此测量方法与直流压降法测量原理和回路相同，只是所加电压为交流电压，仍可用同样公式计算接地点磁极号。

3. 极间连线电流法

若转子发生一点接地，在一端滑环与地之间加交流电，控制所加电流在 0.5A 左右。电流经过滑环一端流经前面部分转子绕组后，通过接地点入地形成回路，所以另一端滑环与接地点之间磁极间连线上没有电流流过。在试验过程中用万用表直接测量各个磁极对地电压，当测量示数从有到无（或从无到有）时，此磁极连线点附近磁极即接地磁极。

4. 绝缘法

转子发生非金属性接地故障后测量转子对地绝缘电阻接近正常范围（0.5MΩ），一般为 0.2MΩ 以上。对于非金属性接地，可在较暗的环境中用兆欧表对转子绕组进行加压，并对转子绕组进行观察，由于非金属性接地存在较低接地电阻值，在兆欧表的直流电压下，接地点会产生放电现象，可根据火花位置找到接地点。

5. 交流耐压法

若转子发生非金属性接地故障后，在兆欧表直流电压的作用下未找到接地点，则可对转子施加交流电压，电压从零开始慢慢升压，直至故障点重复放电，由于故障点是重复加压，所以一般不会超过转子绕组的耐压值。

第二节　定　子　试　验

按照相关规程的规定，在检修前后及检修过程中定子的试验项目见表 4.2 - 2。考虑到发电机定子线棒一点接地故障发生的概率较高，本书详细介绍了查找定子线棒一点接地故障的高压试验方法。

表 4.2 - 2 定子的试验项目及试验标准一览表

序号	项目	标准	说明
1	定子绕组的绝缘电阻和吸收比或极化指数	(1) 在相近试验条件（温度、湿度）下，绝缘电阻值降低到历年正常值的 1/3 以下时，应查明原因。 (2) 最小值规定：在发电机定子绕组不断引时，40℃时三相绕组并联对地绝缘电阻值（屏蔽水支路后）不小于 21MΩ，分相试验时，不小于 42MΩ。 (3) 各相或各分支绝缘电阻值的差值不应大于最小值的 100%。 (4) 定子绕组的吸收比不应小于 1.6 或极化指数不应小于 2.0	(1) 每次耐压试验前、后均需进行该试验。 (2) 用 5000V 兆欧表
2	定子绕组的直流电阻	各相、各分支的直流电阻，校正由引线长度不同而引起的误差后，相互间差别不应大于最小值的 1%	(1) 应在冷态下测量，绕组表面温度与周围空气温度之差不应大于 3K。 (2) 在引线长度引起的误差不易校正的情况下，可不进行相间比较。仅与初次测量值比较即可
3	定子绕组泄漏电流和直流耐压试验	(1) A、B 修前及修后，或者每隔 3 年，进行此试验，试验电压为 $2.0U_n$。 (2) 局部更换定子绕组并修好后最高试验电压为 $2.5U_n$。 (3) 全部更换定子绕组并修好后最高试验电压为 $3U_n$。 (4) 泄漏电流不随时间延长而增大。 (5) 在规定的试验电压下，各相泄漏电流的差别不应大于最小值的 100%	(1) 定子整体安装完毕后进行该次试验。 (2) 试验应在停机后清除污秽前热态下进行，处于备用状态时，可在冷态下进行。 (3) 试验电压按每级 0.5 倍额定电压分阶段升高，每阶段停留 1min，读取泄漏电流值
4	定子绕组的交流耐压试验	(1) A、B 修前或局部更换定子绕组并修好后，试验电压为 $1.5U_n$。 (2) 全部更换定子绕组并修好后，试验电压为 43kV（无介质）/41.0kV（有介质）	(1) 试验前应将定子绕组内所有的测温电阻短接接地。 (2) 交流耐压试验应该在绝缘电阻测量合格，直流耐压通过后进行
5	更换线棒试验	(1) 绝缘电阻试验，用 2500V 兆欧表，绝缘电阻一般不应低于 5000MΩ。 (2) 单根线棒起晕及交流耐压试验，起晕电压不应低于 $1.5U_n$，1min 交流耐压试验电压为 $2.75U_n + 2.5kV$。 (3) 下层线棒嵌装后，进行 1min 交流耐压试验，试验电压为 $2.5U_n + 2kV$。 (4) 上层线棒嵌装后焊接前，线棒槽电位不超过 10V。打完槽楔后，整体对新线棒进行 1min 交流耐压试验，试验电压为 $2.5U_n + 1kV$	线棒最高温度（一般在线棒从直线到弯曲的 α 部位）一般不应超过 100℃

序号	项　　目	标　　准	说　　明
6	定子铁芯穿芯拉紧螺杆的绝缘电阻测量	DC500V，绝缘电阻不小于 15MΩ	对于定子铁芯采用背部拉紧螺杆压紧，此螺杆没有穿定子铁芯，不进行该试验

一、测量定子绕组的绝缘电阻、吸收比或极化指数

（一）试验目的

测量发电机定子绕组的绝缘电阻，主要是判断绝缘状况，它能够发现绝缘严重受潮、脏污和贯穿性的绝缘缺陷。绝缘电阻受到很多因素的影响，如测量电压、测量时间、温度、湿度等，因此其测量值较为分散。

测量发电机定子绕组的吸收比（R_{60}/R_{15}），主要是判断绝缘的受潮程度。由于定子绕组的吸收现象显著，所以测量吸收比对发现绝缘受潮比较灵敏。

由于三峡发电机组的容量很大，一般情况下其吸收电流衰减得比较慢，所以在 60s 时测得的绝缘电阻仍会受吸收电流的影响，因此还需引入极化指数（R_{600}/R_{60}）来分析判断定子绕组的绝缘性能，它不仅能更为准确有效地判断绝缘状况，而且在很大的范围内与定子绕组的温度无关。

（二）测量方法

当三相绕组始末端单独引出时，应分别测量各相对地的绝缘电阻，其他两相接地或者屏蔽。三峡机组由于定子绕组冷却介质及冷却水支路结构的不同，测量方法也不同，共分为三种测量方法。

1. 定子风冷发电机

采用常规的兆欧表即可测量其绝缘电阻。测试前后都应充分放电，以保证测试数据的准确性，否则由于放电不充分，会使介质极化和积累电荷不能完全恢复，而且相同绝缘内部的剩余束缚电荷将影响测量结果。例如测量发电机三相绕组的绝缘电阻时，当第一相测试后未经充分放电就进行另一相测试时，第二次施加电压的极性对于相间绝缘来说是相反的，试验电源必然要输出更多的电荷去中和相间残余异性电荷，从而表现为绝缘电阻降低。特别是吸收现象显著的发电机定子绕组，试验前后一定要充分放电，放电时间一般不应小于 5min。

2. 相间没有共同水支路的定子水内冷机组

机组冷却水系统由水支路、进出汇水总管及纯水处理装置构成。各水支路通过特富龙塑料绝缘引水管与进出水汇水总管连接，汇水总管和水支路上都安装有测温 RTD 元件，汇水总管通过绝缘法兰和环氧绝缘垫块分别与纯水处理

装置、定子机座进行隔离，机组运行时汇水总管处于接地状态。试验时，被试相绕组接专用兆欧表的 L 端子，非被试相绕组接地并接至兆欧表 E 端子，汇水总管打开接地点并接至兆欧表屏蔽端子 G。由于测量时存在通过与被试相绕组相连的冷却水系统路径产生的泄漏电流，而这一电流会影响到真实绝缘电阻的测量，所以必须用屏蔽方式接在兆欧表端子 G 上加以滤除，试验接线如图 4.2-5 所示。

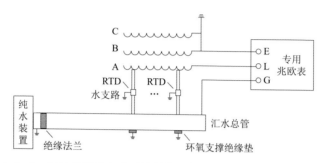

图 4.2-5　三峡机组冷却水系统结构及定子绕组绝缘电阻测量接线图

3. 相间存在共同水支路的定子水内冷机组

机组 A、B 相间及 B、C 相间存在共同的纯水支路，A、C 相间没有共同的纯水支路。试验时，采用非加压相屏蔽法，被试相绕组接专用兆欧表的 L 端子，非被试相绕组与汇水总管并接至兆欧表屏蔽端子 G。由于测量时被试相绕组会通过水电阻向其他相绕组泄漏，所以需将其他相绕组接入兆欧表屏蔽端 G 上加以滤除，试验接线如图 4.2-6 所示。

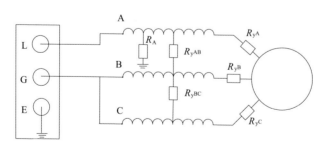

图 4.2-6　非加压相屏蔽法定子绕组绝缘测量接线图

R_{yAB}—AB 相间水电阻及绝缘电阻的并联电阻；R_{yBC}—BC 相间水电阻及绝缘电阻的并联电阻；
R_{yA}、R_{yB}、R_{yC}—A、B、C 相与汇水管间水电阻；R_A—A 相对地绝缘电阻

（三）测量结果分析

（1）对水内冷机组，测量结果中可能会出现最先被测量的相，其绝缘电阻和吸收比比后测的两相高很多的情况，这可能是由于冷却水回路中的直流极化

电势没有被兆欧表完全补偿造成的。此时可以将最先的测量相进行重新测量，重新测得的数据一般与后两相比较接近。

（2）对于同一台水内冷机组，可能在不同时间段测得的数据分散性很大，没有可比性。此时应首先检查汇水管对地绝缘电阻，因为如果这一电阻值发生了变化，会对测量结果产生很大影响。从前面对机组冷却系统结构的介绍中可以发现，汇水管对地绝缘电阻由汇水管支撑绝缘垫块绝缘电阻、汇水管绝缘法兰电阻和 RTD 测温探头对地绝缘电阻三部分并联而成。一般情况下前两者的阻值都很稳定，而 RTD 测温探头对地绝缘电阻值则大小不一，运行中可能发生了改变。例如，部分 RTD 探头与屏蔽接地线相接触，从而造成汇水管对地绝缘电阻变小甚至为零（此时微安表的读数会变为零或很小）。这正是一般都需要在测量前先测量汇水管对地绝缘电阻的原因。实践证明，如果 RTD 的绝缘处理好了，测量数据分散性的问题一般都能解决。

（3）实践证明，当汇水管主回路的电导率较大时，总试验电流会超过仪表容量，导致试验过载保护启动，无法继续进行。此时，只需将汇水管主回路的导电率降低后重新测量。

（4）采用普通单芯绝缘试验线将汇水管接入兆欧表的屏蔽端，可能会导致仪表过载保护启动，试验无法继续进行。此时，应采用仪器专配屏蔽线将汇水管接入兆欧表的屏蔽端，一般可解决上述问题。

（5）对于 VGS 联营体及东电水内冷机组，在此种类型的机组中，每两相间不存在水路的联系。除了普通的从汇水管到定子线棒下端部的大量绝缘纯水软管外，另有 8 根金属水管从下风洞穿过定子机座后流入或流出定子绕组，金属水管与定子机座间有一定绝缘。此 8 根金属水管及与其相连的其他水管的绝缘情况会影响定子对地绝缘电阻，造成定子绝缘电阻偏低或者不合格的假象。其中一根水管在设备中布置示意图如图 4.2－7 所示，兆欧表测量原理如图 4.2－8 所示。

从图 4.2－7 和图 4.2－8 中可以看出：

1）当 R_{D1} 及 R_{D2} 绝缘为零时，屏蔽回路无法屏蔽沿 R'_y 的泄漏电流，仪表显示的绝缘电阻为绕组对地主绝缘电阻 R_F 并联 R'_y 后的电阻，比实际的 R_F 小。

2）若将 R_{y1} 与 R_{y2} 一起短接后，则屏蔽回路可完全屏蔽沿 R'_y 的泄漏电流，此时测量的绝缘电阻最接近绕组对地主绝缘电阻 R_F。

（四）注意事项

（1）在机组检修前、检修后、开机前都应进行测量。

（2）试验一般在发电机与 IPB 断引状态下进行。

（3）若发电机与 IPB 没有断引，试验前需将 IPB 的 PT 一次高压尾、封母接地刀闸、发电机中性点接地变压器等相关电气设备的接地点断开。

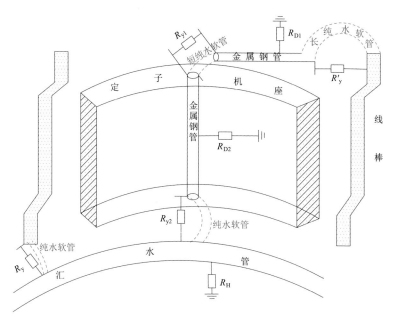

图 4.2-7　穿过定子机座的水管布置示意图

R_y—线棒下端部与汇水环管连接的所有纯水软管水阻的等效电阻；R'_y—线棒上端部与汇水管连接的长纯水软管的等效电阻；R_{D1}—水平纯水通水钢管对机座的绝缘电阻；R_{D2}—垂直纯水通水钢管对机座的绝缘电阻；R_{y1}—水平纯水通水钢管与垂直纯水通水钢管间纯水连接软管水阻的等效电阻；R_{y2}—垂直纯水通水钢管与汇水环管间连接的纯水连接软管的等效电阻；R_H—汇水环管对机座的绝缘电阻

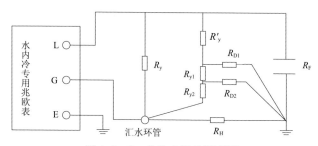

图 4.2-8　兆欧表测量原理图

R_y—线棒下端部与汇水环管连接的所有纯水软管水阻的等效电阻；R'_y—线棒上端部与汇水管连接的长纯水软管的等效电阻；R_{D1}—水平纯水通水钢管对机座的绝缘电阻；R_{D2}—垂直纯水通水钢管对机座的绝缘电阻；R_{y1}—水平纯水通水钢管与垂直纯水通水钢管间纯水连接软管水阻的等效电阻；R_{y2}—垂直纯水通水钢管与汇水环管间连接的纯水连接软管的等效电阻；R_H—汇水环管对机座的绝缘电阻

（4）根据 GB/T 1029《三相同步电机试验方法》规定，试验应使用 5000V 兆欧表测量。

（5）对于水内冷机组，测量前应先用万用表测量汇水管对地绝缘电阻及汇水管对线棒的绝缘电阻，绝缘电阻值应符合水内冷兆欧表的使用要求，如果绝缘达不到要求，应查找原因。

（6）测量前后都应充分放电，以保证测试数据的准确性，否则测得的绝缘电阻值偏大，而吸收比偏低。

二、定子绕组泄漏电流和直流耐压试验

（一）试验目的

由于绝缘材料的某些缺陷和弱点只能在较高电场强度下才能暴露出来，因此在对发电机的预防性试验中要测量其定子绕组的泄漏电流并进行直流耐压试验。一般情况下，通过该项试验能有效地检出发电机主绝缘受潮和局部缺陷，特别是能检出绕组端部的绝缘缺陷。经验证明，对直流试验电压作用下的击穿部位进行检查，均可发现诸如裂纹、磁性异物钻孔、磨损、受潮等缺陷或制造工艺不良等现象。因此该项试验有十分重要的意义。

（二）测量方法

当三相绕组始末端单独引出时，应分别测量各相对地的泄漏电流，其他两相接地或者屏蔽。三峡机组由于定子绕组冷却介质及冷却水支路结构的不同，测量方法也不同，一共分为三种测量方法。

1. 定子风冷发电机

采用常规的直流高压发生器即可测量绕组对地的绝缘电阻，将定子绕组内部的所有 RTD 元件接地、非被试相接地、转子接地，试验接线如图 4.2-9 所示。

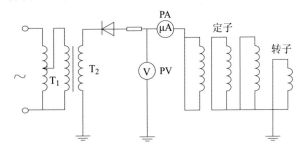

图 4.2-9　定子绕组的泄漏电流接线图

试验完成后，必须先经适当的放电电阻对试品进行放电，如果直接对地放电，可能产生频率极高的振荡过电压，对试品的绝缘有危害。放电电阻视试验电压高低和试品的电容而定，必须有足够的电阻值和热容量。

测量时的操作要点如下：

（1）在升压过程中，应密切监视被试设备、试验回路及有关表计。微安表

的读数应在升压过程中，按规定分阶段进行，且需要有一定的停留时间，以避开吸收电流。

（2）在测量过程中，若有击穿、闪络等异常现象发生，应马上降压，以断开电源，并查明原因，详细记录，待妥善处理后，再继续测量。

（3）试验完毕，降压、断开电源后，均应对被试设备进行充分放电。放电时先通过有高阻值电阻的放电棒放电，然后才能直接接地。

2. 相间没有共同水支路的定子水内冷机组

试验时，由于其定子绕组存在绝缘引水管和汇水管的水路系统，因此在对定子绕组绝缘施加直流试验电压时，除了有通过被试相绕组对地主绝缘的泄漏电流外，还存在另一条由冷却水回路形成的对地泄漏途径，即通过与被试相绕组相连的多根绝缘引水管至汇水管的泄漏途径。通常，通过绕组主绝缘的泄漏电流在 μA 级，而通过冷却水回路途径的泄漏电流在充水测试条件下会达到 mA 级。为了获得正确的测量结果，对于水内冷发电机组的定子绕组泄漏电流测量，其方法较一般风冷机组有所不同，即必须排除冷却水回路的影响。应采用低压屏蔽法，被试绕组接直流高压发生器的高压输出端，非被试相绕组接地并接至直流发生器的接地端，汇水管打开接地点并接至直流发生器的屏蔽端，试验原理接线如图 4.2 - 10 所示。

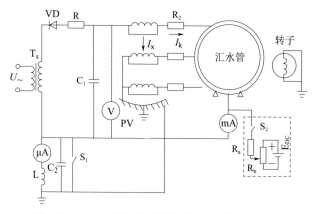

图 4.2 - 10　水内冷低压屏蔽法直流泄漏试验原理

VD—高压二极管；R—限流电阻（Ω/V）；C_1—稳压电容（约 $1\mu F$）；C_2—抑制交流分量的电容；
L—抑制交流分量的电感；R_a、R_b—100kΩ 和 500kΩ 电位器；S_1、S_2—开关；
E_{DC}—1.5V 干电池；R_2—水电阻；PV—静电电压表

试验仪器可选用一体化的水内冷发电机专用泄漏电流测试仪，其特点是接线简单，操作方便直观，屏蔽效果好。应注意所选用的仪器应满足试验容量的要求。根据现场试验经验，三峡机组在额定试验电压下未经屏蔽的全泄漏电流最高能达到 130mA，屏蔽后测得的通过绕组主绝缘的泄漏电流最高能达到 4～

6mA。目前市场上可生产 80kV/300mA 以上容量的仪器设备。

试验中应注意操作要点如下：

（1）试验前要认真检查接线和仪器设备，当确认无误时方可通电升压。

（2）在升压过程中，应密切监视被试发电机绕组、试验回路及有关表计。试验电压按每级 10kV 分阶段升高，每阶段停留 1min，以避免吸收电流的影响，保证微安表读数准确。

（3）在测量过程中，若有击穿、闪络等异常现象发生，应马上降压，断开电源，并查明原因，详细记录，待妥善处理后再继续测量。

（4）试验完毕后，降压，对设备进行充分放电，然后再断开试验仪器电源。放电过程应严格按规定操作，即先通过有高阻值电阻的放电棒放电，然后直接接地。

3. 相间有共同水支路的定子水内冷机组

这种机组，A、B 相间及 B、C 相间有共同的纯水支路，A、C 相间没有共同的纯水支路。试验时，采用非加压相屏蔽法。被试相绕组接水内冷专用直流高压发生器的高压输出端，非被试相绕组与汇水总管并接至兆欧表屏蔽端子 G。由于测量时被试相绕组会通过水阻向非被试相绕组及汇水管泄漏，所以需将非被试相绕组及汇水管接入直流高压发生器屏蔽端上加以滤除。

（三）测量结果分析

当发电机定子绕组泄漏电流的测量结果不符合规程要求时，应仔细分析原因。引起泄漏电流异常的常见原因见表 4.2-3。

表 4.2-3　　　　　　　引起泄漏电流异常的常见原因

测　量　结　果	常　见　故　障　原　因
在规定电压下各相泄漏电流均超过历年数据的一倍以上，但不随时间延长而增大	绕组端部脏污、受潮
泄漏电流三相不平衡系数超过 100%，且一相泄漏电流随时间延长而增大	该相绕组端部有高阻性缺陷
泄漏电流读数不稳定	绕组端部绝缘有裂纹缺陷
泄漏电流无充电现象或充电现象不明显，且泄漏电流较大	绕组脏污、受潮或有明显贯穿性缺陷
当电压升高到某一值时，泄漏电流三相不平衡系数显著增加	绕组端部绝缘有裂纹、贯穿性缺陷；绕组表面脏污出现沿面放电；绕组端部或槽口防晕层断裂出现气隙放电
试验总电流随电压的升高不成比例的增加，或试验总电流过大	纯水碱化单元投运，纯水主回路电导率正在快速上升
泄漏电流跳变，但总电流比较稳定	线棒有毛刺或者穿过定子机座的纯水支路中的金属水管对地放电

（四）注意事项

（1）在机组检修前、检修后都应进行该项试验。

（2）试验前将定子绕组内部的所有 RTD 测温元件接地，定子绕组上所有 CT 的二次端子短接接地，将定转子气隙保护接地。

（3）修前试验应在机组停机后清除污秽前的热状态下进行（处于备用状态时，可在冷态下进行）。

（4）当泄漏总电流随电压不成比例显著增长时，应分析其原因。

（5）对于水内冷机组，试验应在通水的条件下进行。其纯水系统水质的导电率在 20℃时应不大于 $0.5\mu S/cm$（试验中，应将纯水碱化单元退出，对 VGS 联营体机组应不停纯水系统，以保证低的导电率水平，对 ALSTOM 公司机组可停亦可不停）。

（6）绝缘电阻及吸收比测量合格后，才能进行直流泄漏试验。

（7）在水内冷机组绝缘纯水管吹水未完全、纯水管壁有水珠的情况下，在交直流高压作用下，引水管内积水会发生闪络放电烧伤绝缘管内壁，所以应尽量避免在不通水情况下进行交直流高电压试验。

三、定子绕组交流耐压试验

（一）试验目的

交流耐压试验是鉴定电力设备绝缘强度的最严格、最有效和最直接的试验方法，它对判断电力设备能否继续参加运行具有决定性的意义，也是保证设备绝缘水平、避免发生绝缘事故的重要手段。

（二）串联谐振试验装置选择

试验应分相进行，在对大电容量电气设备进行交流耐压试验时，必须在事先充分考虑试验设备的容量是否能满足需要。因此，必须对被试品在试验电压下的电容电流进行估算，从而确定选用容量相匹配的试验设备。一般情况下，机组定子绕组线棒数量越多，电容量也越大。而且经验证明，无水条件下的电容量一般比通水情况下略大。按 30kV 的试验电压计算，试品容性电流为 13～30A，因此所需试验设备容量应在 390～900kVA 范围内。为适应现场试验的要求，应尽量选用较为轻便的试验设备，该项试验选用串联谐振升压方式以达到降低试验电源容量的目的。试验接线如图 4.2－11 所示。

试验人员通过操作台进行调谐、升压操作。调压器应为移卷式以适应大容量的要求，试验高压应在试品端用分压器直接测量。根据试验经验，该串联谐振试验回路品质因数 Q 不小于 10，因此试验装置（调压器、激励变）容量应在 100kVA 以上。

试验前应根据机组定子单相对地电容量，计算需匹配的电感值，从而确定

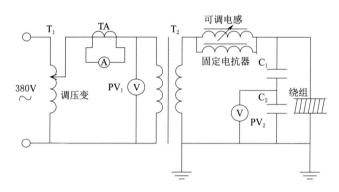

图 4.2-11　发电机定子绕组串联谐振交流耐压接线图

需要使用的电抗器。试验前应选择容量有一定裕度的试验用电源。设发电机单相电容量为 C_x，试验电压为 $U=30\text{kV}$，试验回路品质因数为 Q（一般取值为 10），裕度系数为 K（一般取值为 1.1～1.2），则所需的试验电源容量 P 至少应为：$P=\dfrac{KU^2 C_x \omega}{Q}$。然后根据所需要的试验电源容量 P，选择有足够通流能力的电缆线用于试验电源与调压装置之间的连接。设电源电压为 $U_s=380\text{V}$，则试验过程中电源的输出电流 I 为：$I=\dfrac{P}{U_s}$。

（三）操作要点

试验中应注意操作要点如下：

（1）试验现场应围好遮栏，挂好标志牌，并派专人监视。

（2）试验前要认真检查接线和仪器设备，当确认无误后方可通电升压。

（3）试验开始后，应先升少许电压进行回路调谐，当试验回路到达谐振状态后再逐步升压至额定试验电压值。

（4）升压速度应尽量平稳、均匀，升压时间一般以 10～15s 为宜。升压过程中应密切注意试验回路的各电气参数值变化情况，并详细记录回路到达额定电压时的电源电压、电源电流、调压器输出电压、调压器输出电流、试验高压电压、试验高压电流。

（5）在试验过程中，应密切注意被试绕组状态，在额定试验电压 30kV 以下不应起晕，若有击穿、闪络等异常现象发生，应马上降压，断开电源，在绕组上挂地线，然后查明原因。

（6）试验完毕后，降压，挂地线，用手触摸线棒不同部位，应无明显过热现象。试验前后都应测量绕组的绝缘电阻、吸收比，两次测量结果不应有显著差别。

（四）试验结果分析

（1）在试验过程中，如果绕组发出击穿声响，或者发出断续放电声响、冒烟、焦臭等现象，应仔细查找出现问题的具体部位。当查明情况确实来自绕组本身，则试验结论应判定为不合格。

（2）试验过程中，若因空气温、湿度或表面脏污等的影响，仅引起表面闪络或空气放电，则不宜马上下结论，而应在经过清洁、干燥等处理后，再进行试验。

（3）试验后触摸绕组，如出现普遍或局部明显过热，则认为绝缘不良。此时应进行烘烤等处理，然后再进行试验。

（4）试验前后其绝缘电阻不应下降 30％ 以上，否则为不合格。

（五）注意事项

（1）试验前应了解被试设备的非破坏性试验项目是否合格，若有缺陷或异常，应在排除缺陷后在进行试验。

（2）应在停机后清除污秽前热状态下进行（处于备用状态时，可在冷态下进行）。

（3）在新机安装或更换绝缘引水管时，虽有条件在不通水情况下试验，但吹水未完全，纯水管壁有水珠，在交直流高压作用下，引水管内积水会发生闪络放电烧伤绝缘管内壁，所以应尽量避免在不通水情况下进行交直流高电压试验。在通水情况下试验时，其纯水系统水质的导电率在 20℃ 时应不大于 $0.5\mu S/cm$。（对 VGS 联营体机组应不停纯水系统，以保证低的导电率水平，对 ALSTOM 公司机组可停，也可不停）。

（4）将定子绕组内部的所有 RTD 元件接地、非被试相接地。

四、测量定子绕组的直流电阻

该项试验的目的是检验发电机各相或各分支的直流电阻值是否有显著变化以及超差现象。发电机定子绕组直流电阻超差，一般预示着焊接工艺质量方面的问题，它将会造成运行中定子绕组过热、烧损，影响机组安全运行。

可直接用直流双臂电桥进行测量，为了提高测量精度也可用通过大电流，测量绕组首末端电压降的方法测量。

定子绕组直流电阻变化甚至超差是一个渐进的过程。一般新机组投入运行时，各接头部位接触比较好，不存在金属氧化膜，此时的测量结果是满足标准要求的。随着机组长期运行，在电动力和温度的作用下，焊接质量差的接头部位松动，并在接头处形成了金属氧化膜及炭黑，使接触电阻增大，最后导致三相绕组直流电阻不平衡。

在具体测量时，如果排除引线、温度等因素后，测量结果仍然超差，就应仔细分析并查明原因。现场常用的方法是用直流电焊机在定子绕组两端通入大电流（定子额定电流的 2％～5％）约 1h，待其稳定后，用红外线成像仪测量绕组各个并头套、绝缘盒、引出线等部位的温度，对温度明显高于其他同类部位的地方进行重点检查。检查内容包括焊接工艺质量、绝缘外观有无碳化、开裂现象等。为了能准确地发现问题，必要时可拨开怀疑部位的外绝缘进行进一步检查，发现问题及时处理，从而确保机组的安全稳定运行。

五、定子铁芯穿芯拉紧螺杆的绝缘电阻测量

定子铁芯穿芯拉紧螺杆对定子铁芯起固定和压紧作用。在螺杆与铁芯之间设有绝缘套管，以保证定子铁芯的硅钢片片间绝缘不受拉紧螺杆的影响。长期运行的机组，拉紧螺杆的绝缘电阻可能因松动或灰尘的原因降低甚至变为零。根据《三峡水轮发电机组及附属设备安装规程》规定，拉紧螺栓绝缘电阻测量采用 DC 500V 兆欧表，绝缘电阻应在 15MΩ 以上，对绝缘偏低的拉紧螺杆应及时进行处理。对于某些机组，定子铁芯采用背部拉紧螺杆压紧，此螺杆没有穿定子铁芯，可不进行该试验。

六、定子一点接地故障查找

当发电机定子绕组绝缘在运行或预防性试验中发生击穿时，需找出故障线棒的槽位、层别甚至轴向位置。下面介绍几种诊断故障线棒的方法。

（一）电流分布法

当故障点的接地电阻为 0～1kΩ 时，可采用该方法，试验原理图如图 4.2-12 和图 4.2-13 所示。

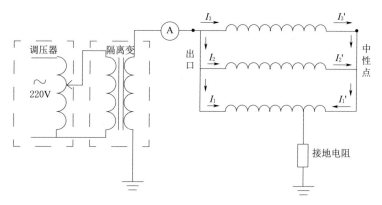

图 4.2-12　电路原理接线图（$I_1 \neq I_1'$）

按图 4.2-12 所示接线图向发生接地故障的相别注入定子铁芯安全交流电流 1A，用高精度柔性钳形电流表分别测量故障相 1、2、3 分支的出口汇流排端部电流 I_1、I_2、I_3，及中性点汇流排端部电流 I_1'、I_2'、I_3'。根据电路原理，恒有

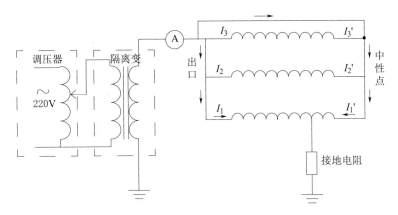

图 4.2-13　电路原理接线图（$I_1 = I_1'$）

$I_1 + I_1' = 1\text{A}$，$I_2' + I_3' = I_1'$，$I_2 = I_2'$，$I_3 = I_3'$，由此可以判断，发生接地故障的分支为 1 分支。当 $I_1 \neq I_1'$ 时，利用并联电路，两个并联支路的电流比与阻抗值成反比，可估算出故障点距离中性点（出口）的占比位置。在预估故障线棒附近采用二分法找到一根线棒上下端部电流不等，则此线棒为实际发生接地故障的线棒。当 $I_1 = I_1'$，利用图 4.2-12 无法查找到故障线棒，用一根试验线将图4.2-12 电路图的出口及中性点短接，电路原理图如图 4.2-13 所示，电流分布将发生改变，利用上述方法，可找到一根线棒上下端部电流不等，则此线棒为实际故障线棒。根据实际经验，一般在测量约 6 次后可找到实际发生故障的线棒。

由于绕组对地电容的存在，对地电容分流会影响整个电流的分布，对计算定位故障时造成一定的偏差。当接地电阻相对于分支对地交流阻抗比较小时，才能认为所有的接地电流从故障点流入大地。

（二）声测法

当故障点的接触电阻为几百欧到几千欧时，可采用该方法。利用 megger 兆欧表的持续燃烧模式，对故障部位的对地绝缘放电时，伴随很强烈的火花放电并出现很大的放电声。也可利用匝间短路冲击仪，将球隙的放电电压调整到 5～10kV。然后将直流电压施加到被试支路或相绕组。放电速度要调整到使球隙放电频率为 3～5 次/s。当电容上的高频脉冲对故障部位的对地绝缘放电时，也会伴随很强烈的火花放电并出现很大的放电声，便很容易地找出故障线棒及其击穿点。

（三）烧穿法

向故障支路或相绕组施加一工频交流电流，经过外壳（地）形成回路。当该电流流经绝缘击穿点时产生火花放电、烟或局部绝缘燃烧，于是便可判断出故障线棒位置。为避免诊断过程中烧损定子有效铁芯和相邻绕组及邻层绕组的良好绝缘，经过故障点的电流不宜超过 5A。

第三章
机组启动试验

机组启动试验是检验机组检修后性能的最有效方式，本章主要介绍充水试验、空转阶段试验、空载阶段试验、负荷试验等。

第一节 机组充水试验

一、充水条件

（1）机组进水口工作门及其启闭设备已通过检查验收，处于关闭状态。

（2）已完成所有水力管路、盘柜以及水压监视仪表、传感器的检查。

（3）确认尾水肘管进人门、2个尾水锥管进人门、蜗壳进人门已关闭。

（4）确认机组蜗壳、尾水管排水阀处于关闭状态。

（5）确认机组调速器、导水机构处于关闭状态，接力器自动锁定装置投入。

（6）确认机组主轴检修密封处于投入状态。发电机制动风闸在投入状态，机组大轴中心补气管上手动阀处于全开位置并锁定。

（7）确认机组尾水门顶、门槽上无杂物。

（8）确认电站机组检修排水系统、厂房渗漏排水系统满足排水要求。

（9）与充水、排水有关的各通道和各层楼梯照明充足，照明备用电源可靠。电站和充水机组的内外部通信畅通。道路和安全通道畅通，并有明显的路向标志。

（10）各部运行操作、监护、观测人员已到位，各运行区与现场指挥台通信畅通。

二、尾水管充水试验

（1）启动液压系统，开启调速器隔离阀，拔出接力器锁定装置，水轮机导叶打开 3%～5% 开度。

（2）机组钢管排气孔格栅处设隔离区，人员离开。

（3）用尾水门机及抓梁开启机组尾水门充水阀充水，并在尾水管进人门放水阀和顶盖测压表处监视尾水管水位，记录充水时间及尾水位。

（4）检查尾水位以下混凝土结构及各部位进人门、顶盖周边、主轴检修密封、平压管、导叶轴套密封、测压管路等，各部位不应漏水漏气。

（5）检查机组尾水管盘形阀、蜗壳盘形阀无渗漏水情况，厂内检修排水和渗漏排水集水井水位应无明显增加。

（6）充水过程中必须密切监视各部位渗、漏水情况，确保厂房及机组设备安全，发现漏水漏气等异常现象时，应立即停止充水进行处理，必要时将尾水管排空。

（7）尾水平压且各部位正常后，依次提起 3 扇尾水门，锁在门槽顶部。

(8) 在静水下操作导叶全开、全关试验，各部操作正常后，全关导叶，投入接力器自动锁定。

三、压力钢管及蜗壳充水试验

(1) 机组已作全面检查，允许随时开机和故障情况下排除压力管道内的水。

(2) 调速器处于手动关机位置，导叶全关，接力器自动锁定装置投入。

(3) 手动投入发电机制动风闸。

(4) 投入水轮机主轴工作密封，检修密封排气。

(5) 开启机进水口工作门平压阀向压力钢管充水，监视蜗壳水压变化。监视蜗壳排水阀是否漏水，监视钢管伸缩节变形情况。检查充水过程中压力钢管通气孔应通畅。

(6) 充水过程中，检查蜗壳进人门、主轴密封处、水轮机顶盖、导叶轴密封、各测压表计及管路应不漏水，顶盖排水应畅通。监视水力机械测量系统的严密性及各压力表计的读数。

(7) 充水过程中、检查平压继电器动作值，进水门前后平压后提起工作门。对水轮机各测压管路排气。

(8) 压力钢管充水后，对钢管、蜗壳的混凝土结构等水工建筑进行全面检查，观察是否有渗漏、裂缝和变形。

(9) 观察厂房内渗漏水情况，检查渗漏排水泵启动周期不应有明显变化。

(10) 记录钢管充水时间、上、下游水位。

四、进水口快速门试验

(1) 现地进行工作门静水中的启闭试验，记录启闭时间，启闭时间应符合设计要求。

(2) 机旁和中控室开、关进水口工作门，动作应可靠，进行快速门下滑 200mm 提升试验，并确认机组 LCU 屏显示开度正确。

(3) 正常后，快速门全提至全开位，并监视闸门在一定时间内的下滑距离。

五、技术供水系统充水试验

(1) 钢管和蜗壳充满水后，打开蜗壳取水阀向技术供水系统供水，调整水压，对技术供水系统管路进行冲洗和系统循环通水，检查、处理渗漏点。

(2) 调整各示流继电器、减压阀、安全阀等，检查各压力表计指示是否正确，主供管及其分支管路的压力、流量，检查、调校各类传感器的输出正常；各水管是否有漏水，并检查止水盘根漏水情况。

(3) 进行水系统正反向供水切换试验，检查控制及信号的正确性。

（4）为了处理缺陷而需将引水管道的水排出时，应先将进口工作闸关闭，然后开启钢管和蜗壳的排水阀，引水系统内的水就经尾水管排至下游，此时要记录全部排水时间，随后可进行机组首次空载试验。

第二节　机组空转阶段试验

机组空转阶段试验主要包括轴承瓦温温升试验与过速试验，主要目的是判断机组三部轴承与及纯机械过速装置是否工作正常。

一、机组轴承瓦温温升试验

机组检修后，需进行轴承瓦温温升试验，判断三部轴承运行稳定性。试验过程中保持对上导、下导、水导、推力轴承瓦温及油温的监视和记录，通过温升值判断机组上导、下导、水导、推力轴承的运行情况。

（一）试验方法

机组开机，在100%额定转速下空转运行，前30min，每隔5min记录一次各部轴承的瓦温与油温，之后每隔30min记录一次，直至瓦温达到稳定状况（瓦温温升小于$1℃/h$），绘制温升曲线，并记录最终稳定值，此值不得超过设计标准值。

（二）注意事项

（1）试验过程中，密切监视各部件运转情况。如发生金属碰撞或摩擦、水车室蹿水、推力瓦温突然升高等不正常现象，应立即停机。

（2）试验过程中监视三部轴承油位，如油位突然升高或降低，应停机检查。

（3）试验过程中监视水轮机主轴密封与顶盖排水泵运行情况。

二、过速试验

机组过速试验的目的是校核各过速接点整定值与纯机械过速保护装置的动作值，并测量机组在过速状态下各部位的摆度、振动与温度。

（一）试验条件

（1）临时拔出关快速门出口继电器，保留手动落快速门回路。

（2）切除电气过速停机回路。

（3）水机保护投入。

（4）转子集电环碳刷拔出。

（二）试验方法

（1）手动增大导叶开度，机组升速至115%额定转速，校核115%额定转速接点整定值。返回额定转速运行，检查机组振动、摆度是否增大。

（2）手动增大导叶开度使机组升速，直至纯机械过速保护装置动作，记录电气过速接点与纯机械过速保护装置动作值。如升至155％额定转速纯机械过速保护装置仍未动作，手动按紧停按钮关机。纯机械过速保护装置动作值不在152％～155％额定转速之间时，应进行调整并重新试验。

三峡纯机械过速装置为离心飞摆与切换阀结构，过速时飞摆在离心力作用下甩出撞击切换阀触发阀芯动作。检修过程中需要在实验室内对离心飞摆中弹簧的压缩量进行整定，但真机上由于温度、摆度、振动等影响，动作值可能与实验室整定的存在偏差，如偏差过大则需根据弹簧的刚度计算调整量现场调整离心飞摆内弹簧的压缩量。

（三）注意事项

（1）试验过程中应密切监视并记录各部位摆度、振动值及温度值，监视是否有异常响声。

（2）试验过程中一旦出现异常情况，应立即终止试验，并停机检查。

（3）试验结束后，投入锁定装置，关闭隔离阀，做好安全措施，检查转子磁轭键、磁极键、阻尼环、磁极接头、磁极引线、磁轭压紧螺杆等有无松动或位移，检查发电机定子基础及发电机上机架基础状态，检查各进人门与水车室是否存在漏水、漏油现象，摇测发电机定子、转子绝缘。

第三节 机组空载阶段试验

一、调速器空载特性试验

调速器空载特性试验的目的是检验调速器的调节与过渡过程性能，找出调速器空载状态下最佳的 PID 参数，保证调速器的调节性能满足机组的运行要求。调速器空载特性试验主要包括手动空载转速摆动试验、自动空载扰动试验、自动空载转速摆动试验。

（一）调速器手动空载转速摆动试验

调速器手动空载转速摆动试验的目的是检验调速器手动方式下，机组转速的稳定性。

1. 试验条件

（1）机组稳定运行于额定转速。

（2）调速器切至"现地"，并处于电手动方式。

2. 试验方法

记录 180s 的机组转速的摆动情况，重复三次。

（二）调速器自动空载扰动试验

调速器自动空载扰动试验的目的是检验调速器 PID 参数调节的速动性和

稳定性，找出最佳的 PID 参数组合。

1. 试验条件

（1）调速器切为"现地"，并处于自动态。

（2）退出"网频跟踪"功能。

2. 试验方法

（1）机组运转于空载态。

（2）通过触摸屏"给定"界面将调速器空载开限设定为 30%。

（3）从触摸屏上下发频率给定值，频率给定变化依次为 50Hz→48Hz、48Hz→52Hz、52Hz→48Hz，观察导叶开度与机频的变化规律。

（4）根据变化规律，修改"空载 PID 参数"，重复频率给定值下发，观察参数调整后的导叶开度与机频的变化规律，选取满足超调量小、稳定时间短要求的参数，且超调次数不应超过 2 次。

（5）试验结束，将频率给定值改为 50Hz，开限恢复到 20%。

（三）调速器自动空载转速摆动试验

调速器自动空载转速摆动试验的目的是检验调速器在自动空载扰动试验选定的 PID 参数下的调节速动性与稳定性。

1. 试验条件

调速器切为"现地"，并处于自动态。

2. 试验方法

（1）机组运转于自动空载稳定工况，在自动空载扰动试验选定的空载调节参数下。

（2）记录 180s 内机组转速的摆动情况，重复三次，机组转速摆动值不应超过 ±0.15%。

二、发电机空载特性试验

同步发电机的转子绕组在额定转速下施加直流励磁，定子绕组开路不接任何负载，即为同步发电机的空载运行。此时，空气隙中只有一个由转子励磁的机械旋转磁场，该磁场截切定子绕组感应三相对称的空载电动势，由于定子绕组开路，所以这时同步发电机的端电压即等于空载电动势，其大小随转子励磁电流的增大而增加。空载运行特性表述的是转子直流励磁电流和空载电动势的关系。

（一）试验目的

发电机空载特性试验是在发电机转子额定转速、定子绕组出口开路的情况下，测量发电机定子电压与励磁电流之间关系曲线的试验。通过试验可以测定发电机的有关特性参数如电压变化率 $\Delta u\%$、直轴同步电抗 X_d、短路比 K_c、负载特性等，同时还可以检查定子三相电压的对称性以及对定子绕组进行匝间耐压。

（二）试验方法

发电机空载特性试验接线如图 4.3-1 所示，所用的表计和分流器的准确级最好在 0.5 级以上，转速可以从转速表读出。试验时，启动机组达到额定转速，单向增加励磁电流，使定子电压由 0 升至 $10\%U_n$，电压稳定后记录读数，检查三相电压的平衡情况，并巡视发电机及母线设备，观察机组的振动情况、轴承温度、电刷的工作情况以及有无不正常的杂音。之后每经过额定电压的 10% 记录一次读数，再逐渐升高电压直至试验电压 $1.2U_n$ 或不超过额定励磁电流，并在此电压下停留 5min。然后单向减少励磁电流，使机端电压缓慢降至零，降压过程中每降低 10% 的额定电压记录一次仪表数据。电压降至近于零时再切断励磁电流，保持额定转速并记录定子残余电压值。

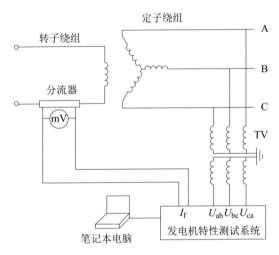

图 4.3-1　发电机空载特性试验接线图

（三）试验结果分析

发电机空载特性曲线如图 4.3-2 所示，其过程记录数据可与出厂或历年的试验结果进行比较，作为分析转子是否有匝间短路的参考。若出现转子励磁电流明显增大现象说明发电机转子可能存在匝间短路缺陷，应查明原因并消除故障。

（四）注意事项

（1）维持发电机在额定转速或某一稳定转速下运行，避免转速变化带来的影响。

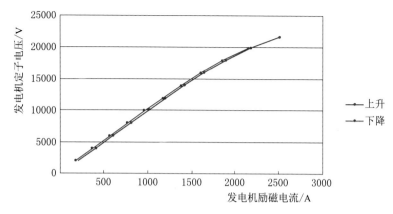

图 4.3 - 2　发电机空载特性曲线图

（2）励磁系统必须他励供电，增减励磁时应缓慢进行转子电流调节，达到试验数值待表针稳定后再读表，并要求所有表计同时读数。

（3）在升压（或降压）过程中，转子励磁只容许向一个方向调节，不能往返来回变动方向，否则将影响试验准确度。根据记录绘制的空载特性曲线，一条是电压上升的，另一条是下降的，最后取其平均曲线作为空载特性曲线。

（4）空载试验前应将自动调整励磁装置放在手动位置，强行励磁和强行减磁装置退出，但发电机的保护如差动保护、过流保护等可以使用。

（5）测量发电机残压应在励磁退出的状态下进行。

（6）试验中应监视转子励磁电流，严禁超过额定励磁电流值。

三、发电机稳态三相短路特性试验

（一）试验目的

发电机短路试验是在发电机转子额定转速或一定的稳定转速下，定子三相出线短路，测量定子电流与励磁电流关系的试验，目的是检查定子三相电流的对称性，检查发电机转子回路是否正常，结合空载特性试验可以决定电机参数和主要特性。

（二）试验方法

发电机短路特性试验接线如图 4.3 - 3 所示，试验时三相临时短路可通过合上发电机制动开关实现。机组启动后可以先记录特性，然后用一次电流检查继电保护和复式励磁装置，必要时再进行发电机干燥。

做短路试验时，需测量定子绕组各相电流，转子电流以及励磁设备的电压和励磁电流，应使用 0.5 级或以上级别仪表。

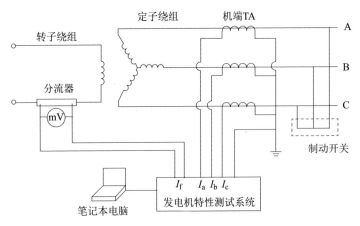

图 4.3-3 发电机短路特性试验接线图

做特性试验时，为了保证所得曲线的准确性，应记录配电盘仪表以及接在回路中的标准仪表的读数，借此可以校对盘表的准确度。

试验时先启动机组达到额定转速，投入灭磁开关，缓慢增加励磁，使定子电流升至额定定子电流的 10%，检查三相电流的平衡情况，同时记录读数，之后电流每上升 10% 记录一次读数，直至定子电流达到 100% 额定定子电流（注意达到额定电流的时间不得超过电气制动开关的限值）。同时记录全部仪表的读数。然后单向减少励磁电流，每降低 10% 的额定定子电流，记录一次读数，直至定子电流降至 0 后退出励磁系统。试验完毕，根据记录绘制短路特性曲线。

（三）试验结果分析

发电机短路特性曲线如图 4.3-4 所示，短路特性曲线应是一条通过坐标原点的直线，可将特性曲线及过程记录数据与出厂或历年的试验结果进行比较，若曲线有明显幅度的降低说明发电机转子可能存在匝间短路缺陷，应查明原因并消除故障。

（四）注意事项

（1）试验仪器仪表应正常良好，试验接线正确，电压回路不得短路，电流回路不得开路。

（2）始终保持发电机额定转速，以避免因转速变化引起测量误差。

（3）为校核试验的正确性，在调节励磁电流下降过程中，可按上升各点进行读数记录。

（4）严格按照单方向增减励磁，不得往返调节。

（5）严防电流互感器二次开路。

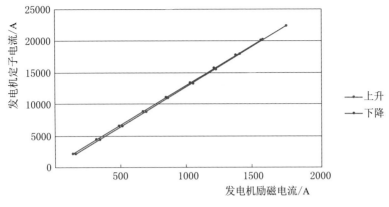

图 4.3-4　发电机短路特性曲线图

（6）在试验中，当励磁电流升至 10％额定值时，应检查三相电流的对称性。如不平衡，应立即断开励磁开关，查明原因。

第四节　机组并列及负荷试验

一、机组变负荷试验

变负荷试验的目的是测量机组水压、振动、噪声等参数与机组负荷的关系，找出机组的稳定运行区间，指导机组的稳定运行，变负荷试验一般与甩负荷试验相互穿插进行。试验过程中主要测点与布置位置见表 4.3-1 与图 4.3-5。

表 4.3-1　　　　　　　　　　测　点　分　布

序号	测试项目	测　点　分　布
1	摆度	上导（＋X 方向、＋Y 方向）、下导（＋X 方向、＋Y 方向）、水导（＋X 方向、＋Y 方向）
2	振动	上机架（＋X 方向、＋Y 方向）水平与垂直、下机架（＋X 方向、＋Y 方向）水平与垂直、顶盖（＋X 方向、＋Y 方向）水平与垂直、定子基座（＋X 方向、＋Y 方向）水平与垂直、定子铁芯（＋X 方向、＋Y 方向）水平与垂直
3	轴相位	大轴键相片
4	水压脉动	蜗壳进口压力、顶盖下压力、尾水锥管压力
5	噪声	风洞噪声、水车室噪声、蜗壳门噪声、尾水门噪声
6	接力器行程	接力器推拉杆上
7	机组有功	由监控接入

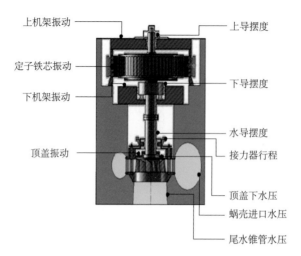

上机架振动
上导摆度
定子铁芯振动
下导摆度
下机架振动
水导摆度
顶盖振动
接力器行程
顶盖下水压
蜗壳进口水压
尾水锥管水压

图 4.3-5 测点布置图

（一）试验条件

（1）机组已并网。

（2）机组各保护系统工作正常，各传感器信号正常，调速器工作在自动状态。

（二）试验方法

负荷从 0 开始，以 50MW 为步长，逐步增加至 700MW，每个负荷点保持 2~3min，并进行录波。

（三）数据分析

试验后一般需要绘制以下图表：

（1）各负荷下振动、摆度、水压、噪声信号示波图。

（2）各测点信号振幅与水轮机组出力的关系曲线图。

（3）各负荷下振动、摆度、水压、噪声信号频谱分析图。

（4）各负荷下上导、下导、水导轴心轨迹图。

对各数据进行分析，并对比检修前运行数据，如有异常应进行更进一步的相关性与对比分析。

（四）注意事项

（1）试验过程中监测各部位工作状况，如出现明显异常，应及时停机检查。

（2）如机组摆度较大应对数据进行分析，如存在动不平衡应考虑进行转子配重。

（3）机组在振动区不要停留过长时间。

二、机组甩负荷试验

甩负荷试验的主要目的是检验机组调保数据是否符合要求，了解甩负荷过渡过程机组内部水力特性和机械特性（顶盖压力、尾水管真空、蜗壳压力、振动、摆度、抬机量等）的变化规律与对机组工作的影响，为机组安全运行提供必要的数据，并检验调速器的稳定性及其他工作性能。

甩负荷试验检查与测量项目主要包括灭磁特性、机组分段关闭规律、接力器不动时间、机组转速上升率与蜗壳水压上升率、过渡过程各参数变化曲线。

（一）试验条件

（1）机组已并网。

（2）机组各保护系统工作正常，各传感器信号正常，调速器工作在自动状态，测试系统已开始录波。

（二）试验方法

（1）有功 175MW，无功 100Mvar，模拟失磁保护动作，机组跳闸灭磁。

（2）有功 525MW，无功 100Mvar，直接跳发电机出口断路器开关甩负荷。

（3）有功 700MW，无功 150Mvar，直接跳发电机出口断路器开关甩负荷。

（三）数据分析

试验后应立即对数据进行分析，主要内容如下：

（1）校核机组分段关闭规律，检查转速上升率与蜗壳水压上升率是否超标，如出现异常应重新调整分段关闭规律。

（2）甩 100% 额定负荷后，超过额定转速 3% 的波峰不得超过两次。

（3）甩 25% 额定负荷后，接力器不动时间不应超过设计要求。

（四）注意事项

（1）试验过程中各部位应派人进行监视，一旦出现异常情况，立即终止试验，停机检查。

（2）试验结束后，投入锁定装置，关闭隔离阀，做好安全措施，检查转子磁轭键、磁极键、阻尼环、磁极接头、磁极引线、磁轭压紧螺杆等有无松动或位移，检查发电机定子基础及发电机上机架基础状态，检查各进人门与水车室是否存在漏水、漏油现象，摇测发电机定子、转子绝缘。

第五节　机组检修后主要稳定性指标

为评估机组 A 级检修效果，参照《中国长江三峡集团公司大型混流式水轮发电机组安装调试优质机组考核评价办法》，对三峡电站 700MW 水轮发电机组进行考核评价，具体参数及指标参见表 4.3-2。

表 4.3－2 优质机组考核评价项目和标准

类别	序号	考核项目	优质机组标准	国家标准 行业标准	备注
必备指标	1	设备事故、重大设备缺陷或隐患	无		※
运行指标	2	上导摆度/μm	≤150	小于导瓦总间隙值的75%	
	3	下导摆度/μm	≤250（额定转速＜100r/min） ≤150（额定转速≥100r/min）	小于导瓦总间隙值的75%	※
	4	水导摆度/μm	≤150（额定转速＜100r/min） ≤125（额定转速≥100r/min）	小于导瓦总间隙值的75%	※
	5	上机架水平振动/μm	≤30	≤110	
	6	下机架水平振动/μm	≤30	≤110	
	7	下机架垂直振动/μm	≤50	≤80	
	8	顶盖水平振动/μm	≤90（额定转速＜100r/min） ≤70（额定转速≥100r/min）	≤90 ≤70	
	9	顶盖垂直振动/μm	≤110（额定转速＜100r/min） ≤90（额定转速≥100r/min）	≤110 ≤90	
	10	定子机座中部水平振动/μm	≤80		
	11	定子铁芯振动（100Hz双振幅值）/μm	≤30	≤30	※
	12	发电机噪声（距上盖板外缘上方垂直距离1m处的总噪声级）	优于合同要求		
	13	上导轴承瓦温度/℃	优于合同要求		
	14	下导轴承瓦温度/℃	优于合同要求		
	15	水导轴承瓦温度/℃	优于合同要求		
	16	推力轴承瓦温度/℃	优于合同要求		
	17	上导轴承瓦温差/K	≤5.0		
	18	下导轴承瓦温差/K	≤5.0		
	19	水导轴承瓦温差/K	≤6.0		
	20	推力轴承瓦温差/K	≤3.0（支柱螺栓支撑结构） ≤5.0（小弹簧/弹性垫支撑结构）		※ ※
	21	同根线棒上、下端部温差/K	≤5.0		
	22	异常噪声	无		※

注　1. 设备事故、重大设备缺陷或隐患：指修复、处理时间超过30d以上的故障、缺陷或隐患。

　　2. 备注中带"※"号的项目为第一类项目，是要求机组必须达到的指标。其他为第二类项目，容许机组不满足的指标不能多于三项，且必须达到国家标准、行业标准对该项目的要求。

　　3. 上导、下导、水导、推力轴承温差是指各导瓦或推力瓦最低与最高瓦块温度之间的差值。

参 考 文 献

［1］ 李永安，张诚 . 三峡电站运行管理［M］. 北京：中国电力出版社，2009.

［2］ 李志祥，胡德昌，刘连伟 . 巨型混流式水轮发电机组机械维护技术研究［M］. 北京：中国三峡出版社，2018.

［3］ 黄源芳，刘光宁，樊世英 . 原型水轮机运行研究［M］. 北京：中国电力出版社，2010.

［4］ 张诚 . 葛洲坝电站水轮发电机组改造增容技术［M］. 北京：中国水利水电出版社，2017.

［5］ 陈铁华，赵万清，郭岩 . 水轮发电机原理及运行［M］. 北京：中国水利水电出版社，2009.

［6］ 国家能源局 . 水轮发电机组启动试验规程：DL/T 507—2014［S］. 北京：中国电力出版社，2014.

［7］ 中华人民共和国国家质量监督检验检疫总局，中国国家标准化管理委员会 . 水轮机控制系统技术条件：GB/T 9652.1—2007［S］. 北京：中国标准出版社，2007.

［8］ 中华人民共和国水利部 . 大中型水轮发电机基本技术条件：SL 321—2005［S］. 北京：中国水利水电出版社，2005.

［9］ 李建明 . 高压电气设备试验方法［M］. 北京：中国电力出版社，2001.

［10］ 陈锡芳 . 水轮发电机结构运行监测与维修［M］. 北京：中国水利水电出版社，2008.

［11］ 中华人民共和国国家质量监督检验检疫总局，中国国家标准化管理委员会 . 三相同步电机试验方法：GB/T 1029—2005［S］. 北京：中国标准出版社，2005.

［12］ 中华人民共和国国家质量监督检验检疫总局，中国国家标准化管理委员会 . 水轮发电机基本技术条件：GB/T 7894—2009［S］. 北京：中国标准出版社，2009.

［13］ 中华人民共和国国家质量监督检验检疫总局，中国国家标准化管理委员会 . 量热法测定电机的损耗和效率：GB/T 5321—2005［S］. 北京：中国标准出版社，2005.

［14］ 中华人民共和国国家质量监督检验检疫总局 . 水轮发电机组安装技术规范：GB/T 8564—2003［S］. 北京：中国标准出版社，2003.

［15］ 中华人民共和国住房和城乡建设部，中华人民共和国国家质量监督检验检疫总局 . 电气装置安装工程 电气设备交接试验标准：GB 50150—2016［S］. 北京：中国标准出版社，2016.

［16］《百问三峡》编委会 . 百问三峡［M］. 北京：科学普及出版社，2012.

［17］ 中国葛洲坝集团公司 . 三峡700MW水轮发电机组安装技术［M］. 北京：中国电力出版社，2006.

参考文献

[18] 张诚，陈国庆. 水电厂检修技术丛书 水轮发电机组检修 [M]. 北京：中国电力出版社，2012.

[19] 张诚，陈国庆. 水电厂检修技术丛书 水电厂电气一次设备检修 [M]. 北京：中国电力出版社，2012.